U0647414

一级造价工程师
精准突分秘题库

（土木建筑工程）

广联达课程编制组◎编

中国建筑工业出版社
中国城市出版社

图书在版编目（CIP）数据

一级造价工程师精准突分秘题库. 土木建筑工程 /

广联达课程编制组编. -- 北京：中国城市出版社，

2025.8. -- ISBN 978-7-5074-3852-9

Ⅰ. TU723.31-44

中国国家版本馆 CIP 数据核字第 2025B1K203 号

责任编辑：周娟华

文字编辑：孙晨淏

责任校对：赵　菲

一级造价工程师精准突分秘题库（土木建筑工程）
广联达课程编制组◎编
*
中国建筑工业出版社、中国城市出版社出版、发行（北京海淀三里河路 9 号）
各地新华书店、建筑书店经销
国排高科（北京）人工智能科技有限公司制版
建工社（河北）印刷有限公司印刷
*
开本：787 毫米×1092 毫米　1/16　印张：22¾　字数：548 千字
2025 年 8 月第一版　　2025 年 8 月第一次印刷
定价：80.00 元
ISBN 978-7-5074-3852-9
（904862）

版权所有　翻印必究
如有内容及印装质量问题，请与本社读者服务中心联系
电话：（010）58337283　　QQ：2885381756
（地址：北京海淀三里河路 9 号中国建筑工业出版社 604 室　邮政编码：100037）

一级造价工程师精准突分秘题库

编委会

编写人

袁聪聪　孙　鹏　刘　丹

丹　姗　李志成　夏　天

审查人员

王坤华　　刘德龙

前　言

FOREWORD

一级造价工程师考试是建筑行业的重要资格认证，对选拔人才和行业发展至关重要。考试内容广泛，包括造价管理、计价、技术计量和案例分析，要求考生具备扎实的专业知识和实践技能。备考需深入理解并掌握关键知识点，以在竞争中胜出。

《一级造价工程师精准突分秘题库》应运而生，旨在为广大考生搭建一座通往成功的桥梁。本书并非普通的习题册，而是历经精心策划、深度研究考试大纲与历年真题后，凝结而成的备考利器。在编写过程中，我们秉持精准、高效、实用的原则，力求每一道题目都能直击考点，每一次练习都能让考生有所收获。

本书具有以下显著特色：

一、精准考点覆盖：依据最新考试大纲，全面梳理各科目及章节的核心考点，将知识点细化为具体题目，确保考生在刷题过程中对重点内容进行反复强化，真正实现"有的放矢"。无论是工程造价管理中的工程经济章节，还是工程计价中复杂的计算题目，本书均提供了对应的精准练习题，力求覆盖考试中90%以上的知识点，帮助考生夯实基础，稳步提升。

二、题型丰富多样：为适应考试题型的多样化，本书精心编排了单选题、多选题、案例分析题等多种题型。每种题型都经过巧妙设计，既考查考生对基础知识的记忆，又注重对其分析问题、解决问题能力的锻炼。通过多样化的题目训练，考生能够熟悉各类题型的解题思路与技巧，在考场上应对自如。

三、详细解析指导：答案解析是本书的一大亮点。每一道题目的解析都详尽透彻，不仅给出正确答案的推导过程，更对错误选项进行深入剖析，帮助考生知其然，更知其所以然。同时，解析中还融入了知识点的拓展与关联，引导考生将孤立的题目串联起来，形成完整的知识体系，达到举一反三的学习效果。

四、实战模拟演练：书中特别设置了真题练习板块，旨在模拟真实考试的场景与难度，使考生在考前能够进行全真模拟演练。通过这一板块的真题练习，考生可以有效检验知识点的掌握程度，提前熟悉考试题型，进而在正式考试中发挥出最佳水平。

"千淘万漉虽辛苦，吹尽狂沙始到金。"备考一级造价工程师考试是一场艰苦的征程，但有了这本《一级造价工程师精准突分秘题库》的陪伴，相信考生们定能事半功倍。广联达课程编制组衷心祝愿每一位考生在本书的助力下，披荆斩棘，顺利通过考试，开启辉煌的职业新篇章！

目　录

CONTENTS

第1篇　建设工程管理

第2篇　建设工程计价

第 3 篇　建设工程技术与计量

第4篇 建设工程造价案例分析

建设工程管理

第1章　工程造价管理及其基本内容

考情概述： 本章主要考查的内容有：工程造价的定义、工程计价的特征、静态投资与动态投资的区别、造价工程师的执业范围及职业道德、工程造价咨询企业信用管理等相关知识，知识点不多，整体难度偏低，在历年考试分值中占 7～8 分，建议考生在学习的过程中理解知识点，掌握重点考点，拿下相应分值。

考点预测：

核心考点	重要程度
工程造价的定义	★★★★
工程计价的特征	★★★
静态投资与动态投资	★★★★
工程造价管理的主要内容	★★★★★
工程造价管理的基本原则	★★★★★
一、二级造价工程师执业范围	★★★★
工程造价咨询企业违规责任	★★★★

1.1　工程造价基本内容

◆ 1.1.1　工程造价及计价特征

1. 从投资者角度，工程造价是指建设一项工程预期开支或实际开支的全部（　　）费用。【2020】

　A. 建筑安装工程　　B. 有形资产投资　　C. 静态投资　　　　D. 固定资产投资

2. 下列工程计价文件中，由施工承包单位编制的是（　　）。【2018】

　A. 工程概算文件　　B. 施工图结算文件　　C. 工程结算文件　　D. 竣工决算文件

3. 关于建设工程计价特征的说法，正确的有（　　）。【2023】

　A. 建设项目的组合性决定了工程计价的单件性

　B. 工程多次计价是一个逐步深入和不断细化的过程

　C. 工程合同价并非等同于最终结算的实际工程造价

　D. 工程多次计价均有其各不相同的计价依据

　E. 工程造价应按单位工程造价→分部分项工程造价组合

4. 工程计价的依据有多种不同类型，其中工程单价的计算依据有（　　）。

A. 材料费　　　　　B. 造价指数　　　　C. 施工机具费

D. 人工单价　　　　E. 物价指数

5. 在工程项目设计阶段形成的计价文件有（　　　）。【2022】

A. 投资估算　　　　B. 设计概算　　　　C. 修正概算

D. 施工预算　　　　E. 施工图预算

6. 项目施工阶段工程结算的类型有（　　　）。【2023 补考】

A. 预付款担保结算　　　　　　　B. 施工过程中间结算

C. 竣工结算　　　　　　　　　　D. 竣工决算

E. 缺陷责任期满后结算

◆ 1.1.2　工程造价相关概念

7. 下列建设工程投资构成，属于静态投资的是（　　　）。【2023】【2019】

A. 铺底流动资金　　　　　　　　B. 基本预备费

C. 建设期贷款利息　　　　　　　D. 涨价预备费

8. 某工程项目的建设期投资为 1800 万元，建设期贷款利息为 200 万元，建筑安装工程费用为 100 万元，设备和工器具购置费为 500 万元，流动资产投资为 300 万元。从业主角度，该项目的工程造价是（　　　）万元。【2022】

A. 1500　　　　　B. 1800　　　　　C. 2000　　　　　D. 2300

9. 某工程项目预计建筑安装工程费为 1500 万元，设备和工器具购置费为 800 万元，工程建设其他费为 300 万元，建设期贷款利息为 400 万元，基本预备费为 200 万元。该项目的静态投资是（　　　）万元。【2023 补考】

A. 2500　　　　　B. 3200　　　　　C. 2800　　　　　D. 2600

参考答案及解析

◆ 1.1.1　工程造价及计价特征

1.【答案】D

　【解析】工程造价是指建设一项工程预期开支或实际开支的全部固定资产投资费用。

2.【答案】C

　【解析】工程结算文件一般由承包单位编制，由发包单位审查，也可委托工程造价咨询机构进行审查。

3.【答案】BCD

　【解析】A 选项错误，建设项目的组合性决定了工程计价的逐步组合过程。B 选项正确，多次计价是一个逐步深入和不断细化，最终确定实际工程造价的过程。C 选项正确，合同价并不等同于最终结算的实际工程造价。D 选项正确，工程项目的多次计价有其各不相同的计价依据。E 选项错误，工程造价的组合过程是分部分项工程造价→单位工程造价→单项工程造价→建设项目总造价。

4.【答案】ACDE

【解析】工程单价计算依据包括人工单价、材料费、材料运杂费、施工机具费、物价指数、有关标准等。

5.【答案】BCE

【解析】设计阶段包括初步设计、技术设计和施工图设计，分别形成设计概算、修正概算、施工图预算。

6.【答案】BC

【解析】本题考查的知识点为工程造价及计价特征。工程结算包括施工过程中的中间结算和竣工验收阶段的竣工结算。

◇ 1.1.2 工程造价相关概念

7.【答案】B

【解析】静态投资包括：建筑安装工程费、设备和工器具购置费、工程建设其他费、基本预备费，以及因工程量误差而引起的工程造价增减值等。

8.【答案】C

【解析】工程造价的含义，从投资者（业主）角度看，工程造价是指建设一项工程预期开支或实际开支的全部固定资产投资费用。固定资产投资 = 建设期投资 + 建设期利息 = 1800 + 200 = 2000（万元）。

9.【答案】C

【解析】本题考查的知识点为工程造价相关概念。1500 + 800 + 300 + 200 = 2800（万元）。

1.2 工程造价管理的组织和内容

◇ 1.2.1 工程造价管理的基本内涵

10.政府部门，行业协会，建设单位、施工单位及咨询机构通过协调工作，共同完成工程造价控制任务，属于建设工程全面造价管理中的（　　）。【2017】

    A.全过程造价管理　　　　　　　　B.全方位造价管理

    C.全寿命期造价管理　　　　　　　D.全要素造价管理

11.按国际造价管理联合会（ICEC）给出的定义，全面造价管理是指有效利用专业知识与技术，对（　　）进行筹划和控制。【2019】

    A.过程　　　　B.资源　　　　C.成本

    D.盈利　　　　E.风险

12.下列造价管理做法中体现全寿命期造价管理思想的是（　　）。【2022】

    A.将建造成本、工期成本、质量成本纳入造价管理

    B.建设单位、施工单位及有关咨询机构协同进行造价管理

    C.将工程项目建成后的日常使用及拆除成本纳入造价管理

D. 将工程项目从开工到竣工验收各阶段均作为造价管理重点

13. 全要素造价管理的核心是按照优先性原则，协调和平衡（　　）之间的对立统一关系。【2023】

A. 工期、质量、安全、绿色与成本

B. 人工费、材料费与施工机具使用费

C. 直接工程费、措施费与间接费

D. 施工技术、施工组织与施工成本

◆ 1.2.2　工程造价管理的主要内容及原则

14. 下列工作中，属于工程招标投标阶段造价管理内容的是（　　）。【2016】

A. 承包发包模式选择　　　　　　　B. 融资方案设计

C. 组织实施模式选择　　　　　　　D. 索赔方案设计

15. 下列工作中，属于工程项目策划阶段造价管理内容的是（　　）。【2015】

A. 投资方案经济评价　　　　　　　B. 编制工程量清单

C. 审核工程概算　　　　　　　　　D. 确定投标报价

16. 对于政府投资项目而言，作为拟建项目工程造价最高限额的是经有关部门批准的（　　）。

A. 投资估算　　　B. 工程概算　　　C. 施工图预算　　　D. 承包合同价

17. 下列工程造价管理工作中，属于工程施工阶段造价管理工作内容的有（　　）。【2020】

A. 编制施工图预算　　　　　　　　B. 审核投资估算

C. 进行工程计量　　　　　　　　　D. 处理工程变更

E. 编制工程量清单

18. 控制建设工程造价最有效的手段是（　　）。【2019】

A. 设计与施工结合　　　　　　　　B. 定性与定量结合

C. 策划与实施结合　　　　　　　　D. 技术与经济结合

19. 建设工程造价管理的关键阶段是在（　　）。【2020】

A. 施工阶段　　　　　　　　　　　B. 施工和竣工阶段

C. 招标和施工阶段　　　　　　　　D. 前期决策和设计阶段

20. 技术与经济相结合是控制工程造价的最有效手段，下列工程造价控制中，属于技术措施的有（　　）。【2021】

A. 明确造价控制人员的任务

B. 开展设计的多方案比选

C. 审查施工组织设计

D. 对节约投资给予奖励

E. 通过审查施工图设计研究节约投资的可能性

21. 下列关于造价管理的说法中，体现造价管理主动控制和被动控制相结合原则的是（　　）。【2023补考】

A. 当实际值偏离目标值时，分析其产生偏差的原因

B. 组织上采取措施，包括明确项目组织结构，明确造价控制人员及其任务，明确管理职能分工

C. 在经济合理基础上的技术先进，将控制工程造价观念渗透到各项设计和施工技术措施之中

D. 不仅要及时纠正实施中的造价偏差，还应采取预防措施避免偏差

参考答案及解析

◆ 1.2.1 工程造价管理的基本内涵

10.【答案】B

【解析】全方位造价管理中，建设工程造价管理不仅是建设单位或承包单位的任务，还应是政府建设主管部门，行业协会，建设单位、设计单位、施工单位及有关咨询机构的共同任务。

11.【答案】BCDE

【解析】按照国际造价管理联合会给出的定义，全面造价管理是指有效地利用专业知识与技术，对资源、成本、盈利和风险进行筹划和控制。

12.【答案】C

【解析】全面造价管理中，建设工程全寿命期造价是指建设工程初始建造成本和建成后的日常使用及拆除成本之和，包括策划决策、建设实施、运行维护及拆除回收等各阶段费用。

13.【答案】A

【解析】全要素造价管理的核心是按照优先性原则，协调和平衡工期、质量、安全、绿色与成本之间的对立统一关系。

◆ 1.2.2 工程造价管理的主要内容及原则

14.【答案】A

【解析】全过程造价管理是指覆盖建设工程策划决策及建设实施各个阶段的造价管理。包括：

（1）前期决策阶段的项目策划、投资估算、项目经济评价、项目融资方案分析；

（2）设计阶段的限额设计、方案比选、概预算编制；

（3）招标投标阶段的标段划分、承包发包模式及合同形式的选择、标底编制；

（4）施工阶段的工程计量与结算、工程变更控制、索赔管理；

（5）竣工验收阶段的竣工结算与决算等。

15.【答案】A

【解析】工程项目策划阶段：按照有关规定编制和审核投资估算，经有关部门批准，即可作为拟建工程项目策划决策的控制造价；基于不同的投资方案进行经济评价，作为工程

项目决策的重要依据。

16.【答案】B

【解析】对于政府投资工程而言，经有关部门批准的工程概算将作为拟建工程项目造价的最高限额。

17.【答案】CD

【解析】工程施工阶段进行工程计量及工程款支付管理，实施工程费用动态监控，处理工程变更和索赔。

18.【答案】D

【解析】应该看到，技术与经济相结合是控制工程造价最有效的手段。

19.【答案】D

【解析】工程造价控制的关键在于前期决策和设计阶段。

20.【答案】BCE

【解析】从组织上采取措施，包括明确项目组织结构，明确造价控制人员及其任务，明确管理职能分工；从技术上采取措施，包括重视设计多方案选择，严格审查初步设计、技术设计、施工图设计、施工组织设计，深入研究节约投资的可能性；从经济上采取措施，包括动态比较造价的计划值与实际值，严格审核各项费用支出，采取对节约投资的有力奖励措施等。

21.【答案】D

【解析】本题考查的知识点为工程造价管理的主要内容及原则。A 选项错误，发现并分析偏差属于被动控制措施；B 选项错误，属于技术和经济相结合的组织措施；C 选项错误，属于技术和经济相结合的技术措施；D 选项正确，纠偏及预防属于主动和被动相结合的原则。

1.3 造价工程师管理制度

22. 二级造价工程师执业工作内容是（　　　）。【2019】

　　A. 编制项目投资估算　　　　　　　　B. 审核工程量清单

　　C. 核算工程结算价款　　　　　　　　D. 编制招标控制价

23. 根据造价工程师职业资格制度，下列工作内容中，属于一级造价工程师执业范围的有（　　　）。

　　A. 批准工程投资估算　　　　　　　　B. 审核工程设计概算

　　C. 审核工程投标报价　　　　　　　　D. 进行工程审计中的造价鉴定

　　E. 调解工程造价纠纷

24. 根据《造价工程师职业资格制度规定》的规定，下列工作内容中，属于一级造价工程师执业范围的是（　　　）。【2023】

　　A. 审批工程投资估算　　　　　　　　B. 实施工程竣工审计

C. 编制工程设计概算   D. 仲裁工程造价纠纷

25.关于造价师执业的说法，正确的是（   ）。【2021】

 A. 造价师可同时在两家单位执业

 B. 取得造价师职业资格证后即可以个人名义执业

 C. 造价师执业应持注册证书和执业印章

 D. 造价师只可允许本单位从事造价工作的其他人员以本人名义执业

参考答案及解析

22.【答案】D

【解析】二级造价工程师主要协助一级造价工程师开展相关工作，可独立开展以下具体工作：

（1）建设工程工料分析、计划、组织与成本管理，施工图预算、设计概算的编制；

（2）建设工程量清单、最高投标限价、投标报价的编制；

（3）建设工程合同价款、结算价款和竣工决算价款的编制。

23.【答案】BCDE

【解析】一级造价工程师执业范围包括建设项目全过程的工程造价管理与咨询等，具体工作内容有：①项目建议书、可行性研究投资估算与审核，项目评价造价分析；②建设工程设计概算、施工（图）预算的编制和审核；③建设工程招标投标文件工程量和造价的编制与审核；④建设工程合同价款、结算价款、竣工决算价款的编制与管理；⑤建设工程审计、仲裁、诉讼、保险中的造价鉴定，工程造价纠纷调解；⑥建设工程计价依据、造价指标的编制与管理；⑦与工程造价管理有关的其他事项。

24.【答案】C

【解析】一级造价工程师执业范围包括建设项目全过程的工程造价管理与咨询等，具体工作内容有：

（1）项目建议书、可行性研究投资估算与审核，项目评价造价分析；

（2）建设工程设计概算、施工（图）预算的编制和审核；

（3）建设工程招标投标文件工程量和造价的编制与审核；

（4）建设工程合同价款、结算价款、竣工决算价款的编制与管理；

（5）建设工程审计、仲裁、诉讼、保险中的造价鉴定，工程造价纠纷调解；

（6）建设工程计价依据、造价指标的编制与管理；

（7）与工程造价管理有关的其他事项。

25.【答案】C

【解析】造价工程师不得同时受聘于两个或两个以上单位执业；取得造价工程师执业资格证书且从事工程造价相关工作的人员，经注册方可以造价工程师名义执业；造价工程师执业时，应持注册证书和执业印章。

1.4　工程造价咨询管理

26. 根据《工程造价咨询企业管理办法》的规定，属于工程造价咨询业务范围的工作有（　　）。【2019】

　　A. 项目经济评价报告编制

　　B. 工程竣工决算报告编制

　　C. 项目设计方案比选

　　D. 工程索赔费用计算

　　E. 项目概预算审批

参考答案及解析

26.【答案】ABD

【解析】工程造价咨询业务范围包括：

（1）建设项目建议书及可行性研究投资估算、项目经济评价报告的编制和审核；

（2）建设项目概预算的编制与审核，并配合设计方案比选、优化设计、限额设计等工作进行工程造价分析与控制；

（3）建设项目合同价款的确定（包括招标工程工程量清单和标底、投标报价的编制和审核）；合同价款的签订与调整（包括工程变更、工程洽商和索赔费用的计算）与工程款支付，工程结算、竣工结算和决算报告的编制与审核等；

（4）工程造价经济纠纷的鉴定和仲裁的咨询；

（5）提供工程造价信息服务等。

1.5　发达国家和地区工程造价管理

27. 英国完整建设工程标准合同体系中，适用于房屋建筑工程的是（　　）合同体系。【2019】【2014】

　　A. ICE　　　　　　B. ACA　　　　　　C. JCT　　　　　　D. AIA

28. 美国工程造价估算中，材料费和机械使用费估算的基础是（　　）。【2018】

　　A. 现行市场行情或市场租赁价

　　B. 联邦政府公布的上月信息价

　　C. 现行材料及设备供应商报价

　　D. 预计项目实施时的市场价

29. 美国的工程造价估算中，管理费和利润一般是在某些费用基础上按照一定比例计算，费用包括（　　）。【2021】

A. 人工费   B. 材料费

C. 设备购置费   D. 机械使用费

E. 开办费

30. 美国建筑师学会（AIA）的合同条件体系分为 A、B、C、D、E、F、G 系列，用于财务管理表格的是（   ）。【2017】

A. C 系列   B. D 系列   C. F 系列   D. G 系列

31. 为了确定工程造价，美国工程新闻记录（ENR）编制的工程造价指数是由（   ）个体指数加权组成的。【2016】

A. 机械工人   B. 波特兰水泥

C. 普通劳动力   D. 构件钢材

E. 木材

参考答案及解析

27.【答案】C

【解析】英国有着一套完整的建设工程标准合同体系，包括 JCT（合同仲裁委员会）合同体系、ACA（咨询顾问建筑师协会）合同体系、ICE（土木工程师学会）合同体系、皇家政府合同体系。

JCT 是英国的主要合同体系之一，主要通用于房屋建筑工程。

28.【答案】A

【解析】美国工程造价估算中的人工费由基本工资和附加工资两部分组成。其中，附加工资项目包括管理费、保险金、劳动保护金、退休金、税金等。

材料费和机械使用费均以现行的市场行情或市场租赁价作为造价估算的基础，并在人工费、材料费和机械使用费总额的基础上按照一定的比例（一般为 10% 左右）再计提管理费和利润。

29.【答案】ABD

【解析】材料费和机械使用费均以现行的市场行情或市场租赁价作为造价估算的基础，并在人工费、材料费和机械使用费总额的基础上按照一定的比例（一般为 10% 左右）再计提管理费和利润。

30.【答案】C

【解析】美国建筑师学会（AIA）的合同条件体系更为庞大，分为 A、B、C、D、E、F、G 系列。

A 系列是关于业主与施工承包商、CM 承包商、供应商之间，以及总承包商与分包商之间的合同文本；

B 系列是关于业主与提供专业服务的建筑师之间的合同文本；

C 系列是关于建筑师与提供专业服务的咨询机构之间的合同文本；

D 系列是建筑师行业所用的文件；

E 系列是合同和办公管理中使用的文件；

F 系列是财务管理表格；

G 系列是建筑师企业与项目管理中使用的文件。

31.【答案】BCDE

【解析】编制 ENR 造价指数的目的是准确地预测建筑价格，确定工程造价。它是一个加权总指数，由构件钢材、波特兰水泥、木材和普通劳动力四种个体指数组成。

ENR 指数资料来源于美国的 20 个城市和加拿大的 2 个城市。

第2章　相关法律规定

📋 **考情概述**：本章主要考查的内容有：《中华人民共和国建筑法》（以下简称《建筑法》）、《建设工程质量管理条例》《建设工程安全生产管理条例》《中华人民共和国招标投标法》（以下简称《招标投标法》）及《中华人民共和国招标投标法实施条例》（以下简称《招标投标法实施条例》）《中华人民共和国政府采购法》（以下简称《政府采购法》）及《中华人民共和国政府采购法实施条例》（以下简称《政府采购法实施条例》）《中华人民共和国民法典》（以下简称《民法典》）合同编、《中华人民共和国价格法》（以下简称《价格法》）等相关知识，知识点较多，整体难度中等，在历年考试分值中占11～12分，建议考生在学习的过程中理解知识点，注意理解各条规定之间的逻辑关系，学会区分和对比，才能有效掌握各部分考点。

📋 **考点预测**：

核心考点	重要程度
施工许可证及有效期	★★★★
建设单位的质量和安全管理责任	★★★★
施工单位的质量和安全管理责任	★★★★
工程最低保修期限	★★★★★
招标投标的方式	★★★★★
招标投标的时间规定	★★★★★
禁止投标限制	★★★★
投标保证金及有效期	★★★★★
否决投标条件	★★★★★
要约和承诺	★★★
合同履行的一般规定	★★★★
合同终止与合同解除	★★★
违约责任的承担	★★★★★
政府定价行为及目录	★★★

2.1 《中华人民共和国建筑法》及相关条例

◆ 2.1.1 《中华人民共和国建筑法》

1. 根据《建筑法》的规定，在建的建筑工程因故中止施工的，建设单位应当自中止施工之日起（　　）个月内，向发证机关报告。【2015】【2017】

A. 1　　　　　　　　B. 2　　　　　　　　C. 3　　　　　　　　D. 6

2. 根据《建筑法》的规定，获取施工许可证后因故不能按期开工的，建设单位应当申请延期，延期的规定是（　　）。【2016】

  A. 以两次为限，每次不超过 2 个月　　 B. 以三次为限，每次不超过 2 个月

  C. 以两次为限，每次不超过 3 个月　　 D. 以三次为限，每次不超过 3 个月

3. 建筑装饰工程公司取得施工许可证后，由于建设方原因，决定延期 8 个月再开工。关于施工许可证有效期的说法，正确的是（　　）。【2021】

  A. 许可证被发证机关收回

  B. 进行一次核验后，可以持续使用

  C. 第 3 个月申请延期 3 个月，第 6 个月再申请延期 3 个月

  D. 直接废止

4. 根据《建筑法》的规定，申请领取施工许可证应当具备的条件有（　　）。【2018】

  A. 建设资金已全部到位　　 B. 已提交建筑工程用地申请

  C. 已经确定建筑施工单位　　 D. 有保证工程质量和安全的具体措施

  E. 已完成施工图技术交底和图纸会审

5. 建设单位申请领取建筑工程施工许可证时，对工程资金条件要求是（　　）。【2023】

  A. 开工当年施工所需资金已到位

  B. 有满足施工需要的资金安排

  C. 建设单位已向施工单位支付工程预付款

  D. 到位资金不低于施工承包合同价款的 30%

6. 根据《建筑法》的规定，关于建筑工程承包的说法，正确的有（　　）。【2016】

  A. 承包单位应在其资质等级许可的业务范围内承揽工程

  B. 大型建筑工程可由两个以上的承包单位联合共同承包

  C. 除总承包合同约定的分包外，工程分包须经建设单位认可

  D. 总承包单位就分包工程对建设单位不承担连带责任

  E. 分包单位可将其分包的工程再分包

7. 根据《建筑法》的规定，建筑工程由多个承包单位联合共同承包的，关于承包合同履行责任的说法，正确的是（　　）。【2014】

  A. 由牵头承包方承担主要责任　　 B. 由资质等级高的承包方承担主要责任

  C. 由承包各方承担连带责任　　 D. 按承包各方投入比例承担相应责任

8. 下列建筑设计单位的做法，正确的是（　　）。【2021】

  A. 拒绝建设单位提出的违反相关规定降低工程质量的要求

  B. 按照建设单位要求在设计文件中指定设备供应商

  C. 不予理睬发现的施工单位擅自修改工程设计进行施工的行为

  D. 在设计文件中对选用的建筑材料和设备只注明了规格，未注明技术性能

◈ 2.1.2　《建设工程质量管理条例》

9. 根据《建设工程质量管理条例》的规定，应当按照国家有关规定办理质量监督手续的单位是（　　）。【2014】

  A. 建设单位　　 B. 设计单位　　 C. 监理单位　　 D. 施工单位

10. 根据《建设工程质量管理条例》的规定，下列关于建设单位的质量责任和义务的说

法，正确的是（　　）。【2013】

　　A. 建设单位报审的施工图设计文件未经审批的，不得使用

　　B. 建设单位不得委托本工程的设计单位进行监理

　　C. 建设单位使用未经验收合格的工程应有施工单位签署的工程保修书

　　D. 建设单位在工程竣工验收后，应委托施工单位向有关部门移交项目档案

11. 根据《建设工程质量管理条例》的规定，建设工程竣工验收应当具备的条件有（　　）。【2020】

　　A. 完成建设工程设计和合同约定的各项内容

　　B. 有完整的技术档案和施工管理资料

　　C. 有质量监督机构签署的质量合格文件

　　D. 有施工单位签署的工程保修书

　　E. 有建设单位签发的工程移交证书

◆ 2.1.3 《建设工程安全生产管理条例》

12. 提供施工现场相邻建筑物和构筑物、地下工程的有关资料，并保证资料的真实、准确、完整是（　　）的安全责任。【2019】

　　A. 建设单位　　　B. 勘察单位　　　　C. 设计单位　　　　D. 施工单位

13. 根据《建设工程安全生产管理条例》的规定，建设工程安全作业环境及安全施工措施所需费用，应当在编制（　　）时确定。【2014】

　　A. 投资估算　　　B. 工程概算　　　　C. 施工图预算　　　D. 施工组织设计

14. 根据《建设工程安全生产管理条例》的规定，施工单位对列入建设工程概算的安全作业环境及安全施工措施所需费用，应当用于（　　）。【2020】

　　A. 采购施工安全防护用具　　　　　B. 缴纳职工工伤保险费

　　C. 支付从事危险作业人员津贴　　　D. 更新施工安全防护设施

　　E. 改善安全生产条件

15. 根据《建设工程安全生产管理条例》的规定，施工单位应当对达到一定规模的危险性较大的（　　）编制专项施工方案。【2016】

　　A. 土方开挖工程　　B. 钢筋工程　　　C. 模板工程

　　D. 混凝土工程　　　E. 脚手架工程

16. 根据《建设工程安全生产管理条例》的规定，下列工程中，需要编制专项施工方案并组织专家进行论证、审查的是（　　）。【2015】

　　A. 爆破工程　　　　B. 起重吊装工程　　C. 脚手架工程　　　D. 高大模板工程

17. 根据《建设工程安全生产管理条例》，下列安全生产责任中，属于建设单位安全责任的有（　　）。【2019】

　　A. 确定建设工程安全作业环境及安全施工措施所需费用并纳入工程概算

　　B. 对采用新结构的建设工程，提出保障施工作业人员安全的措施建议

　　C. 拆除工程施工前，将拟拆除建筑物的说明、拆除施工组织方案等资料报有关部门备案

　　D. 建立健全安全生产责任制度，制定安全生产规章制度和操作规程

　　E. 对达到一定规模的危险性较大的分部分项工程编制专项施工方案，并附具安全验算结果

参考答案及解析

◆ 2.1.1　《中华人民共和国建筑法》

1.【答案】A

【解析】根据《建筑法》的规定，在建的建筑工程因故中止施工的，建设单位应当自中止施工之日起 1 个月内，向发证机关报告，并按照规定做好建设工程的维护管理工作。

2.【答案】C

【解析】建设单位应当自领取施工许可证之日起 3 个月内开工。因故不能按期开工的，应当向发证机关申请延期；延期以两次为限，每次不超过 3 个月。

3.【答案】C

【解析】施工许可证的有效期限。建设单位应当自领取施工许可证之日起 3 个月内开工。因故不能按期开工的，应当向发证机关申请延期：延期以两次为限，每次不超过 3 个月。既不开工又不申请延期或者超过延期时限的，施工许可证自行废止。

4.【答案】CD

【解析】申请领取施工许可证，应当具备如下条件：

（1）已办理建筑工程用地批准手续；

（2）依法应当办理建设工程规划许可证的，已经取得建设工程规划许可证；

（3）需要拆迁的，其拆迁进度符合施工要求；

（4）已经确定建筑施工单位；

（5）有满足施工需要的资金安排、施工图纸及技术资料；

（6）有保证工程质量和安全的具体措施。

5.【答案】B

【解析】申请领取施工许可证，应当具备下列条件：

（1）已办理建筑工程用地批准手续；

（2）依法应当办理建设工程规划许可证的，已取得建设工程规划许可证；

（3）需要拆迁的，其拆迁进度符合施工要求；

（4）已经确定建筑施工企业；

（5）有满足施工需要的资金安排、施工图纸及技术资料；

（6）有保证工程质量和安全的具体措施。

6.【答案】ABC

【解析】总承包单位和分包单位就分包工程对建设单位承担连带责任，故 D 选项错误。禁止分包单位将其承包的工程再分包，故 E 选项错误。

7.【答案】C

【解析】联合承包。大型建筑工程或结构复杂的建筑工程，可以由两个以上的承包单位联合共同承包。共同承包的各方对承包合同的履行承担连带责任。两个以上不同资质等级的单位实行联合共同承包的，应当按照资质等级低的单位的业务许可范围承揽工程。

8.【答案】A

【解析】建设单位不得以任何理由，要求建筑设计单位或建筑施工单位违反法律、行政法规和建筑工程质量、安全标准，降低工程质量，建筑设计单位和建筑施工单位应当拒绝建设单位的此类要求。

◆ 2.1.2 《建设工程质量管理条例》

9.【答案】A

【解析】建设单位在办理施工许可证之前应当到规定的工程质量监督机构办理工程质量监督注册手续。

10.【答案】A

【解析】施工图设计文件未经审查批准的，不得使用。

11.【答案】ABD

【解析】建设工程竣工验收应当具备下列条件：①完成建设工程设计和合同约定的各项内容；②有完整的技术档案和施工管理资料；③有工程使用的主要建筑材料，建筑构配件和设备的进场试验报告；④有勘察、设计、施工、工程监理等单位分别签署的质量合格文件；⑤有施工单位签署的工程保修书。

◆ 2.1.3 《建设工程安全生产管理条例》

12.【答案】A

【解析】建设单位应当向施工单位提供施工现场及毗邻区域内供水、排水、供电、供气、供热、通信、广播电视等地下管线资料，气象和水文观测资料，相邻建筑物和构筑物、地下工程的有关资料，并保证资料的真实、准确、完整。

13.【答案】B

【解析】建设单位在编制工程概算时，应当确定建设工程安全作业环境及安全施工措施所需费用。

14.【答案】ADE

【解析】施工单位对列入建设工程概算的安全作业环境及安全施工措施所需费用，应当用于施工安全防护用具及设施的采购和更新、安全施工措施的落实、安全生产条件的改善，不得挪作他用。

15.【答案】ACE

【解析】施工单位应当在施工组织设计中编制安全技术措施和施工现场临时用电方案，对下列达到一定规模的危险性较大的分部分项工程编制专项施工方案，并附具安全验算结果，经施工单位技术负责人、总监理工程师签字后实施，由专职安全生产管理人员进行现场监督：①基坑支护与降水工程；②土方开挖工程；③模板工程；④起重吊装工程；⑤脚手架工程；⑥拆除、爆破工程；⑦国务院建设行政主管部门或者其他有关部门规定的其他危险性较大的工程。

16.【答案】D

【解析】上述所列工程中涉及深基坑、地下暗挖工程、高大模板工程的专项施工方案，施工单位还应当组织专家进行论证、审查。

17.【答案】AC

【解析】B选项属于设计单位的安全责任；D、E选项属于施工单位的安全责任。

2.2 《中华人民共和国招标投标法》及其实施条例

2.2.1 《中华人民共和国招标投标法》

18.根据《招标投标法》的规定，对于依法必须进行招标的项目，自招标文件开始发出之日起至投标人提交投标文件截止之日止，最短不得少于（　　）日。【2017】【2023】

A. 10　　　　B. 20　　　　C. 30　　　　D. 60

19.某依法必须招标的项目，招标人拟定于2020年11月1日开始发售招标文件，根据《招标投标法》，要求投标人提交投标文件的截止时间最早可设定在2020年（　　）。【2020】

A. 11月11日　B. 11月16日　C. 11月21日　D. 12月1日

20.根据《招标投标法》的规定，招标人对已发出的招标文件进行修改的，应当在招标文件要求提交投标文件截止时间至少（　　）日前，通知所有招标文件收受人。

A. 15　　　　B. 20　　　　C. 30　　　　D. 60

21.根据《招标投标法》的规定，评标委员会名单在（　　）前保密。【2021】

A. 开标　　　　　　　　　　B. 合同签订

C. 中标候选人公示　　　　　D. 中标结果确定

22.根据《招标投标法》的规定，某项目依法进行招标，评标委员会成员由7人组成。该评标委员会中，技术、经济等方面的专家应为（　　）人以上。【2023补考】

A. 4　　　　B. 6　　　　C. 5　　　　D. 7

2.2.2 《中华人民共和国招标投标法实施条例》

23.根据《招标投标法实施条例》的规定，国有资金占控股或主导地位依法必须进行招标的项目，可以采用邀请招标的情形有（　　）。【2021】

A. 技术复杂或性质特殊，不能确定主要设备的详细规则或具体要求

B. 技术复杂、有特殊要求、只有少量潜在投标人可供选择

C. 项目规模大、投资多，中小企业难以胜任

D. 项目特征独特，需有特定行业的业绩

E. 采用公开招标方式的费用占项目合同金额的比例过大

24.根据《招标投标法实施条例》的规定，国有资金占控股地位的依法必须公开招标的项目，可以经批准或核准后不进行招标的情形有（　　）。【2023】

A. 采用公开招标方式的费用占项目合同金额的比例过大的

B. 需要向原中标人采购货物，否则将影响功能配套要求的

C. 项目技术复杂，只有少量潜在投标人可供选择的

D. 需要采用不可替代的专利或者专有技术的

E. 采购人依法能够自行建设、生产或者提供的

25. 根据《招标投标法实施条例》的规定，属于以不合理条件限制、排斥潜在投标人或投标人的情形有（   ）。【2016】

A. 就同一招标项目向投标人提供相同的项目信息

B. 设定的技术和商务条件与合同履行无关

C. 以特定行业的业绩作为加分条件

D. 对投标人采用无差别的资格审查标准

E. 对招标项目指定特定的品牌和原产地

26. 某招标项目估算价 1000 万元，投标截止日为 8 月 30 日，投标有效期为 9 月 25 日，则该项目投标保证金金额和其有效期应是（   ）。【2019】

A. 最高不超过 30 万元，有效期为 9 月 25 日

B. 最高不超过 30 万元，有效期为 8 月 30 日

C. 最高不超过 20 万元，有效期为 8 月 30 日

D. 最高不超过 20 万元，有效期为 9 月 25 日

27. 根据《招标投标法实施条例》的规定，投标人撤回已提交的投标文件，应当在（   ）前，书面通知招标人。【2015】

A. 投标截止时间　　　　　　　　B. 评标委员会开始评标

C. 评标委员会结束评标　　　　　D. 招标人发出中标通知书

28. 根据《招标投标法实施条例》的规定，视为投标人相互串通投标的情形有（   ）。【2015】

A. 投标人之间协商投标报价

B. 不同投标人委托同一单位办理投标事宜

C. 不同投标人的投标保证金从同一单位的账户转出

D. 不同投标人的投标文件载明的项目管理成员为同一人

E. 投标人之间约定中标人

29. 根据《招标投标法实施条例》的规定，评标委员会应当否决投标的情形有（   ）。【2014】

A. 投标报价高于工程成本

B. 投标文件未经投标单位负责人签字

C. 投标报价低于招标控制价

D. 投标联合体没有提交共同投标协议

E. 投标人不符合招标文件规定的资格条件

30. 某工程中标合同金额为 6500 万元，根据《招标投标法实施条例》的规定，中标人提交履约保证金不能超过（   ）万元。【2020】

A. 130　　　　　　B. 650　　　　　　C. 975　　　　　　D. 1300

31. 根据《招标投标法实施条例》的规定，关于投标保证金的说法，正确的有（　　）。
【2017】
    A. 投标保证金有效期应当与投标有效期一致
    B. 投标保证金不得超过招标项目估算价的 2%
    C. 采用两阶段招标的，投标应在第一阶段提交投标保证金
    D. 招标人不得挪用投标保证金
    E. 招标人最迟应在签订书面合同时同时退还投标保证金

参考答案及解析

◈ 2.2.1　《中华人民共和国招标投标法》

18.【答案】B
    【解析】依法必须进行招标的项目，自招标文件开始发出之日起至投标人提交投标文件截止之日止，最短不得少于 20 日。

19.【答案】C
    【解析】依法必须进行招标的项目，自招标文件开始发出之日起至投标人提交投标文件截止之日止，最短不得少于 20 日。

20.【答案】A
    【解析】招标人对已发出的招标文件进行必要的澄清或者修改的，应当在招标文件要求提交投标文件截止时间至少 15 日前，以书面形式通知所有招标文件收受人。

21.【答案】D
    【解析】评标委员会成员名单一般应于开标前确定，并应在中标结果确定前保密。

22.【答案】C
    【解析】依法进行招标的项目，其评标委员会由招标人代表和有关技术、经济等方面的专家组成，成员人数为 5 人以上的单数。其中，技术、经济等方面的专家不得少于成员总数的 2/3。$7 \times 2/3 = 4.66$，取 5 人。

◈ 2.2.2　《中华人民共和国招标投标法实施条例》

23.【答案】BE
    【解析】可以邀请招标的项目。国有资金占控股或者主导地位的依法必须进行招标的项目，应当公开招标；但有下列情形之一的，可以邀请招标：
    （1）技术复杂、有特殊要求或者受自然环境限制，只有少量潜在投标人可供选择；
    （2）采用公开招标方式的费用占项目合同金额的比例过大。

24.【答案】BDE

【解析】可以不招标的项目。有下列情形之一的，可以不进行招标：①需要采用不可替代的专利或者专有技术；②采购人依法能够自行建设、生产或者提供；③已通过招标方式选定的特许经营项目投资人依法能够自行建设、生产或者提供；④需要向原中标人采购工程、货物或者服务，否则将影响施工或者功能配套要求；⑤国家规定的其他特殊情形。

25.【答案】BCE

【解析】（1）设定的资格、技术、商务条件与招标项目的具体特点和实际需要不相适应或者与合同履行无关；

（2）依法必须进行招标的项目以特定行政区域或者特定行业的业绩、奖项作为加分条件或者中标条件；

（3）限定或者指定特定的专利、商标、品牌、原产地或者供应商。

26.【答案】D

【解析】如招标人在招标文件中要求投标人提交投标保证金，投标保证金不得超过招标项目估算价的 2%。

投标保证金有效期应当与投标有效期一致。

27.【答案】A

【解析】投标人撤回已提交的投标文件的，应当在投标截止时间前书面通知招标人。

28.【答案】BCD

【解析】有下列情形之一的，视为投标人相互串通投标：

（1）不同投标人的投标文件由同一单位或者个人编制；

（2）不同投标人委托同一单位或者个人办理投标事宜；

（3）不同投标人的投标文件载明的项目管理成员为同一人；

（4）不同投标人的投标文件异常一致或者投标报价呈规律性差异；

（5）不同投标人的投标文件相互混装；

（6）不同投标人的投标保证金从同一单位或者个人的账户转出。

29.【答案】DE

【解析】有下列情形之一的，评标委员会应当否决其投标：

（1）投标文件未经投标单位盖章和单位负责人签字；

（2）投标联合体没有提交共同投标协议；

（3）投标人不符合国家或者招标文件规定的资格条件；

（4）同一投标人提交两个以上不同的投标文件或者投标报价，但招标文件要求提交备选投标的除外；

（5）投标报价低于成本或者高于招标文件设定的最高投标限价；

（6）投标文件没有对招标文件的实质性要求和条件作出响应；

（7）投标人有串通投标、弄虚作假、行贿等违法行为。

30.【答案】B

【解析】履约保证金不得超过中标合同金额的 10%。$6500 \times 10\% = 650$（万元）。

31.【答案】ABD

【解析】采用两阶段招标的，如招标人要求投标人提交投标保证金，应当在第二阶段提出。C 选项错误。

招标人最迟应当在书面合同签订后 5 日内向中标人和未中标的投标人退还投标保证金及银行同期存款利息。E 选项错误。

2.3 《中华人民共和国政府采购法》及其实施条例

32. 某通过招标投标订立的政府采购合同金额为 200 万元，合同履行过程中需追加与合同标的相同的货物，在其他合同条款不变且追加合同金额最高不超过（　　）万元时，可以签订补充合同采购。【2019】

　　A. 10　　　　　　　B. 20　　　　　　　C. 40　　　　　　　D. 50

33. 根据《政府采购法实施条例》的规定，政府采购工程依法不进行招标的，应当采用的采购方式是（　　）。【2023 补考】

　　A. 竞争性磋商和直接采购　　　　　　B. 竞争性谈判或单一来源采购

　　C. 竞争性磋商和询价　　　　　　　　D. 竞争性谈判和直接采购

参考答案及解析

32.【答案】B

【解析】政府采购合同履行中，采购人需追加与合同标的相同的货物、工程或服务的，在不改变合同其他条款的前提下，可以与供应商协商签订补充合同，但所有补充合同的采购金额不得超过原合同采购金额的 10%。

33.【答案】B

【解析】本题考查的知识点为政府采购法。政府采购工程依法不进行招标的，应当依照政府采购法律法规规定的竞争性谈判或者单一来源采购方式采购。

2.4 《中华人民共和国民法典》合同编及价格法

◆ 2.4.1 《中华人民共和国民法典》合同编

34. 合同订立过程中，属于要约失效的情形是（　　）。【2016】

　　A. 承诺通知到达要约人　　　　　　　B. 受要约人依法撤销承诺

　　C. 要约人在承诺期限内未作出承诺　　D. 受要约人对要约内容作出实质性变更

35. 根据《民法典》合同编的规定，关于要约和承诺的说法，正确的有（　　）。【2020】

　　A. 要约通知发出时即表明要约生效

　　B. 承诺应当在要约确定的期限内到达要约人

　　C. 要约一旦发出不得撤销

　　D. 承诺通知到达要约人时生效

　　E. 承诺的内容应当与要约的内容一致

36. 根据《民法典》合同编的规定，下列关于格式合同的说法，正确的是（　　）。

　　A. 采用格式条款订立合同，有利于保证合同双方的公平权利

　　B.《民法典》合同编规定的合同无效的情形适用于格式合同条款

　　C. 对格式条款的理解发生争议的，应当做出有利于提供格式条款一方的解释

　　D. 格式条款和非格式条款不一致的，应当采用格式条款

37. 合同成立是指双方当事人依照有关法律对合同内容进行协商并达成一致意见，合同是否成立的判断依据是（　　）。

　　A. 要约是否生效　　B. 承诺是否生效　　C. 合同是否有效　　D. 合同是否生效

38. 根据《民法典》合同编的规定，债权人行使撤销权应当及时。自债务人的行为发生之日起（　　）年内没有行使撤销权的，该撤销权消灭。【2023补考】

　　A. 1　　　　　　　B. 2　　　　　　　C. 3　　　　　　　D. 5

39. 根据《民法典》合同编的规定，合同生效后，当事人就价款约定不明确又未能补充协议的，合同价款应按（　　）执行。【2016】【2023】

　　A. 订立合同时履行地市场价格　　　　　B. 订立合同时付款方所在地市场价格

　　C. 标的物交付时市场价格　　　　　　　D. 标的物交付时政府指导价

40. 根据《民法典》合同编的规定，执行政府定价或政府指导价的合同时，对于逾期交付标的物的处置方式是（　　）。【2017】

　　A. 遇价格上涨时，按照原价格执行；价格下降时，按照新价格执行

　　B. 遇价格上涨时，按照新价格执行；价格下降时，按照原价格执行

　　C. 无论价格上涨或下降，均按照新价格执行

　　D. 无论价格上涨或下降，均按照原价格执行

41. 根据《民法典》合同编的规定，债权人领取提存物的权利期限为（　　）年。【2013】

　　A. 1　　　　　　　B. 2　　　　　　　C. 3　　　　　　　D. 5

42. 根据《民法典》合同编的规定，关于违约责任的说法，正确的有（　　）。【2014】

　　A. 违约责任以无效合同为前提

　　B. 违约责任可由当事人在法定范围内约定

　　C. 违约责任以违反合同义务为要件

　　D. 违约责任必须以支付违约金的方式承担

　　E. 违约责任是一种民事赔偿责任

43. 根据《民法典》合同编的规定，下列关于定金的说法，正确的是（　　）。【2013】

　　A. 债务人准备履行债务时，定金应当收回

　　B. 给付定金的一方如不履行债务，无权要求返还定金

　　C. 收受定金的一方如不履行债务，应当返还定金

D. 当事人既约定违约金，又约定定金的，违约时适用违约金条款

44. 根据《民法典》合同编的规定，合同当事人一方不履行合同义务或者履行合同义务不符合约定的，承担违约责任的方式有（　　）。【2023】

A. 采取补救措施　　B. 强制转让合同　　C. 债务提存

D. 赔偿损失　　E. 继续履行

◆ 2.4.2 《中华人民共和国价格法》

45. 根据《价格法》的规定，在制定关系群众切身利益的公用事业价格、公益性服务价格、自然垄断经营的价格应当建立（　　）制度。【2020】

A. 风险评估　　　B. 公示　　　　C. 专家咨询　　　D. 听证会

46. 根据我国《价格法》的规定，大多数商品或服务价格实行（　　）。【2023 补考】

A. 市场调节价　　B. 政府指导价　　C. 政府调节价　　D. 企业指导价

47. 根据《价格法》的规定，经营者有权制定的价格有（　　）。【2015】

A. 资源稀缺的少数商品价格

B. 自然垄断经营的商品价格

C. 属于市场调节的价格

D. 属于政府定价产品范围的新产品试销价格

E. 公益性服务价格

参考答案及解析

◆ 2.4.1 《中华人民共和国民法典》合同编

34.【答案】D

【解析】有下列情形之一的，要约失效：

（1）要约被拒绝；

（2）要约被依法撤销；

（3）承诺期限届满，受要约人未作出承诺；

（4）受要约人对要约内容作出实质性变更。

35.【答案】BDE

【解析】要约到达受要约人时生效，故 A 选项错误。要约可以撤回，撤回要约的通知应当在要约到达受要约人之前或者与要约同时到达受要约人，故 C 选项错误。

36.【答案】B

【解析】格式条款无效。提供格式条款一方免除自己责任、加重对方责任、排除对方主要权利的，该条款无效。此外，《民法典》合同编规定的合同无效的情形，同样适用于格式合同条款。

37.【答案】B

【解析】合同的成立，是指双方当事人依照有关法律对合同的内容进行协商并达成一致的意见。合同成立的判断依据是承诺是否生效。

38.【答案】D

【解析】本题考查的知识点为《民法典》合同编。撤销权自债权人知道或者应当知道撤销事由之日起一年内行使。自债务人的行为发生之日起五年内没有行使撤销权的，该撤销权消灭。

39.【答案】A

【解析】价款或者报酬不明确的，首先协议补充，达不成协议，按照合同有关条款或交易习惯履行；仍不能确定的，按照订立合同时履行地的市场价格履行；依法应当执行政府定价或者政府指导价的，按照规定履行。

40.【答案】A

【解析】逾期交付标的物的，遇价格上涨时，按照原价格执行；价格下降时，按照新价格执行。

41.【答案】D

【解析】债权人领取提存物的权利期限为 5 年，超过该期限，提存物扣除提存费用后归国家所有。

42.【答案】BCE

【解析】违约责任是指合同当事人不履行或不适当履行合同，应依法承担的责任。与其他责任制度相比，违约责任有以下主要特点：

（1）违约责任以有效合同为前提；

（2）违约责任以违反合同义务为要件；

（3）违约责任可由当事人在法定范围内约定；

（4）违约责任是一种民事赔偿责任。

43.【答案】B

【解析】当事人可以约定一方向对方给付定金作为债权的担保。债务人履行债务的，定金应当抵作价款或者收回。给付定金的一方不履行债务或者履行债务不符合约定，致使不能实现合同目的的，无权请求返还定金；收受定金的一方不履行债务或者履行债务不符合约定，致使不能实现合同目的的，应当双倍返还定金。

44.【答案】ADE

【解析】违约责任的承担方式。当事人方不履行合同义务或者履行合同义务不符合约定的，应当承担继续履行、采取补救措施或者赔偿损失等违约责任。

◆ 2.4.2 《中华人民共和国价格法》

45.【答案】D

【解析】两公益一垄断建立听证会。在制定关系群众切身利益的公用事业价格、公益性服务价格、自然垄断经营的价格应当建立听证会制度，征求消费者、经营者和有关方面的意见。

46.【答案】A

　　【解析】本题考查的知识点为价格法。大多数商品和服务价格实行市场调节价，只有极少数商品和服务价格实行政府指导价或政府定价。我国的价格管理机构是县级以上各级政府价格主管部门和其他有关部门。

47.【答案】CD

　　【解析】经营者享有如下权利：①自主制定属于市场调节的价格；②在政府指导价规定的幅度内制定价格；③制定属于政府指导价、政府定价产品范围内的新产品的试销价格，特定产品除外；④检举、控告侵犯其依法自主定价权利的行为。ABE 属于政府定价的商品。

第 3 章　工程项目管理

考情概述： 本章主要考查的内容有：工程项目的组成、工程建设程序、业主方的管理模式、工程项目的发承包模式、流水施工的特点与组织方式、网络计划技术的时间参数计算和控制、工程项目的合同管理等相关知识，知识点多，整体难度比较大等，在历年考试分值中占 25～26 分，其中计算题 3～4 分，是造价管理科目的重点章节。建议考生在学习的过程中一定要先理解知识点，了解每个概念的意义之后，再去看题做题，千万不要死记硬背，尤其是流水施工和网络计划两个部分，所以一定要多想想概念的意义，在理解的基础上做题，才能有效掌握各部分考点。

考点预测：

核心考点	重要程度
工程项目的组成	★★★★
工程建设程序	★★★
业主方的项目管理模式	★★★★★
工程项目的发承包模式	★★★★★
施工单位的组织机构形式	★★★★★
工程项目的目标控制	★★★★★
流水施工的参数及特点	★★★★
各流水施工的组织模式的时间参数计算	★★★★★
网络图的六个时间参数	★★★★★
各种网络图的特点	★★★★★
网络计划的优化	★★★★
各种项目管理合同的特点	★★★

3.1　工程项目管理概述

◆ 3.1.1　工程项目组成和分类

1. 根据《建筑工程施工质量验收统一标准》的规定，下列工程中，属于分部工程的有（　　）。【2017】

　　A. 砌体结构工程　　B. 智能建筑工程　　C. 建筑节能工程

　　D. 土方回填工程　　E. 装饰装修工程

2. 根据《建筑工程施工质量验收统一标准》的规定，下列工程中，属于分项工程的是

（　　）。【2016】

  A. 计算机机房工程   B. 轻钢结构工程

  C. 土方开挖工程   D. 外墙防水工程

 3. 下列工程中，属于单项工程的是（　　）。【2022】

  A. 生产车间的吊车设备安装工程

  B. 主体基础工程

  C. 钢结构工程

  D. 生产车间的建筑工程、安装工程和试生产

◆ 3.1.2　工程建设程序

 4. 根据《国务院关于投资体制改革的决定》的规定，工程代建制是针对（　　）。【2019】

  A. 经营性政府投资   B. 基础设施投资

  C. 非经营性政府投资   D. 核准目录内企业投资

 5. 非政府投资项目的投资决策管理，采用下列哪种制度？（　　）【2022】

  A. 审批制   B. 核准制   C. 承诺制

  D. 登记备案制   E. 审查制

 6. 根据《国务院关于投资体制改革的决定》的规定，对于采用直接投资和资本金注入方式的政府投资项目，政府投资主管部门需要审批的文件有（　　）。【2023】

  A. 资金申请报告   B. 可行性研究报告

  C. 初步设计和概算   D. 项目申请报告

  E. 项目建议书

 7. 根据《国务院关于投资体制改革的决定》，采用投资补助、转贷和贷款贴息方式的政府投资项目政府主管部门只审批（　　）。【2021】

  A. 资金申请报告   B. 项目申请报告   C. 项目备案表   D. 开工报告

 8. 根据《国务院关于投资体制改革的决定》的规定，企业不使用政府资金投资建设需核准的项目时，政府部门在投资决策阶段仅需审批的文件是（　　）。【2020】

  A. 可行性研究报告   B. 初步设计文件

  C. 资金申请报告   D. 项目申请报告

 9. 根据《房屋建筑和市政基础设施工程施工图设计文件审查管理办法》的规定，施工图审查机构对施工图设计文件审查的内容有（　　）。【2014】

  A. 是否按限额设计标准进行施工图设计

  B. 是否符合工程建设强制性标准

  C. 施工图预算是否超过批准的工程概算

  D. 地基基础和主体结构的安全性

  E. 危险性较大的工程是否有专项施工方案

 10. 建设单位在办理工程质量监督注册手续时需提供的资料有（　　）。【2016】

  A. 中标通知书   B. 施工进度计划   C. 施工方案

  D. 施工组织设计   E. 监理规划

◆ 3.1.3 工程项目管理类型、任务及相关制度

11.在工程建设中环保要求"三同时"是指主体与环保工程应（   ）。【2021】

    A. 同时立项、设计、施工　　　　　　B. 同时立项、施工、竣工

    C. 同时设计、施工、竣工　　　　　　D. 同时设计、施工、投入使用

12.对于实行项目法人责任制项目，项目董事会的责任是（   ）。【2019】

    A. 组织编制初步设计文件　　　　　　B. 控制工程投资、工期和质量

    C. 组织工程设计招标　　　　　　　　D. 筹措建设资金

13.实行法人责任制的建设项目，项目总经理的职责有（   ）。【2015】

    A. 负责筹措建设资金　　　　　　　　B. 负责提出项目竣工验收申请报告

    C. 组织编制项目初步设计文件　　　　D. 组织工程设计招标工作

    E. 组织生产准备工作和培训有关人员

参考答案及解析

◆ 3.1.1 工程项目组成和分类

1.【答案】BCE

【解析】分部工程是指将单位工程按专业性质、建筑部位等划分的工程。根据《建筑工程施工质量验收统一标准》GB 50300—2013 的规定，建筑工程包括：地基与基础、主体结构、建筑装饰装修、屋面、建筑给水排水及供暖、建筑电气、智能建筑、通风与空调、电梯、建筑节能等分部工程。

2.【答案】C

【解析】本题考查的是工程项目的组成和分类。分项工程是指将分部工程按主要工种、材料、施工工艺、设备类别等划分的工程。例如，土方开挖、土方回填、钢筋、模板、混凝土、砖砌体、木门窗制作与安装、玻璃幕墙等工程。C 选项正确。选项 ABD 属于子分部过程。

3.【答案】D

【解析】单项工程：具有独立设计文件，建成后可独立发挥生产能力、投资效益的工程项目（工程项目的组成部分）。例如，独立生产的车间，包括厂房建筑、设备安装等工程。

◆ 3.1.2 工程建设程序

4.【答案】C

【解析】非经营性政府投资项目一般是指非营利性的，非经营性政府投资项目可实施"代建制"。

5.【答案】BD

【解析】政府投资项目采用审批制，非政府投资项目区别不同情况实行核准制或登记备案制。（内核外备）

6.【答案】BCE

【解析】对于采用直接投资和资本金注入方式的政府投资项目，政府需要从投资决策的角度审批项目建议书和可行性研究报告，除特殊情况外，不再审批开工报告，同时还要严格审批其初步设计和概算；对于采用投资补助、转贷和贷款贴息方式的政府投资项目，则只审批资金申请报告。

7.【答案】A

【解析】对于采用直接投资和资本金注入方式的政府投资项目，政府需要从投资决策的角度审批项目建议书和可行性研究报告，除特殊情况外，不再审批开工报告，同时还要严格审批其初步设计和概算；对于采用投资补助、转贷和贷款贴息方式的政府投资项目，则只审批资金申请报告。

8.【答案】D

【解析】投资建设《政府核准的投资项目目录》中的项目时，仅向政府提交项目申请报告，不再批准项目建议书、可行性研究报告和开工报告。

9.【答案】BD

【解析】审查的主要内容包括：

（1）是否符合工程建设强制性标准；

（2）地基基础和主体结构的安全性；

（3）消防安全性；

（4）人防工程（不含人防指挥工程）防护安全性；

（5）是否符合民用建筑节能强制性标准，对执行绿色建筑标准的项目，还应当审查是否符合绿色建筑标准；

（6）勘察设计企业和注册执业人员以及相关人员是否按规定在施工图上加盖相应的图章和签字；

（7）法律、法规、规章规定必须审查的其他内容。

10.【答案】ADE

【解析】办理质量监督注册手续时需提供下列资料：

（1）施工图设计文件审查报告和批准书；

（2）中标通知书和施工、监理合同；

（3）建设单位、施工单位和监理单位工程项目的负责人和机构组成；

（4）施工组织设计和监理规划（监理实施细则）；

（5）其他需要的文件资料。

◆ 3.1.3　工程项目管理类型、任务及相关制度

11.【答案】D

【解析】在项目实施阶段，必须做到"三同时"，即主体工程与环保措施工程同时设计、同时施工、同时投入运行。

12.【答案】D

【解析】建设项目董事会的职权有：

（1）负责筹措建设资金；

（2）审核、上报项目初步设计和概算文件；

（3）审核、上报年度投资计划并落实年度资金；

（4）提出项目开工报告；

（5）研究解决建设过程中出现的重大问题；

（6）负责提出项目竣工验收申请报告；

（7）审定偿还债务计划和生产经营方针，并负责按时偿还债务；

（8）聘任或解聘项目总经理，并根据总经理的提名，聘任或解聘其他高级管理人员。

13.【答案】CDE

【解析】本题考查的是区分董事会和总经理的职责范围，从选项中挑出董事会职责，剩余的就是总经理的职责，不用专门记忆总经理的职责范围。建设项目董事会的职权有：

（1）负责筹措建设资金；

（2）审核、上报项目初步设计和概算文件；

（3）审核、上报年度投资计划并落实年度资金；

（4）提出项目开工报告；

（5）研究解决建设过程中出现的重大问题；

（6）负责提出项目竣工验收申请报告；

（7）审定偿还债务计划和生产经营方针，并负责按时偿还债务；

（8）聘任或解聘项目总经理，并根据总经理的提名，聘任或解聘其他高级管理人员。

3.2 工程项目组织

◆ 3.2.1 工程项目发承包模式

14. 与工程总承包模式相比，设计—招标—建造（DBB）模式的特点是（　　）。【2023】

    A. 设计和施工任务明确，有利于缩短建设工期

    B. 工程变更少，有利于控制工程总造价

    C. 设计与施工相结合，建设单位合同管理工作量少

    D. 责任主体较多，建设单位协调工作量大

15. 关于工程总承包模式的特点，以下说法正确的是（　　）。

    A. 有利于缩短建设工期   B. 便于建设单位提前确定工程造价

    C. 工程总承包单位的报价较低   D. 建设单位的前期工作量较少

    E. 可以减轻建设单位合同管理的负担

16. 采用平行发承包模式的工程，各平行承包商之间的组织和协调工作由（　　）负责。【2023 补考】

    A. 设计单位   B. 承包单位   C. 总承包单位   D. 建设单位

17. 建设工程采用平行承包模式的特点是（　　）。【2017】

 A. 有利于缩短建设工期   B. 不利于控制工程质量

 C. 业主组织管理简单   D. 工程造价控制难度小

18. 工程项目承包模式中,建设单位组织协调工作量小,但风险较大的是(　　)。【2014】

 A. 总承包模式 B. 合作体承包模式 C. 平等承包模式 D. 联合体承包模式

19. CM（Construction Management）承包模式的特点是（　　）。【2016】

 A. 建设单位与分包单位直接签订合同

 B. 采用流水施工法施工

 C. CM单位可赚取总分包之间的差价

 D. 采用快速路径法施工

20. 关于CM承包模式的说法,正确的是（　　）。【2019】

 A. 使工程项目实现有条件的"边设计、边施工"

 B. 秉承在工程设计全部结束之后,进行施工招标

 C. 工程设计与施工由一个总承包单位统筹安排

 D. 所有分包不通过招标的方式展开竞争

21. 建设工程项目采用的Partnering模式的特点有（　　）。

 A. Partnering协议是工程建设参与各方共同签署的协议

 B. Partnering协议是工程合同文件的组成部分

 C. Partnering模式需要工程建设参与各方高层管理者的参与

 D. Partnering模式强调资源共享和风险分担

 E. Partnering模式可以独立于其他承包模式而存在

◆ 3.2.2　工程项目管理组织机构形式

22. 下列组织架构属于（　　）。【2022】

 A. 直线制   B. 职能制   C. 矩阵制   D. 直线职能制

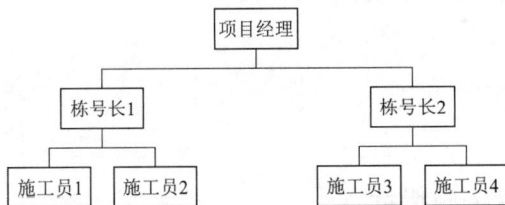

23. 某施工项目管理组织机构图如下。其组织机构形式是（　　）。【2023补考】

 A. 直线制 B. 职能制 C. 直线职能制 D. 矩阵制

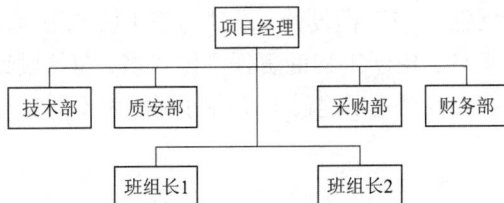

24. 建设工程项目管理直线式组织机构的优点是（　　）。【2023】

    A. 组织结构简单，易于统一指挥

    B. 管理工作专业化，易于提高工作质量

    C. 组织机构组建灵活，集权与分权相结合

    D. 部门间协调配合，项目经理决策有参谋

25. 直线职能制组织结构的特点是（　　）。【2017】

    A. 信息传递路径较短

    B. 容易形成多头领导

    C. 各职能部门间横向联系强

    D. 各职能部门职责清晰

26. 关于工程项目管理组织机构特点的说法，正确的是（　　）。【2020】

    A. 矩阵制组织中，项目成员受双重领导

    B. 职能制组织中指令唯一且职责清晰

    C. 直线制组织中可实现专业化管理

    D. 强矩阵制组织中，项目成员仅对职能经理负责

27. 项目管理采用矩阵制组织机构形式的特点有（　　）。【2019】

    A. 组织机构稳定性强   B. 容易造成职责不清

    C. 组织机构灵活性大   D. 组织机构机动性强

    E. 每一个成员受双重领导

28. 下列关于工程项目管理强矩阵制组织形式的说法，正确的有（　　）。【2023补考】

    A. 信息传递路线长，职能部门与指挥部门之间容易产生矛盾

    B. 项目经理由企业最高领导任命并全权负责项目

    C. 项目组成员的绩效完全由项目经理考核

    D. 适用于中等技术复杂程度且建设周期较长的工程项目

    E. 员工的绩效由职能部门经理进行考核

参考答案及解析

◆ 3.2.1　工程项目发承包模式

14.【答案】 D

    【解析】 采用 DBB 模式的不足之处。工程设计、招标、施工按顺序依次进行，建设周期长；而且由于施工单位无法参与工程设计，设计与施工协调困难，容易产生设计变更，可能使建设单位利益受损。此外，由于工程的责任主体较多，包括设计单位、施工单位、材料设备供应单位等，一旦工程出现问题，建设单位将分别面对不同参与方，容易出现互相推诿的现象，协调工作量大。

15.【答案】 ABE

【解析】工程总承包模式的优点：①有利于缩短建设工期；②便于建设单位提前确定工程造价；③使工程项目责任主体单一化；④可减轻建设单位合同管理的负担。缺点：①道德风险高；②建设单位前期工作量大；③工程总承包单位报价高。

16.【答案】D

【解析】本题考查的知识点为工程项目发承包模式。平行承包模式组织管理和协调工作量大。由于合同数量多，使工程项目系统内结合部位数量增加，要求建设单位具有较强的组织协调能力。

17.【答案】A

【解析】平行承包模式有以下特点：①有利于建设单位择优选择承包单位；②有利于控制工程质量；③有利于缩短建设工期；④组织管理和协调工作量大；⑤工程造价控制难度大；⑥与总承包模式相比，平行承包模式不利于发挥那些技术水平高、综合管理能力强的承包商综合优势。

18.【答案】B

【解析】合作体承包模式的特点如下：

（1）建设单位的组织协调工作量小，但风险较大；

（2）各承包单位之间既有合作的愿望，又不愿意组成联合体。

19.【答案】D

【解析】A选项错误，CM单位有代理型（Agency）和非代理型（Non-Agency）两种。代理型的CM单位不负责工程分包的发包，与分包单位的合同由建设单位直接签订。而非代理型的CM单位直接与分包单位签订分包合同。B选项错误，CM承包模式组织快速路径的生产方式，使工程项目实现有条件的"边设计、边施工"。C选项错误，CM单位不赚取总包与分包之间的差价。

20.【答案】A

【解析】B选项错误，CM承包模式组织快速路径的生产方式，使工程项目实现有条件的"边设计、边施工"。C选项错误，C选项是总分包模式的管理方式。D选项错误，CM模式下所有分包都通过招标展开竞争。

21.【答案】AC

【解析】Partnering模式的主要特征：

（1）出于自愿；

（2）高层管理者参与；

（3）不是法律意义上的合同；

（4）信息开放性。

它不是一种独立存在的模式，通常需要与工程项目其他组织模式中的某一种结合使用。

◆ 3.2.2　工程项目管理组织机构形式

22.【答案】A

【解析】全部都是直线，没有中间职能部门，选择直线制。

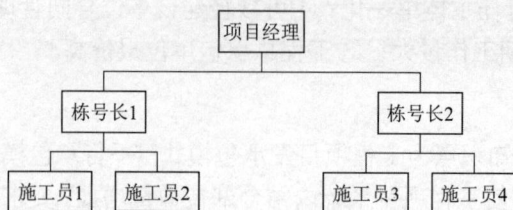

23.【答案】C

【解析】直线职能制是吸收了直线制和职能制两种组织机构的优点而形成的一种组织机构形式。与职能制组织机构形式相同的是，在各管理层次之间设置职能部门，但职能部门只作为本层次领导的参谋，在其所辖业务范围内从事管理工作，不直接指挥下级，与下一层次的职能部门构成业务指导关系。

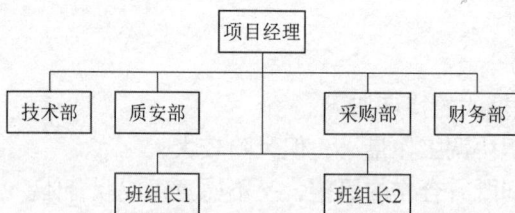

24.【答案】A

【解析】直线式组织机构的主要优点是结构简单、权力集中、易于统一指挥、隶属关系明确、职责分明、决策迅速。但由于未设职能部门，项目经理没有参谋和助手，要求领导者通晓各种业务，成为"全能式"人才，无法实现管理工作专业化，不利于项目管理水平的提高。

25.【答案】D

【解析】直线职能制组织机构既保持了直线制统一指挥的特点，又满足了职能制对管理工作专业化分工的要求。其主要优点是集中领导，职责清楚，有利于提高管理效率。但这种组织机构中各职能部门之间的横向联系差，信息传递路线长，职能部门与指挥部门之间容易产生矛盾。

26.【答案】A

【解析】统一指挥——直线制和直线职能制；专业化——职能制和直线职能制；多头领导——职能制；双重领导——矩阵制。

27.【答案】CDE

【解析】矩阵制组织机构的优点是能根据工程任务的实际情况灵活地组建与之相适应的管理机构，具有较大的机动性和灵活性。它实现了集权与分权的最优结合，有利于调动各类人员的工作积极性，使工程项目管理工作能顺利地进行。

但是，矩阵制组织机构经常变动，稳定性差，尤其是业务人员的工作岗位频繁调动。

此外，矩阵中的每一个成员都受项目经理和职能部门经理的双重领导，如果处理不当会造成矛盾，产生扯皮现象。

28.【答案】BC

【解析】强矩阵制项目经理由企业最高领导任命，并全权负责项目，项目经理直接向最高领导负责，项目组成员的绩效完全由项目经理进行考核，项目组成员只对项目经理负责。强矩阵制组织形式的特点是拥有专职的、具有较大权限的项目经理以及专职项目管理人员。强矩阵制组织形式适用于技术复杂且时间紧迫的工程项目。中矩阵制组织形式的特点是需要精心建立管理程序和配备训练有素的协调人员。

3.3　工程项目计划与控制

◆ 3.3.1　工程项目计划体系

29.工程项目建设总进度计划表格部分的主要内容有（　　　）。【2021】

　　A. 工程项目一览表、工程项目总进度计划、投资计划年度分配表、工程项目进度平衡表

　　B. 工程项目一览表、年度计划项目表、年度竣工投产交付使用计划表、年度建设资金平衡表

　　C. 工程概况表、施工总进度计划表、主要资源配置计划表、工程项目进度平衡表

　　D. 工程概况表、工程项目前期工作进度计划、工程项目总进度计划、工程项目年度计划

30.下列工程项目计划表中，用来阐明各单位工程的建筑面积、投资额、新增固定资产、新增生产能力等建筑总规模及本年计划完成情况的是（　　　）。【2012】【2020】

　　A. 年度竣工投产交付使用计划表　　　　B. 年度计划项目表

　　C. 年度建设资金平衡表　　　　　　　　D. 投资计划年度分配表

31.建设单位计划体系中，用来明确设计文件交付日期、主要设备交货日期、施工单位进场日期、水电及道路接通日期等，以保证工程建设各环节相互衔接，确保项目按期投产或交付使用的计划表是（　　　）。【2023】

　　A. 工程项目总进度计划表　　　　　　　B. 工程项目进度平衡表

　　C. 工程项目年度计划表　　　　　　　　D. 工程项目实施进度表

◆ 3.3.2　工程项目施工组织计划

32.根据《建设工程安全生产管理条例》的规定，危险性较大的分部分项工程专家论证应由（　　　）组织。【2020】

　　A. 建设单位　　　　B. 施工单位　　　　C. 设计单位　　　　D. 监理单位

33.施工承包单位的项目管理实施规划应由（　　　）组织编制。【2018】

　　A. 施工企业经营负责人　　　　　　　　B. 施工项目经理

　　C. 施工项目技术负责人　　　　　　　　D. 施工企业技术负责人

34.根据《建筑施工组织设计规范》的规定，施工组织设计有三个层次，是指（　　　）。

【2016】

 A. 施工组织总设计、单位工程施工组织设计和施工方案

 B. 施工组织总设计、单项工程施工组织设计和施工进度计划

 C. 施工组织设计、施工进度计划和施工方案

 D. 指导性施工组织设计、实施性施工组织设计和施工方案

35. 编制单位工程施工组织设计时，施工进度计划、施工准备、施工现场平面布置等应围绕（ ）进行编制。【2023 补考】

 A. 施工部署 B. 施工方案 C. 施工规划 D. 施工布置

◆ 3.3.3 工程项目目标控制的内容、措施和方法

36. 下列工程项目目标控制方法中，可用来控制工程造价和工程进度的方法有（ ）。【2019】【2023】

 A. 香蕉曲线法   B. 目标管理法

 C. S 曲线法   D. 责任矩阵法

 E. 因果分析图法

37. 适用于分析和描述某种质量问题产生原因的统计分析工具是（ ）。【2018】

 A. 直方图法   B. 控制图法

 C. 因果分析图法   D. 主次因素分析图法

38. 应用直方图法分析工程质量状况时，直方图出现折齿型分布的原因是（ ）。【2017】

 A. 数据分组不当或组距确定不当 B. 少量材料不合格

 C. 短时间内工人操作不熟练 D. 数据分类不当

39. 下列项目目标控制方法中，可用于控制工程质量的有（ ）。【2015】

 A. S 曲线法 B. 控制图法 C. 排列图法

 D. 直方图法 E. 横道图法

40. 采用排列图法分析影响工程质量的主要因素时，将影响因素分为三类，其中 A 类因素是指累计频率（ ）范围内的因素。【2021】

 A. 0～70% B. 0～80% C. 80%～90% D. 90%～100%

41. 下列目标控制方法中，能够随时了解工程质量状况并分析质量变化趋势的是（ ）。【2023 补考】

 A. 排列图法 B. 直方图法 C. 控制图法 D. 鱼刺图法

参考答案及解析

◆ 3.3.1 工程项目计划体系

29.【答案】A

【解析】工程项目建设总进度计划表格部分。包括工程项目一览表、工程项目总进度计

划、投资计划年度分配表和工程项目进度平衡表。

30.【答案】A

【解析】年度竣工投产交付使用计划表。用来阐明各单位工程的建设规模、投资额、新增固定资产、新增生产能力等建设总规模及本年计划完成情况，并阐明其竣工日期。

31.【答案】B

【解析】工程项目进度平衡表。用来明确各种设计文件交付日期、主要设备交货日期、施工单位进场日期、水电及道路接通日期等，以保证工程建设中各个环节相互衔接,确保工程项目按期投产或交付使用。

◆ 3.3.2　工程项目施工组织计划

32.【答案】B

【解析】危险性较大的分部分项工程应编制专项施工方案，由施工单位组织专家进行论证、审查。

33.【答案】B

【解析】项目管理实施规划

项目管理实施规划是在开工之前由施工项目经理组织编制，并报企业管理层审批的工程项目管理文件。

34.【答案】A

【解析】本题考查的是工程项目施工组织设计。按编制对象不同，施工组织设计包括三个层次，即：施工组织总设计、单位工程施工组织设计和施工方案。A选项正确。

35.【答案】A

【解析】本题考查的知识点为工程项目施工组织设计。施工部署是施工组织设计的纲领性内容，施工进度计划、施工准备与资源配置计划、施工方法、施工现场平面布置等均应围绕施工部署进行编制和确定。

◆ 3.3.3　工程项目目标控制的内容、措施和方法

36.【答案】AC

【解析】见下表。

	控制方法	控制目标
1	网络计划技术	工程进度，也有助于成本控制
2	S曲线法	工程进度或工程造价
3	香蕉曲线法	工程进度或工程造价
4	排列图法（主次因素分析图或帕累特图）	寻找影响质量的主要因素
5	因果分析图法（树枝图或鱼刺图）	寻找质量问题产生原因
6	直方图法（频数分布直方图）	了解质量特征的分布规律
7	控制图法	动态分析方法，监测过程质量

37.【答案】C

【解析】见下表。

	控制方法	控制目标
1	网络计划技术	工程进度，也有助于成本控制
2	S 曲线法	工程进度或工程造价
3	香蕉曲线法	工程进度或工程造价
4	排列图法（主次因素分析图或帕累特图）	寻找影响质量的主要因素
5	因果分析图法（树枝图或鱼刺图）	寻找质量问题产生原因
6	直方图法（频数分布直方图）	了解质量特征的分布规律
7	控制图法	动态分析方法，监测过程质量

38.【答案】A

【解析】

（1）折齿型分布

这多数是由于作频数表时，分组不当或组距确定不当所致。

（2）绝壁型分布

直方图的分布中心偏向一侧，通常是因操作者的主观因素所造成。

（3）孤岛型分布

出现孤立的小直方图，这是由于少量材料不合格，或短时间内工人操作不熟练所造成。

（4）双峰型分布

一般是由于在抽样检查以前，数据分类工作不够好，使两个分布混淆在一起所造成。

39.【答案】BCD

【解析】见下表。

	控制方法	控制目标
1	网络计划技术	工程进度，也有助于成本控制
2	S 曲线法	工程进度或工程造价
3	香蕉曲线法	工程进度或工程造价
4	排列图法（主次因素分析图或帕累特图）	寻找影响质量的主要因素
5	因果分析图法（树枝图或鱼刺图）	寻找质量问题产生原因
6	直方图法（频数分布直方图）	了解质量特征的分布规律
7	控制图法	动态分析方法，监测过程质量

40.【答案】B

【解析】在一般情况下，将影响质量的因素分为三类，累计频率在 0~80%范围内的因素，称为 A 类因素，是主要因素；在 80%~90%范围内的为 B 类因素，是次要因素；在90%~100%范围内的为 C 类因素，是一般因素。

41.【答案】C

【解析】本题考查的知识点为工程项目目标控制的内容、措施和方法。采用动态分析方法，可以随时了解生产过程中质量的变化情况，及时采取措施，使生产处于稳定状态，起到预防出现废品的作用。控制图法就是一种典型的动态分析方法。

3.4　流水施工组织方法

◆ 3.4.1　流水施工的特点和参数

42. 下列流水施工参数中，可用于表达流水施工在施工工艺方面进展状态的参数是（　　）。【2023 补考】

　　A. 流水步距　　　　　B. 流水节拍　　　　　C. 施工段　　　　　D. 流水强度

43. 建设工程组织流水施工时，用来表达流水施工在施工工艺方面进展状态的参数是（　　）。【2020】

　　A. 流水强度和施工过程　　　　　　　　B. 流水节拍和施工段

　　C. 工作面和施工过程　　　　　　　　　D. 流水步距和施工段

44. 下列流水施工参数中，属于空间参数的有（　　）。【2021】【2023】

　　A. 流水步距　　　　　B. 工作面　　　　　C. 流水强度

　　D. 施工过程　　　　　E. 施工段

◆ 3.4.2　流水施工的基本组织方式

45. 某工程划分为 3 个施工过程、4 个施工段组织固定节拍流水施工，流水节拍为 5 天，累计间歇时间为 2 天，累计提前插入时间为 3 天，该工程流水施工工期为（　　）天。【2015】

　　A. 29　　　　　　　　B. 30　　　　　　　　C. 34　　　　　　　　D. 35

46. 建设工程组织固定节拍流水施工的特点有（　　）。【2019】

　　A. 专业工作队数大于施工过程数　　　B. 施工段之间没有空闲时间

　　C. 相邻施工过程的流水步距相等　　　D. 各施工段上的流水节拍相等

　　E. 各专业工作队能够在各施工段上连续作业

47. 建设工程组织加快的成倍节拍流水施工的特点有（　　）。【2017】

　　A. 同一施工过程的各施工段上的流水节拍成倍数关系

　　B. 相邻施工过程的流水步距相等

　　C. 专业工作队数等于施工过程数

　　D. 各专业工作队在施工段上可连续作业

　　E. 施工段之间可能有空闲时间

48. 某工程有 3 个施工过程，4 个施工段，组织加快的成倍节拍流水施工，3 个施工过程的流水节拍分别为 4 天、2 天、4 天，则流水施工工期为（　　）天。【2019】

　　A. 10　　　　　　　　B. 12　　　　　　　　C. 16　　　　　　　　D. 18

49. 异步距异节奏流水施工的特点有（　　）。【2023 补考】

　　A. 相邻施工过程的流水步距相等，且等于流水节拍

　　B. 不同施工过程的流水节拍不尽相等

　　C. 各个专业工作队在各施工段上能够连续作业，施工段之间没有空闲时间

D. 专业工作队数等于施工过程数

E. 相邻施工过程的流水步距相等，且等于流水节拍的最大公约数

50. 工程项目组织非节奏流水施工的特点是（　　　）。【2016】

A. 相邻施工过程的流水步距相等

B. 各施工段上的流水节拍相等

C. 施工段之间没有空闲时间

D. 专业工作队数等于施工过程数

51. 钢筋绑扎与混凝土浇筑之间的流水步距为（　　　）。【2021】

	模板	钢筋绑扎	混凝土浇筑
第一区	5	4	2
第二区	4	5	3
第三区	4	6	2

A. 2　　　　　　B. 5　　　　　　C. 8　　　　　　D. 10

参考答案及解析

◆ 3.4.1　流水施工的特点和参数

42.【答案】D

【解析】本题考查的知识点为流水施工的特点和参数。工艺参数主要是指在组织流水施工时，用以表达流水施工在施工工艺方面进展状态的参数，通常包括施工过程和流水强度两个参数。

43.【答案】A

【解析】工艺参数主要是指在组织流水施工时，用以表达流水施工在施工工艺方面进展状态的参数，通常包括施工过程和流水强度。

44.【答案】BE

【解析】空间参数是指在组织流水施工时，用以表达流水施工在空间布置上开展状态的参数。通常包括工作面和施工段。

◆ 3.4.2　流水施工的基本组织方式

45.【答案】A

【解析】$T = (4 + 3 - 1) \times 5 + 2 - 3 = 29$（天）。

46.【答案】BCDE

【解析】固定节拍流水施工是一种最理想的流水施工方式，其特点如下：

（1）所有施工过程在各个施工段上的流水节拍均相等；

（2）相邻施工过程的流水步距相等，且等于流水节拍；

（3）专业工作队数等于施工过程数，即每一个施工过程成立一个专业工作队，由该队完

成相应施工过程所有施工段上的任务；

（4）各个专业工作队在各施工段上能够连续作业，施工段之间没有空闲时间。

47.【答案】BD

【解析】成倍节拍流水施工的特点如下：

（1）同一施工过程在其各个施工段上的流水节拍均相等；不同施工过程的流水节拍不等，但其值为倍数关系；

（2）相邻施工过程的流水步距相等，且等于流水节拍的最大公约数（K）；

（3）专业工作队数大于施工过程数，即有的施工过程只成立一个专业工作队，而对于流水节拍大的施工过程，可按其倍数增加相应专业工作队数目；

（4）各个专业工作队在施工段上能够连续作业，施工段之间没有空闲时间。

48.【答案】C

【解析】流水节拍最大公约数为 2，需要的施工队为 $4/2 + 2/2 + 4/2 = 5$。

确定流水施工工期。由题目可知，该计划中没有组织间歇、工艺间歇及提前插入，故根据公式算得流水施工工期为：

$$T = (m + n' - 1)K = (4 + 5 - 1) \times 2 = 16（天）$$

49.【答案】BD

【解析】本题考查的知识点为流水施工的基本组织方式。异步距异节奏流水施工的特点如下：

（1）同一施工过程在各个施工段上的流水节拍均相等，不同施工过程之间的流水节拍不尽相等；

（2）相邻施工过程之间的流水步距不尽相等；

（3）专业工作队数等于施工过程数；

（4）各个专业工作队在施工段上能够连续作业，施工段之间可能存在空闲时间。

50.【答案】D

【解析】非节奏流水施工的特点：

（1）各施工过程在各施工段的流水节拍不全相等；

（2）相邻施工过程的流水步距不尽相等；

（3）专业工作队数等于施工过程数；

（4）各专业工作队能够在施工段上连续作业，但有的施工段之间可能有空闲时间。

51.【答案】D

【解析】本题考查的是非节奏流水施工中流水步距的计算方法，采用错位相减取大差法。

钢筋绑扎三个施工段的流水节拍分别是： 4　5　6

混凝土浇筑三个施工段的流水节拍分别是： 2　3　2

对这两个施工过程分别计算累加数列并错位相减并求得差数列：

$$
\begin{array}{rrrr}
 & 4 & 9 & 15 \\
-) & & 2 & 5 & 7 \\
\hline
 & 4 & 7 & 10 & -7
\end{array}
$$

在差数列中取最大值，就是这两个施工过程的流水步距，所以这两个施工过程的流水步距 = 10。

3.5 工程网络计划技术

◆ 3.5.1 网络图绘制

52. 某工作双代号网络计划如下图所示，存在的绘图错误有（　　）。【2018】

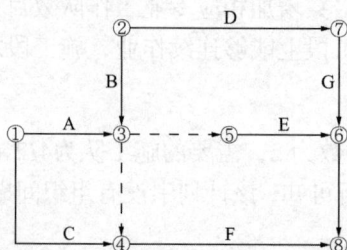

A. 多个起点节点　　B. 多个终点节点　　C. 存在循环回路

D. 节点编号有误　　E. 有多余虚工作

53. 某项目有 6 项工作，逻辑关系和持续时间如下表所示，则该项目有（　　）条关键线路，工期为（　　）。【2022】

工作名称	K	L	M	P	Q	R
紧前工作	—	—	—	K	P	K、L、M
持续时间	6	6	5	4	3	8

A. 1，13　　　　　B. 1，14　　　　　C. 2，13　　　　　D. 2，14

54. 某项目有 8 项工作，逻辑关系和持续时间如下表所示，则该项目有（　　）条关键线路，工期为（　　）。【2023 补考】

工作名称	F	G	H	I	J	K	L	M
紧前工作	—	—	—	F、G	G	J	H	J、L
持续时间	7	6	3	7	5	4	6	5

A. 1，15　　　　　B. 2，11　　　　　C. 2，16　　　　　D. 1，16

◆ 3.5.2 网络计划时间参数的计算

55. 双代号网络计划中，某工作有 2 项紧前工作，其最早开始时间和持续时间分别是 12、5，13、6；该工作总时差为 2，最迟完成时间是 25。则本工作的持续时间是（　　）。【2023 补考】

A. 4　　　　　　　B. 3　　　　　　　C. 5　　　　　　　D. 6

56. 双代号网络计划中关于关键节点的说法正确的是（　　）。【2019】

A. 关键工作前端的节点必然是关键节点

B. 关键节点的最早时间与最迟时间必然相等

C. 关键节点组成的线路必然是关键线路

D. 两端是关键节点的工作必然是关键工作

57. 某工程双代号网络计划如下图所示。当计划工期等于计算工期时，工作 D 的自由时差和总时差分别是（　　）。【2015】

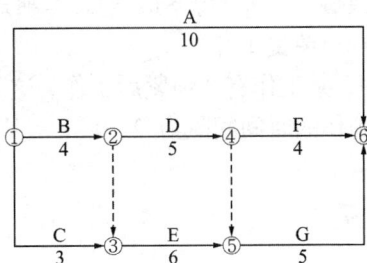

A. 2 和 2

B. 1 和 2

C. 0 和 2

D. 0 和 1

58. 某工程网络计划中，工作 M 的总时差为 6 天，自由时差为 3 天，该计划执行中，工作 M 的实际进度拖后 5 天，工作 M 实际进度产生的影响是（　　）。【2023】

A. 紧后工作最早开始时间推迟 1 天，但不影响总工期

B. 紧后工作最早开始时间推迟 2 天，但不影响总工期

C. 紧后工作最早开始时间推迟 3 天，影响总工期 1 天

D. 紧后工作最早开始时间推迟 3 天，影响总工期 2 天

59. 单代号网络计划中，关键线路是指（　　）的线路。【2016】

A. 由关键工作组成

B. 相邻两项工作之间时间间隔均为零

C. 由关键节点组成

D. 相邻两项工作之间间隔时间均相等

◆ 3.5.3　双代号时标网络计划

60. 某工程双代号时标网络计划如下图所示，工作 F 的自由时差为（　　）。

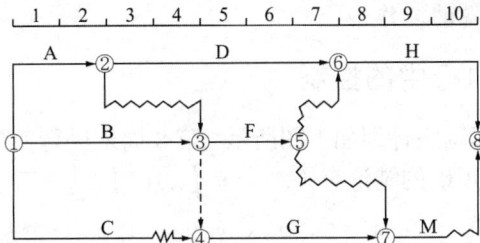

A. 0 周　　　　　　B. 1 周　　　　　　C. 2 周　　　　　　D. 3 周

61. 工程网络计划中，对关键线路描述正确的是（　　）。【2018】

A. 双代号网络计划中由关键节点组成

B. 单代号网络计划中时间间隔均为零

C. 双代号时标网络计划中无虚工作

D. 单代号网络计划中由关键工作组成

62. 下列关于关键工作的说明中，正确的有（　　　）。

A. 总时差为 0 的工作是关键工作

B. 双代号网络图中，两端节点为关键节点的工作是关键工作

C. 持续时间最长的工作是关键工作

D. 关键工作的实际进度提前或拖后，均会对总工期产生影响

E. 关键线路上的工作称为关键工作

63. 双代号时标网络计划中，某工作有 3 项紧后工作，这 3 项紧后工作的总时差分别为 3、5、2，该工作与 3 项紧后工作的时间间隔为 2、1、2，则该工作的总时差是（　　　）。【2022】

A. 2　　　　　B. 4　　　　　C. 5　　　　　D. 6

◆ 3.5.4　网络计划优化

64. 工程网络计划资源优化的目的是通过改变（　　　），使资源按照时间的分布符合优化目标。【2017】

A. 工作间逻辑关系　　　　　B. 工作的持续时间

C. 工作的开始时间和完成时间　　D. 工作的资源强度

65. 工程网络计划优化是指（　　　）的过程。【2019】

A. 寻求工程总成本最低时工期安排

B. 使计算工期满足要求工期

C. 按要求工期寻求最低成本

D. 在工期保持不变的条件下使资源需用量最少

E. 在满足资源限制条件下使工期延长最少

66. 当工程项目网络计划的计算工期不能满足要求工期时，需压缩关键工作的持续时间，此时可选的关键工作有（　　　）。【2021】【2023】

A. 持续时间长的工作　　　　　B. 紧后工作较多的工作

C. 对质量和安全影响不大的工作　　D. 所需增加的费用最少的工作

E. 有充足备用资源的工作

◆ 3.5.5　网络计划执行中的控制

67. 某工程双代号时标网络计划如下图所示，第 8 周末进行实际进度检查的结果如图中实际进度前锋线所示，则正确的结论有（　　　）。【2017】

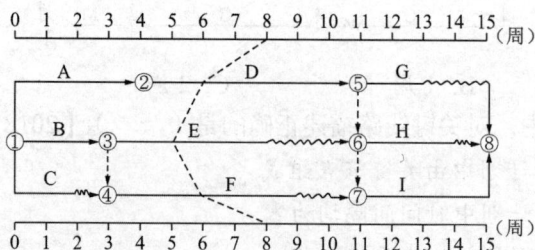

A. 工作 D 拖后 2 周，不影响工期　　　B. 工作 E 拖后 3 周，不影响工期

C. 工作 F 拖后 2 周，不影响紧后工作　　D. 总工期预计会延长 2 周

E. 工作 H 的进度不会受影响

参考答案及解析

◆ 3.5.1　网络图绘制

52.【答案】ADE

【解析】 A 选项，网络图有两个起点节点 1 和 2，不符合网络图只有一个起点节点的要求，所以错误。

D 选项，网络图节点的编号要满足箭尾节点编号小于箭头节点编号，7—6 工作不满足这个要求，所以错误。

E 选项，网络图中 3—5 的虚工作多余，删除该项虚工作不会影响网络图的逻辑关系，所以多余了。

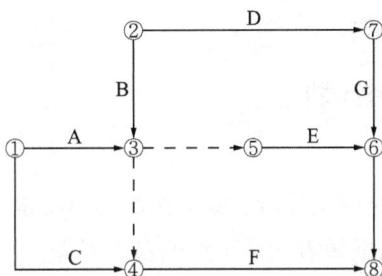

53.【答案】D

【解析】 两条关键线路：1—4—6，1—3—4—6。

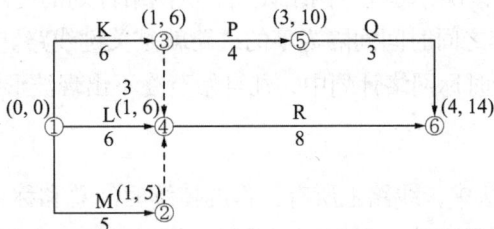

54.【答案】D

【解析】 本题考查的知识点为网络图的绘制。

关键线路为：1—2—5—6—7，工期为 16。

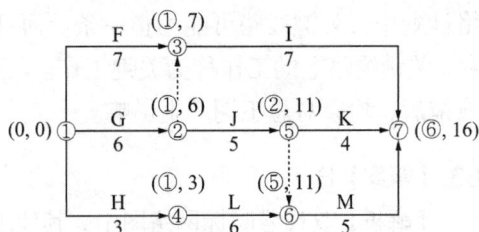

◆ 3.5.2　网络计划时间参数的计算

55.【答案】A

【解析】 持续时间 $= (25 - 2) - \max(12 + 5, 13 + 6) = 23 - 19 = 4$。

56.【答案】A

【解析】关键工作两端的节点必为关键节点，A 选项正确；没有说明白最早开始时间还是完成时间，B 选项错误；

但两端为关键节点的工作不一定是关键工作。关键节点必然处在关键线路上，但由关键节点组成的线路不一定是关键线路。C、D 选项错误。

57.【答案】D

【解析】工作 D 之后有两项紧后工作 F 和 G，F 和 G 最早开始时间是 9 和 10，D 最早完成时间是 9，所以自由时差是 0；由于 F 和 G 的最迟开始时间分别是 11 和 10，所以 D 的最迟完成时间是 10，计算得到 D 的总时差是 1。

58.【答案】B

【解析】M 拖后 5 天，5 天＜6 天，未超过总时差，故对总工期没有影响。但对紧后工作产生影响，开始时间推迟 5 − 3 = 2 天，故选择 B 选项。

59.【答案】B

【解析】单代号网络计划中，关键工作相连，并保证相邻两项关键工作之间的时间间隔为零而构成的线路就是关键线路。

◆ 3.5.3 双代号时标网络计划

60.【答案】B

【解析】当工作之后只紧接虚工作时，该工作箭线上一定不存在波形线，而其紧接的虚箭线中波形线水平投影长度的最短者为该工作的自由时差。

61.【答案】B

【解析】A 选项错误，由关键节点组成的线路不一定是关键线路。

B 选项正确、D 选项错误，单代号网络计划，从网络计划的终点节点开始，逆着箭线方向依次找出相邻两项工作之间时间间隔为零的线路就是关键线路。

C 选项错误，双代号时标网络计划中，凡自始至终不出现波形线的线路即为关键线路。

62.【答案】DE

【解析】在关键线路法中，线路上所有工作的持续时间总和称为该线路的总持续时间。

总持续时间最长的线路称为关键线路，关键线路的长度就是网络计划的总工期。在网络计划中，关键线路可能不止一条。而且，在网络计划执行过程中，关键线路还会发生转移。关键线路上的工作称为关键工作。在网络计划的实施过程中，关键工作的实际进度提前或拖后，均会对总工期产生影响。

63.【答案】B

【解析】双代号时标网络图中，其他工作的总时差等于其紧后工作的总时差加本工作与该紧后工作之间的时间间隔所得之和的最小值。

◆ **3.5.4 网络计划优化**

64.【答案】C

【解析】资源优化的目的是通过改变工作的开始时间和完成时间，使资源按照时间的分布符合优化目标。

65.【答案】ABCE

【解析】完成一项工程任务所需要的资源最基本上是不变的，不可能通过资源优化将其减少。资源优化的目的是通过改变工作的开始时间和完成时间，使资源按照时间的分布符合优化目标。

在通常情况下，网络计划的资源优化分为两种，即"资源有限、工期最短"的优化和"工期固定、资源均衡"的优化。

66.【答案】CDE

【解析】选择应缩短持续时间的关键工作。选择压缩对象时宜在关键工作中考虑下列因素：①缩短持续时间对质量和安全影响不大的工作；②有充足备用资源的工作；③缩短持续时间所需增加的费用最少的工作。

◆ **3.5.5 网络计划执行中的控制**

67.【答案】BCD

【解析】工作 D 是关键工作，拖后 2 周，影响工期 2 周。故 A 选项错误；工作 D 拖后 2 周，工作 H 只有 1 周的总时差，会影响 H 工作的进度。

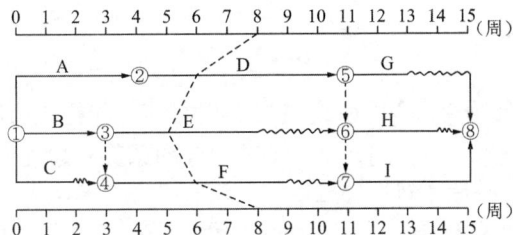

3.6 工程项目合同管理

68. 根据《标准设计招标文件（2017 年版）》的规定，在工程设计合同组成文件中，解释顺序排在"通用合同条款"之后的有（　　）。【2023】

    A. 设计费用清单　　　　　　　　　　B. 设计方案

    C. 中标通知书　　　　　　　　　　　D. 专用合同条款

    E. 发包人要求

69. 某工程，承包单位于 2019 年 8 月 8 日提交竣工验收报告，2019 年 9 月 11 日业主在未经验收的前提下提前使用，经承包单位催促下，建设单位于 11 月 12 日组织验收，2019 年 11 月 13 日各方签署合格验收意见，该工程的实际竣工时间应为 2019 年（　　）。

【2020】

    A. 8月8日   B. 9月11日   C. 11月10日   D. 11月11日

70. 根据《标准设计招标文件》通用合同条款的规定，发包人的义务有（　　）。【2023补考】

    A. 完成设计工作   B. 发出开始设计通知

    C. 编制设计进度计划   D. 整理设计成果文件

    E. 向设计人提供勘察报告

71. 根据《标准设计施工总承包招标文件》的规定，下列情形中，属于发包人违约的有（　　）。【2021】

    A. 发包人拖延批准付款申请

    B. 设计图纸不符合合同约定

    C. 监理人无正当理由未在约定期限内发出复工通知

    D. 恶劣气候原因造成停工

    E. 在工程接收证书颁发前，未对工程照管和维护

72. 根据《标准施工招标文件》的规定，承包人对工程的照管和维护到（　　）为止。【2022】

    A. 工程结算   B. 履约证书签发

    C. 工程接收证书签发   D. 缺陷责任期满

参考答案及解析

68.【答案】ABE

【解析】合同文件解释顺序。合同协议书与下列文件一起构成合同文件：①中标通知书；②投标函及投标函附录；③专用合同条款；④通用合同条款；⑤发包人要求；⑥设计费用清单；⑦设计方案；⑧其他合同文件。

69.【答案】B

【解析】当事人对建设工程实际竣工日期有争议的，按照以下情形分别处理：建设工程经竣工验收合格的，以竣工验收合格之日为竣工日期；承包人已经提交竣工验收报告，发包人拖延验收的，以承包人提交验收报告之日为竣工日期；建设工程未经竣工验收，发包人擅自使用的，以转移占有建设工程之日为竣工日期。

70.【答案】BE

【解析】本题考查的知识点为工程勘察设计合同管理。发包人应履行的一般义务如下：①遵守法律；②发出开始设计通知；③办理证件和批件；④支付合同价款；⑤提供设计资料；⑥其他义务。

71.【答案】AC

【解析】在合同履行中发生下列情形的，属发包人违约：

（1）发包人未能按合同约定支付价款，或拖延、拒绝批准付款申请和支付凭证，导致付款延误；

（2）发包人原因造成停工；

（3）监理人无正当理由没有在约定期限内发出复工指示，导致承包人无法复工；

（4）发包人无法继续履行或明确表示不履行或实质上已停止履行合同；

（5）发包人不履行合同约定其他义务。

72.【答案】C

【解析】工程接收证书颁发前，承包人应负责照管和维护工程。工程接收证书颁发时尚有部分未竣工工程的，承包人还应负责该未竣工工程的照管和维护工作，直至竣工后移交给发包人为止。

3.7 工程项目信息管理

73. 工程项目各参与方中，作为工程项目信息管理的"发动机"和推动数字交付主体的是（　　）。【2023】

　　A. 总承包单位　　　B. 工程监理单位　　　C. 设计单位　　　D. 建设单位

参考答案及解析

73.【答案】D

【解析】建设单位不同于一般的工程建设参与者，建设单位是工程项目生产过程的总集成者，是推动工程项目信息管理的"发动机"，是工程项目信息管理的关键。同时，信息交流是一个双向或多向的过程。只有强调全员参与，才能使信息交流顺畅，产生应有效果。

第 4 章　工程经济

📋 **考情概述**：本章主要考查的内容有：现金流量图、资金等值计算、投资方案的经济评价指标及计算、盈亏平衡分析、价值工程的原理及计算等相关知识，本章的特点是知识点多，难度大，计算题多，在历年考试分值中占 18～20 分，其中计算题 3～4 分，是造价管理科目的重点章节，建议考生在学习的过程中一定要先理解知识点，了解每个概念的意义之后，再去看题做题，千万不要死记硬背，尤其是投资方案的经济评价指标，大家可以先联系自己平时的生活，想想经济评价指标的使用环境，以及用这些指标能干什么。想明白这些之后，再看看各个指标的意义和计算方法，然后听课和做题，这样才能有效掌握各部分考点。

📋 **考点预测**：

核心考点	重要程度
现金流量图的特点和绘制方法	★★★★
资金等值的六个公式	★★★★★
名义利率和有效利率	★★★★★
投资方案的静态和动态评价指标	★★★★★
盈亏平衡分析	★★★★★
敏感性分析	★★★
价值工程的特点	★★★★
功能评价值 F 的计算	★★★★★
功能价值 V 的计算和评价	★★★★★
费用周期成本的分析方法	★★★★

4.1 资金的时间价值及其计算

◆ 4.1.1　现金流量和资金的时间价值

1. 某建设单位从银行获得一笔建设贷款，建设单位和银行分别绘制现金流量图时，该笔贷款表为（　　）。【2021】

A. 建设单位现金流量图时间轴的上方箭线，银行现金流量图时间轴的上方箭线

B. 建设单位现金流量图时间轴的下方箭线，银行现金流量图时间轴的下方箭线

C. 建设单位现金流量图时间轴的上方箭线，银行现金流量图时间轴的下方箭线

D. 建设单位现金流量图时间轴的下方箭线，银行现金流量图时间轴的上方箭线

2. 现金流量图的要素有（　　）。【2021】

A. 大小　　　　　　　B. 方向　　　　　　　C. 来源

D. 作用点　　　　　E. 时间价值

3. 关于利率及其影响因素的说法，正确的是（　　）。【2018】

　　A. 借出资本承担的风险越大，利率就越高

　　B. 社会借贷资本供过于求时，利率上升

　　C. 社会平均利润率是利率的最低界限

　　D. 借出资本的借款期限越长，利率就越低

◆ 4.1.2　利息计算方法

4. 某施工企业从银行借款100万元，期限为3年，年利率8%，按年计息并于每年年末付息，则第3年年末企业需偿还的本利和为（　　）万元。

　　A. 100　　　　　　B. 124　　　　　　C. 126　　　　　　D. 108

5. 如果每年年初存入银行100万元，年利率3%，按年复利计算，则第3年年末的本利和为（　　）万元。【2021】

　　A. 109.27　　　　B. 309.09　　　　C. 318.36　　　　D. 327.62

◆ 4.1.3　等值计算

6. 某人连续5年每年年末存入银行20万元。银行年利率6%，按年复利计算，第5年年末一次性收回本金和利息，则到期可以回收的金额为（　　）万元。

　　A. 104.80　　　　B. 106.00　　　　C. 107.49　　　　D. 112.74

7. 某人期望5年内每年年末从银行提款5000元，年利率为10%，按复利计，期初应存入银行（　　）。

　　A. 18954元　　　B. 20850元　　　C. 27750元　　　D. 25000元

8. 某项两年期借款，年名义利率12%，按季度计息，则每季度的有效利率为（　　）。【2015】

　　A. 3.00%　　　　B. 3.03%　　　　C. 3.14%　　　　D. 3.17%

9. 公司向银行贷款1000万元，年名义利率12%，按季度复利计息，1年后贷款本利和为（　　）万元。【2022】

　　A. 1120　　　　　B. 1124.81　　　　C. 1125.51　　　　D. 1126.83

10. 企业年初贷款5000万元，贷款期限6年，按每半年计息，年名义利率7.2%，贷款第2年末、第4年末、第6年末等额偿还，每期偿还金额是（　　）万元。【2023】

　　A. 2119.35　　　　B. 2168.13　　　　C. 2186.92　　　　D. 2197.02

参考答案及解析

◆ 4.1.1　现金流量和资金的时间价值

1.【答案】C

【解析】与时间轴相连的垂直箭线代表不同时点的现金流入或现金流出。在时间轴上方的箭线表示现金流入；在时间轴下方的箭线表示现金流出。

2.【答案】ABD

【解析】现金流量图是一种反映经济系统资金运动状态的图式，运用现金流量图可以形象、直观地表示现金流量的三要素：大小（资金数额）、方向（资金流入或流出）和作用点（资金流入或流出的时间点）。

3.【答案】A

【解析】平均利润率不变的情况下，借贷资本供过于求，利率下降；反之，利率上升，B选项错误；

在通常情况下，平均利润率是利率的最高界限，C选项错误；借款期限长，不可预见因素多，风险大，利率就高，D选项错误。

◆ 4.1.2 利息计算方法

4.【答案】D

【解析】本题考查的是利息的计算。由于是每年计息且每年年末付息，所以以单利计息。第3年年末企业需偿还的本利和为$100 \times 8\% + 100 = 108$（万元）。

5.【答案】C

【解析】第三年年末的本利和为：

$100 \times (1 + 3\%)^3 + 100 \times (1 + 3\%)^2 + 100 \times (1 + 3\%) = 318.36$（万元）。

◆ 4.1.3 等值计算

6.【答案】D

【解析】根据题意分析得知，本题是已知年金$A = 20$万元，$i = 6\%$，$n = 5$年，求终值F，所以应该运用公式，求得$F = A\frac{(1+i)^n - 1}{i}$，结果为D。故本题的正确答案为D选项。

7.【答案】C

【解析】根据题意分析得知，本题是已知年金$A = 5000$元，$i = 10\%$，$n = 5$年，求现值P，所以应该运用公式$P = A\frac{(1+i)^n - 1}{i(1+i)}$，求得结果为C。故本题的正确答案为C选项。

8.【答案】A

【解析】由于按季度计息，所以每季度的有效利率与名义利率相等，则每季度的有效利率$= 12\%/4 = 3\%$。

9.【答案】C

【解析】按季度计算实际利率$= 12\%/4 = 3\%$，每年计息4次，$1000 \times (1 + 3\%)^4 = 1125.51$（万元）。

10.【答案】D

【解析】每半年计息一次，计息周期是半年，每两年等额还款，还款周期为2年，2年周期实际利率$i = (1 + 3.6\%)^4 - 1 = 15.20\%$，用现值年金公式计算$5000 \times 15.20\% \times (1 + 15.20\%)^3/[(1 + 15.20\%)^3 - 1] = 2197.02$（万元）。

4.2 投资方案经济效果评价

4.2.1 经济效果的评价内容及指标体系

11. 投资方案经济效果评价的主要内容有（　　　）。【2022】【2023】

A. 盈利能力分析　　B. 偿债能力分析　　　C. 营运能力分析

D. 发展能力分析　　E. 财务生存能力分析

12. 下列投资方案经济效果评价指标中，属于动态评价指标的是（　　　）。【2018】

A. 总投资收益率　　B. 内部收益率　　　C. 资产负债率　　　D. 资本金净利润率

13. 下列投资方案指标中，属于静态评价指标的有（　　　）。【2020】

A. 资产负债率　　　B. 内部收益率　　　C. 偿债备付率

D. 净现值率　　　　E. 投资收益率

14. 在评价一个投资方案的经济效果时，利息备付率属于（　　　）指标。【2021】

A. 抗风险能力　　　B. 财务生存能力　　C. 盈利能力　　　　D. 偿债能力

15. 某建设项目建设期 2 年，运营期 8 年。项目总投资为 7000 万元。运营期内年平均利润总额为 1100 万元，平均年偿还贷款利息为 200 万元。则该项目总投资收益率为（　　　）。

A. 16.17%　　　　B. 16.41%　　　　C. 16.67%　　　　D. 18.57%

16. 某技术方案的总投资 1500 万元，其中债务资金 700 万元，技术方案在正常年份年利润总额 400 万元，所得税 100 万元。则该方案的资本金净利润率为（　　　）。

A. 26.7%　　　　　B. 37.5%　　　　　C. 42.9%　　　　　D. 47.5%

17. 总投资收益率是达到设计生产能力的（　　　）与总投资的比值。【2023】

A. 年净利率　　　　B. 年息税前利润　　C. 利润总额　　　　D. 年净收益

18. 采用投资收益率指标评价投资方案经济效果的优点是（　　　）。【2013】

A. 指标的经济意义明确，直观　　　　B. 考虑了投资收益率的时间因素

C. 容易选择正常生产年份　　　　　　D. 反映了资本的周转速率

19. 某投资方案计算期现金流量见下表，该投资方案的静态投资回收期为（　　　）年。【2015】

年份	0	1	2	3	4	5
净现金流量	− 1000	− 500	600	800	800	800

A. 2.143　　　　　B. 3.125　　　　　C. 3.143　　　　　D. 4.125

20. 采用项目回收期指标评价投资方案经济效果不足的是（　　　）。【2023】

A. 不能反映投资方案获取收益的能力

B. 不能考虑资金时间的价值

C. 不能反映资本的周转速度

D. 不能准确衡量投资方案在整个计算期内的经济效果

21. 在计算偿债备付率时，各年可用于还本付息的资金是（　　　）。【2023 补考】

A. 息税前利润＋折旧＋摊销

B. 息税前利润 + 折旧 + 摊销 + 所得税

C. 息税前利润 + 折旧 + 摊销 − 所得税

D. 息税前利润 − 所得税

22. 投资方案经济效果评价中，利息备付率是指（　　　）。【2022】

A. 息税前利润与当期应付利息金额之比

B. 息税前利润与当期应还本付息金额之比

C. 税前利润与当期应付利息金额之比

D. 税前利润与当期应还本付息金额之比

23. 某项目预计投产后第 5 年的息税前利润为 180 万元，应还借款本金为 40 万元，应付利息为 30 万元，应缴企业所得税为 37.5 万元，折旧和摊销为 20 万元，该项目当年偿债备付率为（　　　）。【2018】

A. 2.32　　　　　　　B. 2.86　　　　　　　C. 3.31　　　　　　　D. 3.75

24. 某建设项目投资方案建设期为 2 年，建设期内每年年初投资 400 万元，运营期每年年末净收益为 150 万元。若基准收益率为 12%，运营期为 18 年，残值为零，并已知 $(P/A, 12\%, 18) = 7.2497$，则该投资方案的净现值和静态投资回收期分别为（　　　）。

A. 213.80 万元和 7.33 年　　　　　　　B. 213.80 万元和 6.33 年

C. 109.77 万元和 7.33 年　　　　　　　D. 109.77 万元和 6.33 年

25. 某项目建设寿命期是 8 年，年净现金流量见下表，基准收益率 12%，求净年值（　　　）。【2023】

年份	0	1	2	3	4	5	6	7	8
年净现金流量	− 220	0	60	60	60	60	60	60	60

A. 3.061　　　　　　　B. 4.929　　　　　　　C. 9.674　　　　　　　D. 15.713

26. 关于投资方案基准收益率的说法，正确的有（　　　）。【2019】

A. 所有投资项目均应使用国家发布的行业基准收益率

B. 基准收益率反映投资资金应获得的最低盈利水平

C. 确定基准收益率不应考虑通货膨胀的影响

D. 基准收益率是评价投资方案在经济上是否可行的依据

E. 基准收益率一般等于商业银行贷款基准利率

27. 下列投资方案经济效果评价指标中，能够直接衡量项目未回收投资的收益率的指标是（　　　）。【2017】

A. 投资收益率　　　B. 净现值率　　　　C. 投资回收期　　　D. 内部收益率

28. 甲、乙、丙为三个独立的投资方案，净现值分别为 30 万元、40 万元、50 万元，内部收益率分别为 12%、9% 和 10%。假如不存在资源约束，基准收益率 8%，应选择的方案是（　　　）。【2023补考】

A. 甲、乙、丙　　　B. 甲、乙　　　　　C. 乙、丙　　　　　　D. 甲、丙

◆ 4.2.2　经济效果评价方法

29. 下列评价方法中，用于互斥投资方案静态分析评价的有（　　　）。【2017】

A. 增量投资内部收益率法　　B. 增量投资收益率法

C. 增量投资回收期法　　D. 净年值法

E. 年折算费用法

30. 两个工程项目投资方案互斥，但计算期不同，经济效果评价时可以采用的动态评价方法为（　　）。【2021】

A. 增量投资收益率法、增量投资回收期法、年折算费用法

B. 增量投资内部收益率法、净现值法、净年值法

C. 增量投资收益率法、净现值法、综合总费用法

D. 增量投资回收期法、净年值法、综合总费用法

31. 某项目有甲、乙、丙、丁四个互斥方案，根据下表所列数据，应选择的方案是（　　）。【2022】

方案	甲	乙	丙	丁
寿命期/年	10	10	18	18
净现值/万元	40	45	50	58
净年值	5.96	6.71	5.34	6.19

A. 甲　　　B. 乙　　　C. 丙　　　D. 丁

32. 某投资项目有甲、乙、丙三个寿命期相同、投资额依次递增的互斥建设方案，基准收益率为 9%。按照增量投资内部收益率法计算，甲方案与乙方案的 ΔIRR 为 23%，乙方案与丙方案的 ΔIRR 为 20%，甲方案与丙方案的 ΔIRR 为 22%。下列推测结论中正确的是（　　）。【2023】

A. 丙方案净现值最大

B. 甲方案净现值大于乙方案净现值

C. 乙方案内部收益率大于丙方案内部收益率

D. 甲方案净现值最大

33. 采用净现值法评价计算期不同的互斥方案时，确定共同计算期的方法有（　　）。【2016】

A. 最大公约数法　　B. 平均寿命期法　　C. 最小公倍数法

D. 研究期法　　E. 无限计算期法

34. 利用净现值法进行互斥方案比选，甲和乙两个方案的计算期分别为 3 年、4 年，则在最小公倍数法下，甲方案的循环次数是（　　）次。【2019】

A. 3　　　B. 4　　　C. 7　　　D. 12

◆ 4.2.3　不确定性分析与风险分析

35. 某项目的盈亏平衡点生产能力利用率为 40%，固定成本 300 万元，可变成本 400 元/件，税金附加 50 元/件，正常产销量 5 万件，计算产品的销售单价为（　　）元。【2023】

A. 450　　　B. 500　　　C. 550　　　D. 600

36. 某房地产开发商估计新建住宅销售价 1.5 万元/m²，综合开发可变成本 9000 元/m²，固定成本 3600 万元，住宅综合销售税率为 12%，如果住宅综合销售税率以 25% 计算，则该开发商的住宅开发量盈亏平衡点应提高（　　）m²。【2021】

A. 6000　　　　　　　　　　　B. 7429

C. 8571　　　　　　　　　　　D. 16000

37. 在下列情况下，为保证盈亏平衡，需要增加销售量的是（　　　）。【2022】

A. 年固定总成本降低　　　　　　B. 单位产品可变成本降低

C. 单位产品销售价格增加　　　　D. 单位产品销售税金及附加增加

38. 工程项目投资方案经济效果评价中，采用盈亏平衡分析法进行不确定性分析不足的有（　　　）。【2023】

A. 不能反映项目对市场变化的适应能力

B. 不能反映项目的抗风险能力

C. 不能揭示项目风险产生的根源

D. 不能揭示项目风险因素发生的概率

E. 不能给出提高项目安全性的有效途径

39. 净现值作为评价指标对某投资项目进行敏感性分析时，若产品价格的敏感度系数为14.87，临界点为−6.72%。在其他因素保持不变的条件下，关于该项目产品价格敏感性的说法，正确的为（　　　）。【2023】

A. 产品价格每上升14.87%，净现值增加1%

B. 产品价格每下降1%，净现值减少6.72%

C. 产品价格下降幅度超过6.72%时，净现值将由正变负

D. 产品价格下降幅度超过14.87%时，净现值将由正变负

40. 项目敏感性分析的局限性是（　　　）。【2023补考】

A. 无法分析对财务或经济评价指标的影响

B. 不能分析项目对其变化的承受能力

C. 无法鉴别敏感因素

D. 不能反映不确定因素发生变动的可能性大小

参考答案及解析

◆ 4.2.1　经济效果的评价内容及指标体系

11.【答案】ABE

【解析】经济效果评价内容：盈利能力分析、偿债能力分析、财务生存能力分析、抗风险能力分析。

12.【答案】B

【解析】动态评价指标包括内部收益率、动态投资回收期、净现值、净现值率、净年值。

13.【答案】ACE

【解析】BD属于动态评价指标。

14.【答案】D

【解析】利息备付率属于偿债能力指标,利息备付率（ICR）也称已获利息倍数,是指投资方案在借款偿还期内的息税前利润（EBIT）与当期应付利息（PD）的比值。利息备付率从付息资金来源的充裕性角度反映投资方案偿付债务利息的保障程度。

15.【答案】D

【解析】总投资收益率（ROI）表示项目总投资的盈利水平,其计算公式为：$EBIT = 1100 + 200 = 1300$ 万元, $TI = 7000$ 万元,则 $ROI = 1300/7000 = 18.57\%$。

16.【答案】B

【解析】技术方案资本金净利润率（ROE）按下式计算：$ROE = NP/EC \times 100\%$

式中：NP——项目达到设计生产能力后正常年份的年净利润或运营期内年平均净利润,

净利润 = 利润总额 - 所得税;

EC——项目资本金。

代入公式 $(400 - 100)/(1500 - 700) = 37.5\%$

17.【答案】B

【解析】$ROI = EBIT/TI$。EBIT 是项目达到设计生产能力后正常年份的年息税前利润或运营期内年平均息税前利润。

18.【答案】A

【解析】投资收益率指标的优点与不足。投资收益率指标的经济意义明确、直观,计算简便,在一定程度上反映了投资效果的优劣,可适用于各种投资规模。但不足的是,没有考虑投资收益的时间因素,忽视了资金具有时间价值的重要性;指标计算的主观随意性太强。换句话说,就是正常生产年份的选择比较困难,如何确定带有一定的不确定性和人为因素。因此,以投资收益率指标作为主要的决策依据不太可靠。

19.【答案】B

【解析】某投资方案计算期现金流量与累计现金流量见下表。

年份	0	1	2	3	4	5
净现金流量	-1000	-500	600	800	800	800
累计净现金流量	-1000	-1500	-900	-100	700	

静态投资回收期 $= (4 - 1) + 100/800 = 3.125$（年）。

20.【答案】D

【解析】投资回收期指标不足的是,投资回收期没有全面考虑投资方案整个计算期内的现金流量,即只间接考虑投资回收之前的效果,不能反映投资回收之后的情况,即无法准确衡量方案在整个计算期内的经济效果。

21.【答案】C

【解析】本题考查的知识点为经济效果评价的内容及指标体系。在借款偿还期内各年可用于还本付息的资金（EBITDA - TAX）。

22.【答案】A

【解析】利息备付率也称已获利息倍数，是指投资方案在借款偿还期内的息税前利润与当期应付利息的比值。

23.【答案】A

【解析】偿债备付率 $DSCR =$（息税前利润折旧和摊销 − 企业所得税）/应还本付息金额 $= (180 + 20 - 37.5)/(40 + 30) = 2.32$

24.【答案】C

【解析】该方案的年末净收益相同，所以静态投资回收期 $= 2 + 800/150 = 7.33$（年）。财务净现值 $FNPV = 150(P/A, 12\%, 18)(P/F, 12\%, 2) - 400 - 400(P/F, 12\%, 1) = 109.77$（万元）。

25.【答案】B

【解析】先将所有现金流量全部折算到 0 点位置，计算出净现值，然后将净现值按照现值年金公式折算到每一年。

净年值 $= [-220 + 60(P/A, 12\%, 7) \times (P/F, 12\%, 1)] \times (A/P, 12\%, 8) = 4.929$。

26.【答案】BD

【解析】非政府投资项目，可由投资者自行确定基准收益率，A 选项错误；确定基准收益率需考虑的因素有：资金成本和投资机会成本、投资风险、通货膨胀，C 选项错误；基准收益率一般以行业的平均收益率为基础，同时综合考虑资金成本、投资风险、通货膨胀以及资金限制等影响因素，E 选项错误。

27.【答案】D

【解析】内部收益率指标考虑了资金的时间价值以及项目在整个计算期内的经济状况；能够直接衡量项目未回收投资的收益率；不需要事先确定一个基准收益率，而只需要知道基准收益率的大致范围即可。但不足的是内部收益率计算需要大量的与投资项目有关的数据，计算比较麻烦；对于具有非常规现金流量的项目来讲，其内部收益率往往不是唯一的，在某些情况下甚至不存在。

28.【答案】A

【解析】本题考查的知识点为经济效果评价方法。甲、乙、丙净现值均大于零，内部收益率均大于基准收益率 8%，故甲、乙、丙均可行。

◆ **4.2.2** 经济效果评价方法

29.【答案】BCE

【解析】互斥方案静态分析常用增量投资收益率、增量投资回收期、年折算费用、综合总费用等评价方法进行相对经济效果的评价。

30.【答案】B

【解析】互斥方案静态分析常用增量投资收益率、增量投资回收期、年折算费用、综合总费用等评价方法进行相对经济效果的评价。只有 B 选项全部是动态的评价方法。

31. 【答案】B

　　【解析】在对寿命不等的互斥方案进行比选时，直接用净年值最为方便；表中，乙方案的 NAV 最大。

32. 【答案】A

　　【解析】首先进行绝对方案判定，都大于基准收益率，其次由于净现值与增量投资内部收益率结论相同，增量投资收益率大于基准收益率时，应选择投资额大的方案，故甲方案与乙方案比较时，增量投资收益率大于基准收益率，应选乙方案。乙方案与丙方案比较，增量投资收益率大于基准收益率，应选择丙方案。所以用净现值判断的话，丙方案净现值最大。

33. 【答案】CDE

　　【解析】确定共同计算期的方法有最小公倍数法、研究期法、无限计算期法。

34. 【答案】B

　　【解析】最小公倍数法（又称方案重复法），是以各备选方案计算期的最小公倍数作为比选方案的共同计算期，并假设各个方案均在共同的计算期内重复进行。

　　甲、乙方案的最小公倍数是 12，甲方案重复 4 次。

◆ 4.2.3　不确定性分析与风险分析

35. 【答案】D

　　【解析】盈亏平衡点产量 $= 40\% \times 5 = 2$（万件），代入盈亏平衡点产量的计算公式，将销售单价作为未知数，可得 $300/2 + 400 + 50 = 600$（元）。

36. 【答案】B

　　【解析】$Q_1 = 3600/(1.5 - 0.9 - 1.5 \times 25\%) = 16000 \text{m}^2$，

　　　　　　$Q_2 = 3600/(1.5 - 0.9 - 1.5 \times 12\%) = 8571 \text{m}^2$，$16000 - 8571 = 7429 \text{m}^2$。

37. 【答案】D

　　【解析】用产量表示的盈亏平衡点 BEP(Q)。

$$\text{BEP}(Q) = \frac{\text{年固定成本}}{\text{单位产品销售价格} - \text{单位产品可变成本} - \text{单位产品销售税金及附加}}，根据公式，只有销售税金及附$$

加的增加会引起销售量的增加。

38. 【答案】CE

　　【解析】盈亏平衡分析虽然能够度量项目风险的大小，但并不能揭示产生项目风险的根源。虽然通过降低盈亏平衡点就可以降低项目的风险，提高项目的安全性：通过降低成本可以降低盈亏平衡点，但如何降低成本，应该采取哪些可行的方法或通过哪些有效的途径来达到该目的，盈亏平衡分析并没有给出答案，还需采用其他一些方法来帮助实现该目的。

39. 【答案】C

　　【解析】敏感度的定义是指标的变化率/因素的变化率，所以敏感度系数的 14.87 表示产品价格上升 1%，净现值增加 14.87%，A 选项正好说反了；临界点表示因素变化使项目由可行变为不可行的临界点，所以产品价格下降到 6.72%，净现值就变为负数，方案就不可行了。

40.【答案】D

【解析】本题考查的知识点为不确定性分析与风险分析。敏感性分析也有其局限性，它不能说明不确定因素发生变动的可能性大小，也就是没有考虑不确定因素在未来发生变动的概率，而这种概率是与项目的风险大小密切相关的。

4.3 价值工程

◆ 4.3.1 价值工程的基本原理和工作程序

41. 选定对象应用价值工程的最终目标是（　　）。【2021】

A. 提高功能　　　B. 降低成本　　　C. 提高价值　　　D. 降低能耗

42. 价值工程研究对象的成本是指（　　）。【2023 补考】

A. 产品使用成本　　　　　　　B. 产品寿命周期成本

C. 产品方案的比较成本　　　　D. 产品生产成本

43. 价值工程应用中，对产品进行分析的核心是（　　）。【2019】

A. 产品的结构分析　　　　　　B. 产品的材料分析

C. 产品的性能分析　　　　　　D. 产品的功能分析

◆ 4.3.2 价值工程方法

44. 下列分析方法中，可采用选择价值工程研究对象的是（　　）。【2020】

A. 价值指数法和对比分析法　　　B. 百分比法和挣值分析法

C. 对比分析法和挣值分析法　　　D. ABC 分析法和因素分析法

45. 应用 ABC 分析法选择价格工程对象时，划分 A 类、B 类、C 类零部件的依据是（　　）。【2019】

A. 零部件数量及成本占产品零部件总数及总成本的比重

B. 零部件价值及成本占产品价值及总成本的比重

C. 零部件的功能重要性及成本占产品总成本的比重

D. 零部件的材质及成本占产品总成本的比重

46. 价值工程活动中，按功能的重要程度不同，产品的功能可分为（　　）。【2017】

A. 基本功能　　　B. 必要功能　　　C. 辅助功能

D. 过剩功能　　　E. 不足功能

47. 价值工程活动中，功能整理的主要任务是（　　）。【2016】

A. 建立功能系统图　　　　　　B. 分析产品功能特性

C. 编制功能关联表　　　　　　D. 确定产品功能名称

48. 某产品甲、乙、丙、丁四个部件的功能重要性系数分别为 0.25、0.30、0.38、0.07，现实成本分别为 200 元、220 元、350 元、30 元。按照价值工程原理，应优先改进的部件是（　　）。【2015】

A. 甲　　　　　B. 乙　　　　　C. 丙　　　　　D. 丁

49. 某工程有甲、乙、丙、丁四个设计方案，各方案的功能系数和单方造价见下表，按

价值系数应优选设计方案（　　　）。【2016】

设计方案	甲	乙	丙	丁
功能系数	0.26	0.25	0.20	0.29
单方造价/（元/m²）	3200	2960	2680	3140

A. 甲　　　　　　　B. 乙　　　　　　　C. 丙　　　　　　　D. 丁

50. 价值工程应用中,研究对象的功能价值系数小于 1 时,可能的原因有(　　　)。【2019】

A. 研究对象的功能现实成本小于功能评价值

B. 研究对象的功能比较重要，但分配的成本偏小

C. 研究对象可能存在过剩功能

D. 研究对象实现功能的条件或方法不佳

E. 研究对象的功能现实成本偏低

参考答案及解析

◆ 4.3.1　价值工程的基本原理和工作程序

41. 【答案】C

【解析】价值工程的目标是以最低的寿命周期成本，使产品具备其所必须具备的功能。简而言之，就是以提高对象的价值为目标。

42. 【答案】B

【解析】本题考查的知识点为价值工程的基本原理和工作程序。价值工程研究对象的成本，即寿命周期成本。

43. 【答案】D

【解析】价值工程的核心是对产品进行功能分析。

◆ 4.3.2　价值工程方法

44. 【答案】D

【解析】对象选择的方法：①因素分析法；②ABC 分析法；③强制确定法；④百分比分析法；⑤价值指数法。

45. 【答案】A

【解析】ABC 分析法抓住成本比重大的零部件或工序作为研究对象，有利于集中精力重点突破，取得较大效果，同时简便易行。

46. 【答案】AC

【解析】按功能的重要程度分类。产品的功能一般可分为基本功能和辅助功能两类。基本功能就是要达到这种产品的目的所必不可少的功能，是产品的主要功能。如果不具备这种功能，这种产品就失去其存在的价值。

47.【答案】A

【解析】功能整理的主要任务就是建立功能系统图。因此，功能整理的过程也就是绘制功能系统图的过程。

48.【答案】C

【解析】

功能区	功能现实成本C/元	功能重要性系数	根据产品现实成本和功能重要性系数重新分配的功能区成本	功能评价值F（或目标成本）	成本降低幅度 $\Delta C = (C-F)$
	（1）	（2）	（3）=（2）×800元	（4）	（5）
甲	200	0.25	200	200	—
乙	220	0.3	240	220	—
丙	350	0.38	304	304	46
丁	30	0.07	56	30	0
合计	800	1.00	800	754	46

49.【答案】D

【解析】总造价 = 3200 + 2960 + 2680 + 3140 = 11980元/m²。

成本系数：

甲 = 3200/11980 = 0.27；乙 = 2960/11980 = 0.25；

丙 = 2680/11980 = 0.22；丁 = 3140/11980 = 0.26。

价值指数：

甲 = 0.26/0.27 = 0.96；乙 = 0.25/0.25 = 1；

丙 = 0.20/0.22 = 0.91；丁 = 0.29/0.26 = 1.12。

进行方案比选时，价值指数大的为优选方案。

50.【答案】CD

【解析】$V < 1$。即功能现实成本大于功能评价值。表明评价对象的现实成本偏高，而功能要求不高。这时，一种可能是由于存在着过剩的功能，另一种可能是功能虽无过剩，但实现功能的条件或方法不佳，以致使实现功能的成本大于功能的现实需要。这两种情况都应列入功能改进的范围，并且以剔除过剩功能及降低现实成本为改进方向，使成本与功能比例趋于合理。

4.4 工程寿命周期成本分析

4.4.1 工程寿命周期成本及其构成

51.因大型工程建设引起大规模移民可能增加的不安定因素，在工程寿命周期成本分析中应计算为（ ）成本。【2018】

A. 经济　　　B. 社会　　　C. 环境　　　D. 人为

◆ 4.4.2　工程寿命周期成本分析方法及其特点

52.采用费用效率法进行工程寿命周期成本分析时,投入后取得的效果称为(　　)。【2023】

　　A. 购置效率　　　　B. 系统效率　　　　C. 固定效率　　　　D. 类比效率

53.对于已确定的日供水量的城市供水项目,进行工程成本分析应采用(　　)。【2019】

　　A. 费用效率法　　　B. 固定费用法　　　C. 固定效率法　　　D. 权衡分析法

54.采用权衡分析法权衡分析设置费中各项费用的关系,可采用的措施有(　　)。【2020】

　　A. 采用节能设计,降低运行费用　　　　B. 改善设计材料,降低维护频率

　　C. 利用整体结构,减少安装费用　　　　D. 采用计划预修,减少停机损失

55.采用费用效率(CE)法分析寿命周期成本时,包含的费用有(　　)。【2022】

　　A. 设置费和维持费　　　　　　　　　B. 制造费和安装费

　　C. 制造费和维修费　　　　　　　　　D. 研发费和试运转费

56.下列各项费用中,属于费用效率(CE)法中设置费(IC)的是(　　)。【2021】

　　A. 试运转费　　　　B. 维修用设备费　　　C. 运行动能费　　　D. 项目报废费用

参考答案及解析

◆ 4.4.1　工程寿命周期成本及其构成

51.【答案】B

　　【解析】如果一个项目的建设会增加社会的运行成本,比如由于工程建设引起大规模的移民,可能增加社会的不安定因素,这种影响就应计算为社会成本。

◆ 4.4.2　工程寿命周期成本分析方法及其特点

52.【答案】B

　　【解析】系统效率是投入工程寿命周期成本后所取得的效果或者说明任务完成到什么程度的指标。如以工程寿命周期成本为输入,则系统效率为输出。通常,系统的输出为经济效益、价值、效率(效果)等。

53.【答案】C

　　【解析】要建设一个供水系统,可以在完成供水任务的前提下选取费用最低的方案。这就是固定效率法。

54.【答案】C

　　【解析】设置费中各项费用之间的权衡分析包括:

　　(1)进行充分的研制,降低制造费用;

　　(2)将预置的维修系统装入机内,减少备件的购置量;

　　(3)购买专利的使用权,从而建设设计、试制、制造、试验费用;

（4）采用整体结构，减少安装费。

55.【答案】A

【解析】寿命周期成本包含：设置费和维持费。

56.【答案】A

【解析】设置费（IC）：包括研究开发费、设计费、制造费、安装费、试运转费。

第 5 章　工程项目投融资

考情概述：本章主要考查的内容有：项目资本金的特点、项目资本金的要求、项目资本金的筹措渠道与方式、项目融资的特点、项目融资的方式、与工程有关的税金、与工程有关的保险等相关知识，本章知识点较多，难度中等，在历年考试分值中占 16 分左右，其中计算题 1 分。这章的特点是概念有点抽象，我们平常工作中很少遇到，所以考生们最初不好理解。建议考生在学习的过程中一定要先理解知识点，了解每个概念的意义之后，再去看题做题，千万不要死记硬背。

考点预测：

核心考点	重要程度
项目资本金的特点	★★★★
项目资本金的最低比例	★★★★
项目资本金的筹措渠道与方式	★★★★
项目资金成本的计算	★★★★★
项目融资的特点	★★★★
项目融资的流程	★★★★
项目融资的方式	★★★★
与工程有关的税金	★★★★
与工程有关的保险	★★★★

5.1 工程项目资金来源

◆ 5.1.1 项目资本金制度

1. 关于项目资本金性质或特征的说法，正确的是（　　　）。【2016】

　　A. 项目资本金是债务性资金　　　　B. 项目法人不承担项目资本金的利息

　　C. 投资者不可转让其出资　　　　　D. 投资者可以任何方式抽回其出资

2. 项目资本金可以用货币出资，也可以用（　　　）作价出资。【2013】

　　A. 实物　　　　　　B. 工业产权　　　　　C. 专利技术

　　D. 企业商誉　　　　E. 土地所有权

3. 下列项目资本金占项目总投资比例最大的是（　　　）。【2022】

　　A. 城市轨道交通　　B. 保障房　　　C. 普通商品房　　　D. 机场项目

4. 根据固定资产投资项目资本金制度，作为计算资本金基数的总投资是指投资项目（　　　）之和。【2020】

A. 建筑工程费和安装工程费
B. 固定资产和铺底流动资金
C. 建安工程费和设备购置费
D. 建安工程费和工程建设其他费

◆ 5.1.2　项目资金筹措渠道与方式

5. 既有法人筹措项目资本金的内部投资来源有（　　　）。【2020】

A. 企业资产变现　　B. 企业产权转让　　C. 企业发行债务
D. 企业增资扩股　　E. 企业发行股票

6. 资本金筹措方式中，项目新设法人的筹措方式有（　　　）。【2022】

A. 合资合作　　　　B. 公开募集　　　　C. 融资租赁
D. 私募　　　　　　E. 政策性贷款

7. 与发行债券相比，发行优先股的特点是（　　　）。【2017】

A. 融资成本较高
B. 股东拥有公司控制权
C. 股息不固定
D. 股利可在税前扣除

8. 企业通过发行债券进行筹资的特点是（　　　）。【2018】

A. 增强企业经营灵活性
B. 产生财务杠杆正效应
C. 降低企业总资金成本
D. 企业筹资成本较低

◆ 5.1.3　资金成本与资本结构

9. 下列费用中，属于资金筹集成本的有（　　　）。【2019】

A. 股票发行手续费　　B. 银行贷款利息　　C. 债券发行公证费
D. 股东所得红利　　　E. 债券发行广告费

10. 某公司发行票面额为 3000 万元的优先股股票，筹资费率为 3%，股息年利率为 15%，则其资金成本率为（　　　）。【2015】

　　A. 10.31%　　　　B. 12.37%　　　　C. 14.12%　　　　D. 15.46%

11. 某公司为新疆项目发行总面额为 2000 万元的十年期债券票面利率为 12%，发行费用率为 6%，发行价格为 2300 万元，公司所得税为 25%，则发行债券的成本率为（　　　）。【2017】

　　A. 7.83%　　　　B. 8.33%　　　　C. 9.57%　　　　D. 11.10%

12. 某企业采用融资租赁方式租入一套大型设备，设备的资产价值 800 万元，租赁期为 10 年。按租赁合同约定，该公司每年需定期支付租金 100 万元，公司所得税税率为 25%。该设备租赁成本率是（　　　）。【2023】

　　A. 9.38%　　　　B. 12.50%　　　　C. 15.00%　　　　D. 16.67%

13. 在比较筹资方式、选择筹资方案时，作为项目公司资本结构决策依据的资金成本是（　　　）。【2016】

　　A. 个别资金成本　　B. 筹集资金成本　　C. 综合资金成本　　D. 边际资金成本

14. 项目资金结构中，如果项目资本金所占比重过小，则对项目的可能影响是（　　　）。【2014】

A. 财务杠杆作用下滑
B. 负债融资成本提高
C. 负债融资难度降低
D. 市场风险承受力增强

15. 选择债务融资结构时，需要考虑债务偿还顺序，正确的债务偿还方式是（　　）。【2016】

  A. 以债券形式融资的，应在一定年限内尽量提前还款

  B. 对于固定利率的银行贷款，应尽量提前还款

  C. 对于有外债的项目，应后偿还硬货币债务

  D. 在多种债务中，应后偿还利率较低的债务

16. 项目债务融资规模一定时，增加短期债务资本比重产生的影响是（　　）。【2018】

  A. 提高总的融资成本　　　　　　　B. 增强项目公司的财务流动性

  C. 提升项目的财务稳定性　　　　　D. 增加项目公司的财务风险

17. 进行资本机构分析时，通常需要分析每股收益无差别点，每股收益无差别点的含义是（　　）。【2023】

  A. 不同融资方式下每股收益均为零的销售水平

  B. 不同融资方式下每股收益均为零的融资总额

  C. 每股收益不受融资方式影响的销售水平

  D. 每股收益不受融资方式影响的融资总额

参考答案及解析

◆ 5.1.1　项目资本金制度

1.【答案】B

【解析】对项目来说，项目资本金是非债务性资金，项目法人不承担这部分资金的任何利息和债务。投资者可按其出资的比例依法享有所有者权益，也可转让其出资，但不得以任何方式抽回。

2.【答案】AB

【解析】项目资本金可以用货币出资，也可以用实物、工业产权、非专利技术、土地使用权作价出资。对作为资本金的实物、工业产权、非专利技术、土地使用权，必须经过有资格的资产评估机构依照法律、法规评估作价，不得高估或低估。以工业产权、非专利技术作价出资的比例不得超过投资项目资本金总额的 20%，国家对采用高新技术成果有特别规定的除外。

3.【答案】D

【解析】ABC 选项的项目资本金占项目总投资的最低比例都是 20%。D 选项机场项目资本金占项目总投资的最低比例是 25%，所以 D 选项最高。

4.【答案】B

【解析】作为计算资本金基数的总投资，是指投资项目的固定资产投资与铺底流动资金之和。

◆ 5.1.2 项目资金筹措渠道与方式

5.【答案】AB

【解析】内部资金来源。主要包括以下几个方面：①企业的现金；②未来生产经营中获得的可用于项目的资金；③企业资产变现；④企业产权转让。

6.【答案】ABD

【解析】新设法人资本金筹措方式包括私募、公开募集和合资合作。

7.【答案】A

【解析】优先股与普通股相同的是没有还本期限，与债券特征相似的是股息固定。优先股是一种介于股本资金与负债之间的融资方式。优先股股东不参与公司经营管理，没有公司控制权，不会分散普通股东的控股权。发行优先股通常不需要还本，只需要支付固定股息，可减少公司的偿债风险和压力。但优先股融资成本较高，且股利不能像债券利息一样在税前扣除。

8.【答案】D

【解析】债券筹资的优点：①筹资成本较低；②保障股东控制权；③发挥财务杠杆作用；④便于调整资本结构。

◆ 5.1.3 资金成本与资本结构

9.【答案】ACE

【解析】资金筹集成本是指在资金筹集过程中所支付的各项费用，如发行股票或债券支付的印刷费、发行手续费、律师费、资信评估费、公证费、担保费、广告费等。

10.【答案】D

【解析】$K = 15\%/(1 - 3\%) = 15.46\%$。

11.【答案】B

【解析】$K = [2000 \times 12\% \times (1 - 25\%)]/[2300 \times (1 - 6\%)] = 8.33\%$。

12.【答案】A

【解析】租赁融资属于负债融资的一种，$100 \times (1 - 25\%)/800 = 9.38\%$。

13.【答案】C

【解析】个别资金成本主要用于比较各种筹资方式资金成本的高低，是确定筹资方式的重要依据；综合资金成本是项目公司资本结构决策的依据；边际资金成本是追加筹资决策的重要依据。

14.【答案】B

【解析】项目资本金比例越高，贷款的风险越低，贷款的利率可以越低。如果权益资金过大，风险可能会过于集中，财务杠杆作用下滑。但是，如果项目资本金占的比重太少，会导致负债融资的难度提升和融资成本的提高。

15.【答案】D

【解析】一些债券形式要求至少一定年限内借款人不能提前还款，故 A 选项错误。采用固定利率的银行贷款，因为银行安排固定利率的成本原因，如果提前还款，借款人可能会被要求承担一定的罚款或分担银行的成本，故 B 选项错误。对于有外债的项目，由于有汇率风险，通常应先偿还硬货币的债务，后偿还软货币的债务，故 C 选项错误。

16.【答案】D

【解析】譬如增加短期债务资本能降低总的融资成本，但会增大公司的财务风险；而增加长期债务虽然能降低公司的财务风险，但会增加公司的融资成本。

17.【答案】C

【解析】每股收益分析是利用每股收益的无差别点进行的。所谓每股收益的无差别点，是指每股收益不受融资方式影响的销售水平。根据每股收益无差别点，可以分析判断不同销售水平下适用的资本结构。

5.2　工程项目融资

◆ 5.2.1　项目融资的特点和程序

18. 项目融资属于"非公司负债型融资"，其含义是指（　　）。【2018】

A. 项目借款不会影响项目投资人（借款人）的利润和收益水平

B. 项目借款可以不在项目投资人（借款人）的资产负债表中体现

C. 项目投资人（借款人）在短期内不需要偿还借款

D. 项目借款的法律责任应当由借款人法人代表而不是项目公司承担

19. 与传统贷款方式相比，项目融资模式的特点是（　　）。【2022】

A. 以项目投资人的资信为基础安排融资

B. 贷款人可以对项目投资人进行完全追索

C. 帮助投资人将贷款安排成非公司负债型融资

D. 信用结构安排灵活多样

E. 组织融资所需时间较长

20. 按照建设项目融资程序，选择项目融资方式是在（　　）阶段进行的工作。【2020】

A. 投资决策阶段　　B. 融资结构设计　　C. 融资方案执行　　D. 融资决策分析

◆ 5.2.2　项目融资的主要方式

21. 利用已建好的项目为新项目进行融资的模式是（　　）。【2022】

A. BOT　　　　　B. TOT　　　　　C. ABS　　　　　D. PPP

22. 与 BOT 融资方式相比，TOT 融资方式的优点是（　　）。【2021】

A. 通过已建成项目为其他项目融资建设

B. 不会威胁基础设施的控制权

C. 投资者对移交项目拥有自主处置权

D. 避开了建设过程中所包含的大量风险和矛盾

E. 投资者资产收益具有确定性

23. 与 BOT 融资方式相比，ABS 融资方式的特点有（　　）。【2023 补考】

A. 项目的所有权在债务存续期内由原始权益人转至 SPV

B. 过程复杂、牵涉面广、融资成本因中间环节多而增加

C. 项目风险由政府和投资者共同承担

D. 会给东道国带来一定负面效应

E. 通常通过证券市场发行债券筹集资金

24. 采用资产债券（ABS）方式融资时，构建特殊目的机构（SPV）在 ABS 融资时的作用有（　　）。【2023】

A. 充当 ABS 融资的载体

B. 负责将项目实物资产转让给第三方

C. 提供专业化的信用担保

D. 以项目资产的现金流入量清偿债券

E. 割断项目资产原始权益人本身的风险

25. 采用 PFI 融资方式，政府部门与私营部门签署的合同类型是（　　）。【2014】

A. 服务合同　　　　B. 特许经营合同　　　C. 承包合同　　　D. 融资租赁合同

26. 关系国计民生，公共属性较强的 PPP 项目，民营企业股权占比原则上不低于（　　）。

A. 20%　　　　　　B. 25%　　　　　　　C. 30%　　　　　　D. 35%

参考答案及解析

◆ 5.2.1　项目融资的特点和程序

18.【答案】B

【解析】非公司负债型融资，亦称为资产负债表之外的融资，是指项目的债务不表现在项目投资者（即实际借款人）的公司资产负债表中负债栏的一种融资形式。

19.【答案】CDE

【解析】项目融资的特点：项目导向、有限追索、风险分担（风险大，种类多）、非公司负债型融资、信用结构多样化、融资成本高（时间较长）、可利用税务优势。

选项 A：项目融资以项目本身的资产和其未来的收益（现金流量）作为保证（偿还贷款的资金来源）；而传统的企业融资则以项目的投资者或发起人的资信为依据。

选项 B：有限追索，而非完全追索。

20.【答案】D

【解析】融资决策分析阶段选择项目的融资方式；任命项目融资顾问。

◆ 5.2.2　项目融资的主要方式

21.【答案】B

【解析】TOT 是通过已建成项目为其他新项目进行融资，BOT 则是为筹建中的项目进

行融资。

22.【答案】ABDE

　　【解析】TOT 是通过转让已建成项目的产权和经营权来融资的，TOT 避开了建设过程中所包含的大量风险和矛盾（如建设成本超支、延期、停建、无法正常运营等），并且不会威胁基础设施的控制权与国家安全；采用 TOT，投资者购买的是正在运营的资产和对资产的经营权，资产收益具有确定性，也不需要太复杂的信用保证结构。

23.【答案】AE

　　【解析】在 ABS 方式中，根据合同规定，项目的所有权在债券存续期内由原始权益人转至 SPV，A 选项正确；ABS 方式只涉及原始权益人、SPV、证券承销商和投资者，无须政府的许可、授权、担保等，采用民间的非政府途径，过程简单，降低了融资成本，B 选项错误；ABS 方式的风险则由众多的投资者承担，C 选项错误；BOT 方式会给东道国带来一定负面效应，如掠夺性经营、国家税收流失及国家承担价格、外汇等多种风险，ABS 方式则较少出现上述问题，D 选项错误；ABS 是将缺乏流动性但具有未来现金流的资产归集起来，建立资产池并通过结构性重组，进而转变为可在金融市场上出售和流通的证券，E 选项正确。

24.【答案】ACDE

　　【解析】SPV 是 ABS 融资的载体，A 选项正确；项目资产转移给 SPV，将风险与原始权益人割断，不再转给第三方，B 选项错误，E 选项正确；SPV 通过提供专业化的信用担保进行信用升级，C 选项正确；SPV 利用项目资产的现金流入量，清偿债券本息，D 选项正确。

25.【答案】A

　　【解析】两种融资方式中，政府与私营部门签署的合同类型不尽相同。BOT 项目的合同类型是特许经营合同，而 PFI 项目中签署的是服务合同，PFI 项目的合同中一般会对设施的管理、维护提出特殊要求。

26.【答案】D

　　【解析】关系国计民生，公共属性较强的 PPP 项目，民营企业股权占比原则上不低于 35%。

5.3　与工程项目有关的税收及保险规定

◆ 5.3.1　与工程项目有关的税收规定

　　27. 某增值税纳税人适用的增值税率为 9%。当月发生的交易如下：购买的原材料支出 54.5 万元（发票上原材料金额 50 万元，增值税为 4.5 万元），商品销售额为 200 万元，不考虑其他因素情况下，该企业当月应缴纳的增值税金额为（　　）万元。

　　　A. 5.5　　　　　　　B. 13.5　　　　　　　C. 22.0　　　　　　　D. 27.5

　　28. 建筑业企业采用一般计税方法计算增值税，应纳税额是（　　）。【2022 补考】

　　　A. 税前造价 × 9% + 不能抵扣的增值税进项税额

　　　B. 税后造价 × 9% + 不能抵扣的增值税进项税额

　　　C. 税前造价 × 9% − 准予抵扣的增值税进项税额

D. 税后造价×3% − 可抵扣的增值税销项税额

29. 小规模纳税人按照简易计税方法计算的增值税应为（　　）。【2022】

A. 增值税包含进项税额的税前造价×9%

B. 增值税包含进项税额的税前造价×3%

C. 增值税不包含进项税额的税后造价×9%

D. 增值税不包含进项税额的税后造价×3%

30. 企业所得税应实行25%的比例税率。但对于符合条件的小型微利企业，减按（　　）的税率征收企业所得税。【2017】【2023】

A. 5%　　　　B. 10%　　　　C. 15%　　　　D. 20%

31. 计算企业应纳税所得额时，可以作为免税收入从企业收入总额中扣除的是（　　）。【2018】

A. 特许权使用费收入　　　　B. 国债利息收入

C. 财政拨款　　　　D. 接受捐赠收入

32. 我国城镇土地使用税采用的税率是（　　）。【2017】

A. 定额税率　　B. 超率累进税率　　C. 幅度税率　　D. 差别比例税率

33. 下列税种中，采用超率累进税率进行计税的是（　　）。【2019】【2023】

A. 增值税　　B. 企业所得税　　C. 契税　　D. 土地增值税

34. 下列税率中，采用差别比例税率的是（　　）。【2020】

A. 土地增值税　　B. 城镇土地使用税　　C. 建筑业增值税　　D. 城市维护建设税

35. 按现行规定，属于契税征收对象的行为有（　　）。【2016】

A. 房屋建造　　B. 房屋买卖　　C. 房屋出租

D. 房屋赠与　　E. 房屋交换

◆ 5.3.2　与工程项目有关的保险规定

36. 可作为建筑工程一切险保险项目的是（　　）。【2019】

A. 施工用设备　　B. 公共运输车辆　　C. 技术资料　　D. 有价证券

37. 对于投保建筑工程一切险的工程项目，下列情形中，保险人不承担赔偿责任的有（　　）。【2021】

A. 因台风使工地范围内建筑物损毁

B. 工程停工引起的任何损失

C. 因暴雨引起地面下陷，造成施工用吊车损毁

D. 因恐怖袭击引起的任何损失

E. 工程设计错误引起的损失

38. 一般情况下，安装工程一切险承保的风险主要是（　　）。【2016】

A. 自然灾害损失　　B. 人为事故损失　　C. 社会动乱损失　　D. 设计错误损失

39. 与建筑工程一切险相比，安装工程一切险的特点是（　　）。【2022】

A. 保险费率一般高于建筑工程一切险

B. 主要风险为人为事故损失

C. 对设计错误引起的直接损失应赔偿

D. 保险公司一开始就承担着全部货价的风险

E. 由于超荷载使用电气设备本身损失不赔偿

40. 投保建筑工程项目一切险时,安装工程金额占总投保金额的比例超过(　　),应另行购买安装工程一切险。【2023】

　　A. 30%　　　　　　B. 40%　　　　　　C. 50%　　　　　　D. 60%

41. 关于中华人民共和国境内用人单位投保工伤保险的说法,正确的是(　　)。【2018】

A. 需为本单位全部职工缴纳工伤保险费

B. 只需为与本单位订有书面劳动合同的职工投保

C. 只需为本单位的长期用工缴纳工伤保险费

D. 可以只为本单位危险作业岗位人员投保

42. 根据我国《工伤保险条例》的规定,下列情形中,可以被认定或视同工伤的情形有(　　)。【2023补考】

A. 在工作时间和工作岗位突发疾病,4天后经抢救无效死亡的

B. 在抢险救灾中受到伤害

C. 上班途中因交通事故受到伤害,而本人对事故负次要责任

D. 下班途中因地铁事故受到伤害

E. 工作中与他人斗殴受伤的

43. 投保施工人员意外伤害险,施工单位与保险公司双方应根据各类风险因素商定保险费率,实行(　　)。【2013】

　　A. 差别费率和最低费率　　　　　　B. 浮动费率和标准费率

　　C. 标准费率和浮动费率　　　　　　D. 差别费率和浮动费率

44. 关于建筑意外伤害保险的说法,正确的有(　　)。【2019】

A. 建筑意外伤害保险以工程项目为投保单位

B. 建筑意外伤害保险应实行记名制投保方式

C. 建筑意外伤害保险实行固定费率

D. 建筑意外伤害保险不只局限于施工现场作业人员

E. 建筑意外伤害保险期间自开工之日起最长不超过五年

参考答案及解析

◆ 5.3.1　与工程项目有关的税收规定

27.【答案】B

　　【解析】应纳增值税额 = 当期销项税额 - 当期进项税额;当期销项税额 = 200 × 9% = 18(万元);应纳增值税额 = 当期销项税额 - 当期进项税额 = 18 - 4.5 = 13.5(万元)。

28.【答案】C

　　【解析】本题考查的知识点为与工程项目有关的税收规定。应纳税额 = 当期销项税额 - 当期进项税额。增值税销项税额 = 税前造价 × 9%。

29.【答案】B

【解析】当采用简易计税方法时，建筑业增值税征收率为3%。计算公式为：

$$增值税 = 税前造价 \times 3\%$$

税前造价为人工费、材料费、施工机具使用费、企业管理费、利润和规费之和，各费用项目均以包含增值税进项税额的含税价格计算。

30.【答案】D

【解析】企业所得税实行25%的比例税率。符合条件的小型微利企业，减按20%的税率征收企业所得税。国家需要重点扶持的高新技术企业，减按15%的税率征收企业所得税。

31.【答案】B

【解析】企业的下列收入为免税收入：国债利息收入；符合条件的居民企业之间的股息、红利等权益性投资收益；在中国境内设立机构、场所的非居民企业从居民企业取得与该机构、场所有实际联系的股息、红利等权益性投资收益；符合条件的非营利组织的收入。A、D选项属于收入总额；C选项属于不征税收入。

32.【答案】A

【解析】城镇土地使用税采用定额税率。

33.【答案】D

【解析】土地增值税实行四级超率累进税率。

34.【答案】D

【解析】城市维护建设税实行差别比例税率。

35.【答案】BDE

【解析】契税的纳税对象是在境内转移土地、房屋权属的行为，具体包括以下5种情况：①国有土地使用权出让；②国有土地使用权转让；③房屋买卖；④房屋赠与，包括以获奖方式承受土地房屋权属；⑤房屋交换（单位之间进行房地产交换还应交土地增值税）。

◆ 5.3.2　与工程项目有关的保险规定

36.【答案】A

【解析】货币、票证、有价证券、文件、账簿、图表、技术资料，领有公共运输执照的车辆、船舶以及其他无法鉴定价值的财产，不能作为建筑工程一切险的保险项目。

37.【答案】BDE

【解析】保险人对以下情况不承担赔偿责任：设计错误引起的损失和费用；战争、类似战争行为、敌对行为、武装冲突、恐怖活动、谋反、政变引起的任何损失、费用和责任；政府命令或任何公共当局的没收、征用、销毁或毁坏；罢工、暴动、民众骚乱引起的任何损失、费用和责任；工程部分停工或全部停工引起的任何损失、费用和责任。

38.【答案】B

【解析】在一般情况下，建筑工程一切险承担的风险主要为自然灾害，而安装工程一切险承担的风险主要为人为事故损失。设计错误是除外责任；社会动乱是总除外责任。

39.【答案】ABDE

【解析】设计错误引起的直接损失、超荷载使用导致电气设备本身损失属于除外责任，不予赔偿。

40.【答案】C

【解析】建筑工程一切险中的安装工程项目是指承包工程合同中未包含的机器设备安装工程的项目。该项目的保险金额为其重置价值。所占保额不应超过总保险金额的 20%。超过 20%的，按安装工程一切险费率计收保费；超过 50%的，则另投保安装工程一切险。

41.【答案】A

【解析】A 选项正确、D 选项错误，根据《工伤保险条例》第二条规定，用人单位应当依照本条例规定参加工伤保险，为本单位全部职工或者雇工（以下称职工）缴纳工伤保险费。B、C 选项错误，无论劳动者与用人单位订立了书面劳动合同还是未签订劳动合同，劳动者的用工形式无论是长期工、季节工、临时工，只要形成了劳动关系或事实上形成了劳动关系的职工，均享有工伤保险待遇的权利。

42.【答案】BCD

【解析】本题考查的知识点为与工程项目有关的保险规定《工伤保险条例》。

1. 认定工伤的七种情形，具体包括：

（1）在工作时间和工作场所内，因工作原因受到事故伤害的；

（2）工作时间前后在工作场所内，从事与工作有关的预备性或者收尾性工作受到事故伤害的；

（3）在工作时间和工作场所内，因履行工作职责受到暴力等意外伤害的；

（4）患职业病的；

（5）因工外出期间，由于工作原因受到伤害或者发生事故下落不明的；

（6）在上下班途中，受到非本人主要责任的交通事故或者城市轨道交通、客运轮渡、火车事故伤害的；

2. 视同工伤范围：

（1）在工作时间和工作岗位，突发疾病死亡或者在 48 小时之内经抢救无效死亡的；

（2）在抢险救灾等维护国家利益、公共利益活动中受到伤害的；

（3）职工原在军队服役，因战、因公负伤致残，已取得革命伤残军人证，到用人单位后旧伤复发的。

43.【答案】D

【解析】施工单位和保险公司双方根据各类风险因素商定施工人员意外伤害保险费率，实行差别费率和浮动费率。

44.【答案】ADE

【解析】有关文件规定，建筑意外伤害保险实行不记名的投保方式，B 选项错误。意外伤害保险费率，实行差别费率和浮动费率，C 选项错误。

第6章 工程建设全过程造价管理

考情概述： 本章主要考查的内容有：工程项目策划的主要内容、工程项目财务分析与经济分析、设计阶段的造价管理、概预算文件的审查、施工招标策划、施工投标策略、施工成本管理、工程费用动态监控、工程结算及质量保证金等相关知识，本章的特点是知识点多，但是难度中等，在历年考试分值中占 23 分左右，其中计算题 1 分，是造价管理科目的重点章节。这章的特点和平时的工作关联性较大，所以学习的时候不会觉得特别吃力，但是这章的内容和之前的内容有一些关联，建议考生在了解本章考点后，和前面学习的招标投标、经济效果评价参数等内容联系起来，进行理论的梳理，注意学会对比总结，在理解的基础上加深记忆。

考点预测：

核心考点	重要程度
工程项目策划的主要内容	★★★★
工程项目财务分析和经济分析	★★★
限额设计的主要内容	★★★
设计方案的评价方法	★★★
概预算文件的审查	★★★★
不同合同计价方式与风险	★★★★★
施工投标报价策略	★★★★
投标文件的评审	★★★★
资金使用计划	★★★★
施工成本管理的各阶段及方法	★★★★★
工程变更的范围和内容	★★★★
工程索赔的流程与要求	★★★★
工程费用动态监控与偏差分析	★★★★★
工程质量保证金的要求	★★★★

6.1 决策阶段造价管理

6.1.1 工程项目策划

1. 工程项目策划的首要任务是（　　）。【2022】

A. 项目的用途和规模

B. 项目的性质和用途

C. 项目的定义和定位

D. 项目的目标和组织

2. 属于工程项目构思策划内容的是（　　　）。【2019】【2023】

　　A. 工程项目的定义　　　　　　　　B. 项目建设目标策划

　　C. 项目合同结构策划　　　　　　　D. 总体融资方案策划

3. 下列工程项目策划内容中，属于工程项目实施策划的有（　　　）。【2017】

　　A. 工程项目组织策划　　　　　　　B. 工程项目定位策划

　　C. 工程项目目标策划　　　　　　　D. 工程项目融资策划

　　E. 工程项目功能策划

◆ 6.1.2　工程项目经济评价

4. 工程项目经济评价的主要标准和参数是（　　　）。【2022】

　　A. 市场利率　　　　B. 净收益　　　　C. 财务净现值

　　D. 净利润　　　　　E. 社会折现率

5. 下列工程项目经济评价标准或参数中，用于项目财务分析的是（　　　）。【2021】

　　A. 市场利率　　　　B. 社会折现率　　　　C. 经济净现值　　　　D. 净收益

6. 下列财务评价指标中，适用于评价项目偿债能力的指标有（　　　）。【2021】

　　A. 流动比率　　　　B. 资本金净利润率　　C. 资产负债率

　　D. 财务内部收益率　E. 总投资收益率

7. 下列评价指标中，适用于评价项目盈利能力的是（　　　）。【2023补考】

　　A. 资产负债率　　　　B. 流动比率　　　　C. 总资产周转率　　　D. 财务内部收益率

8. 关于工程项目经济评价中财务分析和经济分析区别的说法,正确的有(　　　)。【2021】

　　A. 财务分析是从企业或投资人角度，经济分析是从国家或地区角度

　　B. 财务分析的对象是项目本身的财务收益和成本，经济分析的对象是由项目给企业带来的收入增值

　　C. 财务分析是用预测的市场价格去计量项目投入和产出物的价值，经济分析是用影子价格计量项目投入和产出物的价值

　　D. 财务分析主要采用企业成本和效益的分析方法，经济分析主要采用费用和效益等分析方法

　　E. 财务分析的主要参数用财务净现值等，经济分析的主要参数用经济净现值等

9. 对非经营性项目进行财务分析时，主要考查的内容是（　　　）。【2020】

　　A. 项目静态盈利能力　　　　　　　B. 项目偿债能力

　　C. 项目抗风险能力　　　　　　　　D. 项目财务生存能力

10. 对有营业收入的非经营性项目进行财务分析时，应以营业收入抵补下列支出：①生产经营耗费；②偿还借款利息；③缴纳流转税；④计提折旧和偿还借款本金，正常的收入补偿顺序是（　　　）。【2017】

　　A. ①②③④　　　　B. ①③②④　　　　C. ③①②④　　　　D. ①③④②

◆ 6.1.3　工程项目经济评价报表的编制

11. 下列现金流量表中，用来反映投资方案在整个计算期内现金流入和流出的是（　　　）。【2016】

A. 投资各方现金流量表   B. 资本金现金流量表

C. 投资现金流量表   D. 财务计划现金流量表

12. 下列投资方案现金流量表中，用来计算累计盈余资金、分析投资方案财务生存能力的是（   ）。【2018】

A. 投资现金流量表   B. 资本金现金流量表

C. 投资各方现金流量表   D. 财务计划现金流量表

13. 投资方案现金流量表中，经营成本的组成项有（   ）。【2019】

A. 折旧费   B. 摊销费   C. 修理费

D. 利息支出   E. 外购原材科、燃料及动力费

参考答案及解析

◆ 6.1.1   工程项目策划

1.【答案】C

【解析】工程项目策划的首要任务是根据建设意图进行工程项目的定义和定位，全面构想一个待建项目系统。

2.【答案】A

【解析】项目构想策划的主要内容包括：①工程项目的定义，即描述工程项目的性质、用途和基本内容；②工程项目的定位，即描述工程项目的建设规模、建设水准，工程项目在社会经济发展中的地位、作用和影响力，并进行工程项目定位依据及必要性和可能性分析；③工程项目的系统构成，描述系统的总体功能，系统内部各单项工程、单位工程的构成，各自作用和相互联系，内部系统与外部系统的协调、协作和配套的策划思路及方案的可行性分析；④其他。

3.【答案】ACD

【解析】本题考查工程项目策划的内容分类。工程项目策划通常包括多个方面，其中实施策划是将项目构思转化为可操作的行动方案，确保项目能够顺利进行。具体来说，项目实施策划的内容包括以下几个方面：

（1）工程项目组织策划，这是为了确保项目有明确的组织结构和管理机制，以便有效实施；

（2）工程项目目标策划，这是为了设定明确的项目目标，指导项目实施的方向和标准；

（3）工程项目融资策划，这是为了确保项目有足够的资金支持，保证项目的财务可行性。

根据题目中的选项，工程项目实施策划的内容包括工程项目组织策划、工程项目目标策划和工程项目融资策划。

◆ 6.1.2   工程项目经济评价

4.【答案】BE

【解析】项目财务分析的主要标准和参数是净利润、财务净现值、市场利率等，而项目经

济评价的主要标准和参数是净收益、经济净现值、社会折现率等。

5.【答案】A

【解析】项目财务分析的主要标准和参数是净利润、财务净现值、市场利率等。

6.【答案】AC

【解析】判断项目偿债能力的参数主要包括利息备付率、偿债备付率、资产负债率、流动比率、速动比率等指标的基准值或参考值。

7.【答案】D

【解析】本题考查的知识点为工程项目经济评价。判断项目盈利能力的参数主要包括财务内部收益率（FIRR）、总投资收益率、项目资本金净利润率等指标的基准值或参考值。

8.【答案】ACDE

【解析】项目财务分析的对象是企业或投资人的财务收益和成本，而项目经济分析的对象是由项目带来的国民收入增值情况。

9.【答案】D

【解析】对于非经营性项目，财务分析应主要分析项目的财务生存能力。

10.【答案】B

【解析】对有营业收入的项目，财务分析应根据收入抵补支出的程度，区别对待。收入补偿费用的顺序应为：补偿人工、材料等生产经营耗费、缴纳流转税、偿还借款利息、计提折旧和偿还借款本金。

◆ 6.1.3 工程项目经济评价报表的编制

11.【答案】C

【解析】投资现金流量表以投资方案建设所需的总投资作为计算基础，反映投资方案在整个计算期（包括建设期和生产运营期）内现金的流入和流出。

12.【答案】D

【解析】财务计划现金流量表反映投资方案计算期各年的投资、融资及经营活动的现金流入和流出，用于计算累计盈余资金，分析投资方案的财务生存能力。

13.【答案】CE

【解析】经营成本是指总成本费用扣除固定资产折旧费、摊销费和财务费用后的成本费用。其计算公式为：经营成本 = 总成本费用 − 折旧费 − 摊销费 − 财务费用。

6.2 设计阶段造价管理

◆ 6.2.1 限额设计

14. 限额设计需要在投资额度不变的情况下，实现（　　　）的目标。【2016】

A. 设计方案和施工组织最优化　　　B. 总体布局和设计方案最优化

C. 建设规模和投资效益最大化　　　D. 使用功能和建设规模最大化

15. 对于实行限额设计的工程项目，初步设计的限额目标应根据（　　）确定。【2023】

A. 初步设计内容对应的投资估算额　　B. 初步设计范围对应的工程概算

C. 已经审定的同类工程施工图预算　　D. 初步设计内容对应的最高投标限价

16. 关于限额设计目标及分解办法，正确的是（　　）。【2021】

A. 限额设计目标只包括造价目标

B. 限额设计的造价总目标是初步设计确定的设计概算额

C. 在初步设计前将决策阶段确定的投资额分解到各专业设计造价限额

D. 各专业造价限额在任何情况下均不得修改、突破

◆ 6.2.2　设计方案评价与优化

17. 关于设计方案评价中综合费用法的说法正确的有（　　）。【2022】

A. 属于多指标法

B. 属于动态价值指标评价方法

C. 适用于建设周期较短的工程

D. 只有在方案的功能，建设标准相同或基本相同时采用

E. 多个指标为基础进行综合分析

18. 应用价值工程法对设计方案运行评价时包括下列工作内容：①功能评价；②功能分析；③计算价值系数。仅就此三项工作而言，正确的顺序是（　　）。【2018】

A. ①→②→③　　B. ②→①→③　　C. ③→②→①　　D. ②→③→①

19. 采用单指标法评价设计方案时，可采用的评价方法有（　　）。【2020】

A. 重点抽查法　　B. 综合费用法　　C. 价值工程法

D. 分类整理法　　E. 全寿命期费用法

◆ 6.2.3　概预算文件审查

20. 关于设计概算的审查，以下说法正确的是（　　）。【2023】

A. 可采用主要问题复核法进行审查

B. 项目总概算是指工程项目从筹建到竣工投产的全部工程费用

C. 应审查主要材料用量的正确性和材料价格是否符合工程所在地的价格水平

D. 工程建设标准应符合批准的可行性研究或立项批文

E. 重点审查工程量较大、造价较高、对整体造价影响较大的项目

21. 设计概算的审查方法包括（　　）。【2022】

A. 分类整理法　　B. 查询核实法　　C. 层次分析法

D. 对比分析法　　E. 联合会审法

22. 施工图预算审查方法中，审查速度快但审查精度较差的是（　　）。【2017】

A. 标准预算审查法　　　　　　　B. 对比审查法

C. 分组计算审查法　　　　　　　D. 全面审查法

23. 审查施工图预算，应首先从审查（　　）开始。【2013】

　　A. 定额使用　　　　　　　　　B. 工程量

　　C. 设备材料价格　　　　　　　D. 人工、机械使用价格

24. 下列施工图预算审查方法中，审查质量高，但审查工作量大、时间相对较长的是（　　）。【2021】

　　A. 对比审查法　　B. 全面审查法　　C. 分组计算审查法　　D. 标准预算审查法

参考答案及解析

◆ 6.2.1　限额设计

14.【答案】D

　　【解析】限额设计需要在投资额度不变的情况下，实现使用功能和建设规模的最大化。

15.【答案】A

　　【解析】投资决策阶段是限额设计的关键。对政府工程而言，投资决策阶段的可行性研究报告是政府部门核准投资总额的主要依据，而批准的投资总额则是进行限额设计的重要依据。为此，应在多方案技术经济分析和评价后确定最终方案，提高投资估算准确度，合理确定限额设计目标。

16.【答案】C

　　【解析】限额设计目标包括：造价目标、质量目标、进度目标、安全目标及环保目标。在分析论证限额设计目标时应统筹兼顾，全面考虑，追求技术经济合理的最佳整体目标。

◆ 6.2.2　设计方案评价与优化

17.【答案】CD

　　【解析】综合费用法属于单指标法的静态评价指标，ABE 均错误。

18.【答案】B

　　【解析】在工程设计阶段，应用价值工程法对设计方案进行评价的步骤如下：①功能分析；②功能评价；③计算功能评价系数（F）；④计算成本系数（C）；⑤求出价值系数（V）并对方案进行评价。

19.【答案】BCE

　　【解析】单指标法是以单一指标为基础对建设工程技术方案进行综合分析与评价的方法，较常用的有以下三种：①综合费用法；②全寿命期费用法；③价值工程法。

◆ 6.2.3　概预算文件审查

20.【答案】ACDE

　　【解析】总概算文件的组成内容是完整地包括了工程项目从筹建至竣工投产的全部费用，不只是工程费用，故 B 选项错误。

21.【答案】ABDE

【解析】设计概算的常用审查方法包括：①对比分析法；②主要问题复核法；③查询核实法；④分类整理法；⑤联合会审法。口诀：设计要联合起来，分类对比查询主要问题。

22.【答案】C

【解析】分组计算审查法，是指将相邻且有一定内在联系的项目编为一组，审查某个分量，并利用不同量之间的相互关系判断其他几个分项工程量的准确性。其优点是可加快工程量审查的速度；缺点是审查的精度较差。

23.【答案】B

【解析】工程量计算是编制施工图预算的基础性工作之一，对施工图预算的审查，应首先从审查工程量开始。

24.【答案】B

【解析】全面审查法，其优点是全面、细致，审查的质量高；缺点是工作量大，审查时间较长。

6.3 发承包阶段造价管理

◆ 6.3.1 施工招标策划

25. 关于施工标段划分的说法，正确的有（   ）。【2016】

    A. 标段划分多，业主协调工作量小

    B. 承包单位管理能力强，标段划分宜多

    C. 业主管理能力有限，标段划分宜少

    D. 标段划分少，会减少投标者数量

    E. 标段划分多，有利于施工现场布置

26. 在不同计价方式的合同中，建设单位最容易控制工程造价的是（   ）。【2023】

    A. 成本加百分比酬金合同   B. 目标成本加奖罚合同

    C. 单价合同   D. 总价合同

27. 下列不同计价方式的合同中，建设单位最难控制工程造价的是（   ）。【2017】

    A. 成本加百分比酬金合同   B. 单价合同

    C. 目标成本加奖罚合同   D. 总价合同

28. 下列工程项目中，不宜采用固定总价合同的有（   ）。【2013】

    A. 建设规模大且技术复杂的工程项目

    B. 施工图纸和工程量清单详细而明确的项目

    C. 施工中有较大部分采用新技术，且施工单位缺乏经验的项目

    D. 施工工期紧的紧急工程项目

    E. 承包风险不大，各项费用易于准确估算的项目

◆ 6.3.2　施工合同示范文本

29. 根据《标准施工招标文件》中的合同条款,签约合同价包含的内容有(　　)。【2015】
【2023】

    A. 承包范围内的工程价款　　　　　　B. 暂列金额

    C. 建设管理费　　　　　　　　　　　D. 施工管理费

    E. 专业工程暂估价

30. 根据《标准施工招标文件》,发包人应进行工期延长,增加费用,并支付合理利润的
情形是(　　)。【2020】

    A. 施工过程中发现文物采取措施

    B. 遇到不利物质条件采取措施

    C. 发包人提供的基准点有误导致施工方返工

    D. 发包人提供的设备不符合合同要求须进行更换

31. 根据《标准施工招标文件》合同双方发生争议采用争议评审的,除专用合同条款另
有约定外,争议评审组应在(　　)内做出书面评审意见。【2017】

    A. 收到争议评审申请报告后28天　　　B. 收到被申请人答辩报告后28天

    C. 争议调查会结束后14天　　　　　　D. 收到合同双方报告后14天

32. 根据《标准施工招标文件》中的合同条款,需要由承包人承担的有(　　)。【2017】

    A. 承包人协助监理人使用施工控制网所发生的费用

    B. 承包人车辆外出行驶所发生的场外公共道路通行费用

    C. 发包人提供的测量基准点有误导致承包人测量放线返工所发生的费用

    D. 监理人剥离检查已覆盖合格隐蔽工程所发生的费用

    E. 承包人修建临时设施需要临时占地所发生的费用

33. 下列导致承包人工期延长和费用增加的情形中,根据《标准施工招标文件》中的通
用合同条款,发包人应延长工期和(或)增加费用,但不支付承包人利润的有(　　)。【2021】

    A. 发包人提供图纸延误

    B. 施工中遇到了难以预料的不利物质条件

    C. 在施工场地发现文物

    D. 发包人提供的基准资料错误

    E. 发包人引起的暂停施工

34. 合同价格的准确数据只有在(　　)后才能确定。【2019】

    A. 后续工程不再发生工程变更　　　　B. 承包人完成缺陷责任期工作

    C. 工程审计全部完成　　　　　　　　D. 竣工结算价支付完成

35. 根据《标准设计施工总承包招标文件》,发包人最迟应在监理人收到进度付款申请
单后(　　)天内,将进度应付款支付给承包人。【2021】

    A. 7　　　　　　　　B. 14　　　　　　　　C. 28　　　　　　　　D. 48

36. 因不可抗力事件导致承包单位停工损失5万元,施工单位的设备损失6万元,已运
至现场的材料损失4万元,第三者财产损失3万元,施工单位停工期间应监理要求照管现
场清理和复原工作费用8万元,应由发包人承担的费用(　　)万元。【2021】

A. 11   B. 15   C. 20   D. 26

37. 根据《标准施工招标文件》的规定，缺陷责任期自（　　）之日起计算。【2023 补考】

A. 工程移交   B. 竣工资料移交   C. 实际竣工   D. 工程投入使用

38. 根据 FIDIC《土木工程施工合同条件》的规定，给指定分包商的付款应从（　　）中开支。【2017】

A. 暂定金额   B. 暂估价   C. 分包管理费   D. 应分摊费用

39. 根据 FIDIC《土木工程施工合同条件》，关于争端裁决委员会（DAAB）及其解决争端的说法，正确的有（　　）。【2018】

A. DAAB 由 1 人或 3 人组成

B. DAAB 在收到书面报告后 84 天内裁决争端且不需说明理由

C. 合同一方对 DAAB 裁决不满时，应在收到裁决后 14 天内发出表示不满的通知

D. 合同双方在未通过友好协商或仲裁改变 DAAB 裁决之前应当执行 DAAB 裁决

E. 合同双方没有发出表示不满 DAAB 裁决的通知的，DAAB 裁决对双方有约束力

◈ 6.3.3　施工投标报价策略

40. 下列投标报价策略中，（　　）属于恰当使用不平衡报价方法。【2020】

A. 适当降低早结算项目的报价

B. 适当提高晚结算项目的报价

C. 适当提高预计未来会增加工程量的项目单价

D. 适当提高工程内容说明不清楚的项目单价

41. 施工投标采用不平衡报价法时，可以适当提高报价的项目有（　　）。【2017】

A. 工程内容说明不清楚的项目

B. 暂定项目中必定要施工的不分标项目

C. 单价与包干混合制合同中采用包干报价的项目

D. 综合单价分析表中的材料费项目

E. 预计开工后工程量会减少的项目

◈ 6.3.4　施工评标与授标

42. 根据《标准施工招标文件》对投标文件进行初步评审时，属于投标文件形式审查的是（　　）。【2020】

A. 提交的投标保证金形式是否符合投标须知的规定

B. 投标人是否完全接受招标文件中的合同条款

C. 投标承诺的工期是否满足投标人须知中的要求

D. 投标函是否经法定代表人或其委托代理人签字并加盖单位章

参考答案及解析

◈ 6.3.1　施工招标策划

25.【答案】CD

【解析】关于 A 选项，标段划分多，业主协调工作量大；关于 B 选项，承包单位管理能力强弱不是标段划分的原因；关于 C 选项，对于工程规模大、专业复杂的工程项目，建设单位的管理能力有限时，应考虑采用施工总承包的招标方式选择施工队伍，或者标段划分少有利于业主协调管理；关于 D 选项，按照标段投标，标段划分少，会减少投标者数量；关于 E 选项，从现场布置的角度看，承包单位越少越好，应考虑少划分标段。

26. 【答案】D

【解析】见下表。

不同计价方式合同的比较						
合同类型	总价合同	单价合同	成本加酬金合同			
			百分比酬金	固定酬金	浮动酬金	目标成本加奖罚
应用范围	广泛	广泛	有局限性			酌情
建设单位造价控制	易	较易	最难	难	不易	较易
施工承包单位风险	大	小	基本没有		不大	较大

27. 【答案】A

【解析】见下表。

不同计价方式合同的比较						
合同类型	总价合同	单价合同	成本加酬金合同			
			百分比酬金	固定酬金	浮动酬金	目标成本加奖罚
应用范围	广泛	广泛	有局限性			酌情
建设单位造价控制	易	较易	最难	难	不易	较易
施工承包单位风险	大	小	基本没有		不大	较大

28. 【答案】ACD

【解析】A 选项正确，建设规模大且技术复杂的工程项目，承包风险较大，各项费用不易准确估算，因而不宜采用固定总价合同；C 选项正确，如果在工程施工中有较大部分采用新技术、新工艺，建设单位和施工承包单位对此缺乏经验，又无国家标准时，为了避免投标单位盲目地提高承包价款，或由于对施工难度估计不足而承包亏损，不宜采用固定总价合同，而应选用成本加酬金合同。D 选项正确，对于一些紧急工程，选择成本加酬金合同较为合适。

◆ 6.3.2 施工合同示范文本

29. 【答案】ABE

【解析】签约合同价是指签订合同时合同协议书中写明的，包括暂列金额、暂估价的合同总金额。

30. 【答案】C

【解析】发包人应对其提供的测量基准点、基准线和水准点及其书面资料的真实性、准确性和完整性负责。因基准资料错误导致承包人测量放线工作返工或造成工程损失的，发包人应当承担由此增加的费用和（或）工期延误，并向承包人支付合理利润。

31.【答案】C

【解析】除专用合同条款另有约定外，争议评审组在收到合同双方报告后 14 天内，邀请双方代表和有关人员举行调查会，向双方调查争议细节；必要时争议评审组可要求双方进一步提供补充材料。在调查会结束后 14 天内，争议评审组应在不受任何干扰的情况下进行独立、公正的评审，作出书面评审意见，并说明理由。在争议评审期间，争议双方暂按总监理工程师的确定执行。

32.【答案】AB

【解析】监理人需要使用施工控制网的，承包人应提供必要的协助，发包人不再为此支付费用，A 选项正确。承包人车辆外出行驶所需的场外公共道路的通行费、养路费和税款等由承包人承担，B 选项正确。发包人提供上述基准资料错误导致承包人测量放线工作的返工或造成工程损失的，发包人应当承担由此增加的费用和（或）工期延误，并向承包人支付合理利润，C 选项错误。承包人覆盖工程隐蔽部位后，监理人对质量有疑问的，可要求承包人对已覆盖的部位进行钻孔探测或揭开重新检验，承包人应遵照执行，并在检验后重新覆盖恢复原状。经检验证明工程质量符合合同要求的，由发包人承担由此增加的费用和（或）工期延误，并支付承包人合理利润；经检验证明工程质量不符合合同要求的，由此增加的费用和（或）工期延误由承包人承担，D 选项错误。除专用合同条款另有约定外，承包人应自行承担修建临时设施的费用，需要临时占地的，应由发包人办理申请手续并承担相应费用，E 选项错误。

33.【答案】BC

【解析】承包人遇到不利物质条件时，发包人承担承包人因采取合理措施而增加的费用和（或）工期延误。在施工场地发现文物，由此导致的费用增加和（或）工期延误由发包人承担。

34.【答案】B

【解析】合同价格是指承包人按合同约定完成包括缺陷责任期内的全部承包工作后，发包人应付给承包人的金额，包括在履行合同过程中按合同约定进行的变更、价款调整、通过索赔应予补偿的金额。合同价格也是承包人完成全部承包工作后的工程结算价格。

35.【答案】C

【解析】发包人应在监理人收到进度付款申请单后28天内,将进度应付款支付给承包人。

36.【答案】B

【解析】由发包人承担的费用：已运至现场的材料损失 4 万元，第三者财产损失 3 万元，施工单位停工期间应监理要求照管现场工作费用 8 万元。$4+3+8=15$（万元）。

37.【答案】C

【解析】本题考查的知识点为施工合同示范文本。缺陷责任期自实际竣工日期起计算。在全部工程竣工验收前，已经发包人提前验收的单位工程，其缺陷责任期的起算日期相应提前。

38.【答案】A

【解析】为了不损害承包商的利益，给指定分包商的付款应从暂定金额内开支。

39.【答案】ADE

【解析】DAAB 由 1 人或 3 人组成，如果投标书附录中没有注明成员的数目，且合同双方没有其他协议，则 DAAB 应包含 3 名成员，A 选项正确。DAAB 在收到书面报告后 84 天内对争端作出裁决，并说明理由，B 选项错误。如果合同一方对 DAAB 的裁决不满，则应在收到裁决后的 28 天内向合同对方发出表示不满的通知，并说明理由，表明准备提请仲裁，C 选项错误。DAAB 的裁决作出后，在未通过友好解决或仲裁改变该裁决之前，双方应当执行该裁决，D 选项正确。如果双方接受 DAAB 的裁决，或者没有按规定发出表示不满的通知，则该裁决将成为最终的决定并对合同双方均具有约束力，E 选项正确。

◆ 6.3.3　施工投标报价策略

40.【答案】C

【解析】①能够早日结算的项目（如前期措施费、基础工程、土石方工程等）可以适当提高报价，以利资金周转，提高资金时间价值。后期工程项目（如设备安装、装饰工程等）的报价可适当降低。故 A 选项和 B 选项错误。②经过工程量核算，预计今后工程量会增加的项目，适当提高单价，这样在最终结算时可多盈利；而对于将来工程量有可能减少的项目，适当降低单价，这样在工程结算时不会有太大损失。故 C 选项正确。③设计图纸不明确、估计修改后工程量要增加的，可以提高单价；而工程内容说明不清楚的，则可降低一些单价，在工程实施阶段通过索赔再寻求提高单价的机会。故 D 选项错误。

41.【答案】BC

【解析】设计图纸不明确、估计修改后工程量要增加的，可以提高单价，而工程内容说明不清楚的，则可降低一些单价，在工程实施阶段通过索赔再寻求提高单价的机会，故 A 选项错误；暂定项目如果工程不分标，不会另由一家承包单位施工，则其中肯定要施工的单价可报高些，不一定要施工的则应报低些，B 选项正确；单价与包干混合制合同中，招标人要求有些项目采用包干报价时，宜报高价，C 选项正确；有时招标文件要求投标人对工程量大的项目报"综合单价分析表"，投标时可将单价分析表中的人工费及机械设备费报高一些，而材料费报低一些，故 D 选项错误；经过工程量核算，预计今后工程量会增加的项目，适当提高单价，而对于将来工程量有可能减少的项目，适当降低单价，故 E 选项错误。

◆ 6.3.4　施工评标与授标

42.【答案】D

【解析】投标文件的形式审查。包括：

（1）提交的营业执照、资质证书、安全生产许可证是否与投标单位的名称一致；

（2）投标函是否经法定代表人或其委托代理人签字并加盖单位章；

（3）投标文件的格式是否符合招标文件的要求；

（4）联合体投标人是否提交了联合体协议书；联合体的成员组成与资格预审的成员组成有无变化；联合体协议书的内容是否与招标文件要求一致；

（5）报价的唯一性。不允许投标单位以优惠的方式，提出如果中标可将合同价降低多少的承诺。这种优惠属于一个投标两个报价。

6.4 施工阶段造价管理

◆ 6.4.1 资金使用计划编制

43. 按工程项目组成编制施工阶段资金使用计划时，不能分解到各个工程分项的费用有（   ）。【2015】

    A. 人工费　　　　B. 保险费　　　　C. 二次搬运费

    D. 临时设施费　　E. 施工机具使用费

44. 按工程进度绘制的资金使用计划 S 曲线必然包括在"香蕉图"内，该"香蕉图"是由工程网络计划中全部工作分别按（   ）绘制的两条 S 曲线组成。【2013】

    A. 最早开始时间（ES）开始和最早完成时间（EF）完成

    B. 最早开始时间（ES）开始和最迟开始时间（LS）完成

    C. 最迟开始时间（LS）开始和最早完成时间（EF）完成

    D. 最迟开始时间（LS）开始和最迟完成时间（LF）完成

45. 在工程资金使用的"香蕉图"中，实际投资支出线越靠近下方曲线的，则越有利于（   ）。【2022】

    A. 风险防控能力　B. 降低工程造价　C. 保证按期竣工　D. 降低贷款利息

◆ 6.4.2 施工成本管理

46. 按照成本计算依据进行划分，可以将施工成本分为（   ）。

    A. 直接成本　　　B. 间接成本　　　C. 计划成本

    D. 实际成本　　　E. 预算成本

47. 关于施工成本管理各环节之间关系的说法，正确的是（   ）。

    A. 成本计划能对成本控制的实施进行监督

    B. 成本计划保证成本控制的实现

    C. 成本控制是实现责任成本目标的保证

    D. 成本分析为成本管理绩效考核提供依据

48. 下列施工成本考核指标中，属于施工企业对项目成本考核的是（   ）。【2017】

    A. 项目施工成本降低率　　　　　　B. 目标总成本降低率

    C. 施工责任目标成本实际降低率　　D. 施工计划成本实际降低率

49. 采用目标利润法编制成本计划时，目标成本的计算方法是从（   ）中扣除目标利润。【2016】

    A. 概算价格　　　B. 预算价格　　　C. 合同价格　　　D. 结算价格

50. 按工期–成本同步分析法，造成工程项目实施中出现虚盈现象的原因是（   ）。【2016】

    A. 实际成本开支小于计划，实际施工进度落后计划

B. 实际成本开支等于计划，实际施工进度落后计划

C. 实际成本开支大于计划，实际施工进度等于计划

D. 实际成本开支小于计划，实际施工进度等于计划

51. 进行施工成本对比分析时，可采用的对比方式有（　　）。【2014】

A. 本期实际值与目标值对比　　　　B. 本期实际值与上期目标值对比

C. 本期实际值与上期实际值对比　　D. 本期目标值与上期实际值对比

E. 本期实际值与行业先进水平对比

52. 下列施工成本管理方法中，可用于施工成本分析的是（　　）。【2015】

A. 技术进步法　　B. 因素分析法　　C. 定率估算法　　D. 挣值分析法

6.4.3　工程变更与索赔管理

53. 根据《标准施工招标文件》的规定，施工承包单位认为有权得到追加付款和延长工期的，应在规定时间内首先向监理人递交的文件是（　　）。【2021】

A. 索赔意向通知书　　　　　　　　B. 索赔工作联系单

C. 索赔通知书　　　　　　　　　　D. 索赔报告

54. 根据《标准施工招标文件》的规定，对于建设单位提出但需要与施工承包单位协商后再确定是否实施的工程变更，变更建议书应由（　　）编制。【2023】

A. 施工承包单位　　B. 项目监理机构　　C. 建设单位　　　D. 设计单位

55. 根据《标准施工招标文件》，工程变更的情形有（　　）。【2018】

A. 改变合同中某项工作的质量　　　B. 改变合同工程原定的位置

C. 改变合同中已批准的施工顺序　　D. 为完成工程需要追加的额外工作

E. 取消某项工作改由建设单位自行完成

56. 根据《标准施工招标文件》的规定，由施工承包单位提出的索赔按程序得到了处理，且施工单位接受索赔处理结果的，建设单位应在作出索赔处理答复后（　　）天内完成赔付。【2013】

A. 14　　　　　　B. 21　　　　　　C. 28　　　　　　D. 42

6.4.4　工程费用动态监控

57. 已完成工程计划费用1200万元，已完工程实际费用1500万元，拟完工程计划费用1300万元，关于偏差正确的是（　　）。【2019】

A. 进度提前300万元　　　　　　　B. 进度拖后100万元

C. 费用节约100万元　　　　　　　D. 工程盈利300万元

E. 费用超过300万元

58. 某工程建设至2020年10月底，经统计可得，已完工程计划费用为2000万，已完工程实际费用为2300万，拟完工程计划费用为1800万。则该工程此刻的费用绩效指数为（　　）。【2021】

A. 0.87　　　　　　B. 0.9　　　　　　C. 1.11　　　　　　D. 1.15

59. 采用挣值分析法，动态监控工程进度和费用时，若在某一时点计算得到费用绩效指数大于1，进度绩效指数小于1，则表明该工程当前的实际状态是（　　）。【2020】

A. 费用节约，进度提前   B. 费用超支，进度拖后

C. 费用节约，进度拖后   D. 费用超支，进度超前

60. 下列偏差分析方法中，既可分析费用偏差，又可分析进度偏差的是（   ）。【2017】

A. 时标网络图和曲线法   B. 曲线法和控制图法

C. 排列图法和时标网络图法   D. 控制图法和表格法

61. 某工程通过绘制费用累计曲线进行偏差分析，从当前曲线看，拟完工程计划费用曲线位于已完工程计划费用曲线的上方，已完工程实际费用曲线位于已完工程计划费用曲线下方。下列关于该工程当前费用和进度状况的说法，正确的是（   ）。【2023 补考】

A. 费用超支，进度拖后   B. 费用超支，进度提前

C. 费用节支，进度拖后   D. 费用节支，进度提前

62. 下列引起工程费用偏差的情形中，属于施工单位原因的是（   ）。【2021】

A. 设计标准变更   B. 增加工程内容

C. 施工进度安排不当   D. 建设手续不健全

63. 下列引起工程费用偏差的情形中，属于建设单位的原因有（   ）。【2021】

A. 材料涨价   B. 投资规划不当   C. 施工组织不合理

D. 增加工程内容   E. 施工质量事故

参考答案及解析

◆ 6.4.1 资金使用计划编制

43.【答案】BD

    【解析】建筑安装工程费用中的人工费、材料费、施工机具使用费等直接费，可直接分解到各工程分项。而企业管理费、利润、税金则不宜直接进行分解。措施项目费则应分析具体情况，将其中与各工程分项有关的费用（如二次搬运费、检验试验费等）分离出来，按一定比例分解到相应的工程分项；其他与单位工程、分部工程有关的费用（如临时设施费、保险费等），则不能分解到各工程分项。

44.【答案】B

    【解析】按规定的时间绘制资金使用与施工进度的 S 曲线。每一条 S 曲线都对应某一特定的工程进度计划。由于在工程网络进度计划的非关键线路中存在许多有时差的工作，因此 S 曲线（投资计划值曲线）必然包括在由全部工作均按最早开始时间（ES）开始和全部工作均按最迟开始时间（LS）开始的曲线所组成的"香蕉图"内。

45.【答案】D

    【解析】所有工作都按最迟开始时间开始，有利于节约建设资金贷款利息，但降低了工程按期竣工的保证率。

◆ 6.4.2 施工成本管理

46.【答案】CD

【解析】施工成本分类。

（1）按成本核算科目划分，施工成本可分为直接成本和间接成本；

（2）按成本计算依据划分，施工成本可分为计划成本和实际成本；

（3）按成本性态差异划分，施工成本可分为固定成本和变动成本；

（4）按成本是否可控划分，施工成本可分为可控成本和不可控成本；

（5）按成本要素构成划分，从建设工程全要素成本视角考虑，传统意义上的施工成本可称为建造成本，而不同工期、质量、安全、环保水平对应的成本可称为工期成本、质量成本、安全成本和环保成本。

47.【答案】D

【解析】成本计划是开展成本控制和分析的基础，也是成本控制的主要依据；

成本控制能对成本计划的实施进行监督，保证成本计划的实现；

成本分析是对成本计划是否实现进行的检查，并为成本管理绩效考核提供依据；

成本管理绩效考核是实现责任成本目标的保证和手段。

48.【答案】A

【解析】企业的项目成本考核指标：

项目施工成本降低额 = 项目施工合同成本 − 项目实际施工成本

项目施工成本降低率 = 项目施工成本降低额/项目施工合同成本 × 100%

49.【答案】C

【解析】目标利润法是指根据工程项目的合同价格扣除目标利润后得到目标成本的方法。

50.【答案】A

【解析】工期–成本同步分析法中，如果成本与进度不对应，说明工程项目进展中出现虚盈或虚亏的不正常现象。施工成本的实际开支与计划不相符，往往是由两个因素引起的：一是在某道工序上的成本开支超出计划；二是某道工序的施工进度与计划不符。实际施工进度落后于计划进度，可能导致实际成本开支小于计划成本，表现为虚盈。

51.【答案】ACE

【解析】比较法就是通过技术经济指标的对比，检查目标的完成情况，分析产生差异的原因，进而挖掘内部潜力的方法。用比较法进行施工成本分析通常有三种形式：实际指标与目标指标对比；本期实际指标与上期实际指标对比；与本行业平均水平、先进水平对比。

52.【答案】B

【解析】成本分析的基本方法包括：比较法、因素分析法、差额计算法、比率法等。A、C 选项是成本计划的方法；D 选项是成本控制的方法。

◆ 6.4.3　工程变更与索赔管理

53.【答案】A

【解析】施工承包单位应在知道或应当知道索赔事件发生后 28 天内，向监理人递交索赔意向通知书，并说明发生索赔事件的事由。

54.【答案】A

【解析】无论什么原因引起的工程变更，变更建议书都由施工承包单位编制。

55.【答案】ABCD

【解析】工程变更包括以下五个方面：①取消合同中任何一项工作，但被取消的工作不能转由建设单位或其他单位实施；②改变合同中任何一项工作的质量或其他特性；③改变合同工程的基线、标高、位置或尺寸；④改变合同中任何一项工作的施工时间或改变已批准的施工工艺或顺序；⑤为完成工程需要追加的额外工作。

56.【答案】C

【解析】施工承包单位接受索赔处理结果的，建设单位应在作出索赔处理结果答复后28天内完成赔付。施工承包单位不接受索赔处理结果的，按合同中争议解决条款的约定处理。

◆ 6.4.4 工程费用动态监控

57.【答案】BE

【解析】费用偏差（CV）＝已完工程计划费用（$BCWP$）－已完工程实际费用（$ACWP$）＝ $1200 - 1500 = -300 < 0$；当 $CV < 0$ 时，说明工程费用超支300万元。

进度偏差（SV）＝已完工程计划费用（$BCWP$）－拟完工程计划费用（$BCWS$）＝ $1200 - 1300 = -100 < 0$；当 $SV < 0$ 时，说明工程进度拖后100万元。

58.【答案】A

【解析】费用绩效指标＝ $2000/2300 = 0.87$。

59.【答案】C

【解析】$CPI > 1$，表示实际费用节约；$SPI < 1$，表示实际进度拖后。

60.【答案】A

【解析】排列图又叫主次因素分析图或帕累特（Pareto）图，是用来寻找影响工程（产品）质量主要因素的一种有效工具。控制图法是动态控制质量的方法。时标网络图和曲线法既可以分析费用，又可以分析进度。A选项正确。

61.【答案】C

【解析】本题考查的知识点为工程费用动态监控。当 $CV > 0$ 时，说明工程费用节约；当 $CV < 0$ 时，说明工程费用超支。当 $SV > 0$ 时，说明工程进度超前；当 $SV < 0$ 时，说明工程进度拖后。

62.【答案】C

【解析】施工原因。施工组织设计不合理、质量事故、进度安排不当、施工技术措施不当、与外单位关系协调不当等。

63.【答案】BD

【解析】建设单位原因。包括增加工程内容、投资规划不当、组织不落实、建设手续不健全、未按时付款、协调出现问题等。

6.5 竣工阶段造价管理

◆ 6.5.1　工程结算及其审查

64.关于工程竣工结算的说法，正确的有（　　）。【2017】

　　A. 工程竣工结算分为单位工程竣工结算和单项工程竣工结算

　　B. 工程竣工结算均由总承包单位编制

　　C. 建设单位审查工程竣工结算的递交程序和资料的完整性

　　D. 施工承包单位要审查工程竣工结算的项目内容与合同约定内容的一致性

　　E. 建设单位要审查实际施工工期对工程造价的影响程度

◆ 6.5.2　工程质量保证金预留与返还

65.根据《建设工程质量保证金管理办法》的规定，由于发包人原因工程未能按规定期限竣工验收，该工程在承包商提交竣工验收报告（　　）天后自动进入缺陷责任期。【2020】

　　A. 30　　　　　　　B. 45　　　　　　　C. 60　　　　　　　D. 90

66.某工程合同约定以银行保函替代预留工程质量保证金，合同签约价为800万元，工程价款结算总额为780万元，依据《建设工程质量保证金管理办法》，该保函金额最大为（　　）万元。【2019】

　　A. 15.6　　　　　　B. 160　　　　　　C. 23.4　　　　　　D. 24.0

67.根据《建设工程质量保证金管理办法》的规定，保证金总预留比例不得高于工程价款结算总额的（　　）。【2021】

　　A. 2%　　　　　　B. 3%　　　　　　C. 4%　　　　　　D. 5

参考答案及解析

◆ 6.5.1　工程结算及其审查

64.【答案】CDE

　　【解析】工程竣工结算分为单位工程竣工结算、单项工程竣工结算和工程项目竣工总结算，A选项错误；单位工程竣工结算由施工承包单位编制，建设单位审查；实行总承包的工程，由具体承包单位编制单位工程竣工结算，在总承包单位审查的基础上，由建设单位审查，B选项错误。

◆ 6.5.2　工程质量保证金预留与返还

65.【答案】D

　　【解析】由发包人导致无法竣工验收的，在承包人提交竣工验收报告90天后，工程自动进入缺陷责任期。

66.【答案】C

【解析】发包人应按合同约定方式预留保证金，保证金总预留比例不得高于工程价款结算总额的 3%。合同约定由承包人以银行保函替代预留保证金的，保函金额不得高于工程价款结算总额的 3%。工程价款结算总额为 780 万元，保函金额 = 780 × 3% = 23.4（万元）。

67.【答案】B

【解析】合同约定由承包人以银行保函替代预留保证金的，保函金额不得高于工程价款结算总额的 3%。

第**2**篇

建设工程计价

第1章　建设工程造价构成

考情概述： 本章主要考查的是我国建设项目总投资及工程造价的构成及计算的相关知识，知识点较多，但整体难度不高，历年考试约占 15 分，分值占比平均，新教材变动最大的是第 3 节，这一节内容非常重要，要重点关注。这一章是基础性的内容，建议考生要掌握整体的费用构成架构及相应费用的概念，为后续的学习打下良好的基础。注意"设备原价"与"设备运杂费"，"设备购置费"与"工器具及生产家具购置费"，建筑安装工程费用"按费用构成要素划分"与"按造价形成划分"，企业管理费中的"检验试验费"与工程建设其他费中的"研究试验费"，"基本预备费"与"价差预备费"这些费用的区别，在对比分析的基础上总结记忆。要会计算设备及工器具购置费、建筑安装工程费用、预备费、建设期利息，这些内容出现计算题的概率比较大。

考点预测：

章节名称	重要程度
我国建设项目总投资及工程造价的构成	★★★★★
国际建设项目计量标准联盟建设项目总投资构成	★★
设备购置费的构成和计算	★★★★★
工器具及生产家具购置费的构成和计算	★★
建筑安装工程费用的构成	★★
按费用构成要素划分建筑安装工程费用项目构成和计算	★★★★★
按造价形成划分建筑安装工程费用项目构成和计算	★★★★★
国外建筑安装工程费的构成	★★★
工程建设其他费用的构成和计算	★★★★
预备费	★★★★
建设期利息	★★★★

1.1 概述

1.1.1 我国建设项目总投资及工程造价的构成

1.固定资产投资包括（　　）。
　　A. 建筑费＋安装费＋预备费
　　B. 建筑费＋安装费＋建设其他费

  C. 建安费 + 工程建设其他费 + 预备费

  D. 工程费用 + 工程建设其他费 + 预备费 + 建设期利息

  2. 某建筑工程项目建设投资为 12000 万元，工程建设其他费为 2000 万元，预备费为 500 万元，建设期利息为 900 万元，流动资金为 300 万元。该项目的固定资产投资额为（　　）万元。【2023】

  A. 12900   B. 13400   C. 15400   D. 15700

  3. 某项目建设投资为 16000 万元，工程建设其他费为 1800 万元，预备费为 600 万元，流动资金为 300 万元。建设期初贷款 8000 万元，贷款年利率为 5%，建设期 2 年，则该项目的工程造价是（　　）万元。【2024】

  A. 16820   B. 17120   C. 19200   D. 19500

◆ 1.1.2　国际建设项目计量标准联盟建设项目总投资构成

  4. 根据国际建设项目计量标准（ICMS），为主体工程所做的辅助性配套工程的费用，应计入项目总建设成本中的（　　）。【2024】

  A. 项目基本建设成本   B. 项目相关建设成本

  C. 场地购置费   D. 业主其他费

参考答案及解析

◆ 1.1.1　我国建设项目总投资及工程造价的构成

1.【答案】D

【解析】 固定资产投资包括建设投资和建设期利息。建设投资包括工程费用、工程建设其他费和预备费。工程费用包括建筑安装工程费用、设备及工器具购置费。

2.【答案】A

【解析】 固定资产投资额 = 建设投资 + 建设期利息 = 12000 + 900 = 12900（万元）。

3.【答案】A

【解析】 结合了教材第一章第五节的内容，注意借款是期初。

第 1 年：8000 × 5% = 400（万元）；

第 2 年：(8000 + 400)× 5% = 420（万元）；

总建设期利息 = 400 + 420 = 820（万元）；

工程造价 = 建设投资 + 建设期利息 = 16000 + 820 = 16820（万元）。

◆ 1.1.2　国际建设项目计量标准联盟建设项目总投资构成

4.【答案】A

【解析】 附属工程。包括为主体工程所做的辅助性配套工程，属于项目基本建设成本，不属于项目相关建设成本，也不属于场地购置费和业主其他费用。

1.2 设备及工器具购置费用的构成和计算

◆ 1.2.1 设备购置费的构成和计算

5. 生产某国产非标准设备所需的材料和加工费用为 20 万元，专用工具费费率为 2%，废品损失费费率 10%，外购配套件费为 3 万元，利润率为 7%，增值税税率为 13%，不计其他费用，基于成本计算估价法计算该台设备的销项增值税是（   ）万元。【2024】

    A. 3.33   B. 3.38   C. 3.51   D. 4.52

6. 某进口设备人民币货价 400 万元，国际运费折合人民币 30 万元，运输保险费费率为 3‰，则该设备应计的运输保险费折合人民币（   ）万元。【2019】

    A. 1.200   B. 1.204   C. 1.290   D. 1.294

7. 某进口设备的到岸价为 100 万元，银行财务费为 0.5 万元，外贸手续费费率为 1.5%，关税税率为 20%，增值税税率为 17%，消费税税率为 10%，无海关监管手续费。则该进口设备的抵岸价为（   ）万元。

    A. 149.2   B. 158.0   C. 155.7   D. 153.2

8. 构成进口设备原价的费用计算中，应以到岸价为计算基数的有（   ）。【2018】

    A. 国际运费   B. 进口环节增值税

    C. 银行财务费   D. 外贸手续费

    E. 进口关税

◆ 1.2.2 工器具及生产家具购置费的构成和计算

9. 下列关于设备及工器具购置费的描述中，正确的有（   ）。

    A. 设备购置费由设备原价、设备运杂费、采购保管费组成

    B. 设备原价通常包含备品备件费

    C. 进口设备原价构成中的运输保险费其计算基数为到岸价

    D. 国产非标准设备原价的计算方法包括定额估价法

    E. 工具、器具及生产家具购置费是指新建或扩建项目初步设计规定的，保证初期正常生产必须购置的达到固定资产标准的生产家具和备品备件等的购置费用

参考答案及解析

◆ 1.2.1 设备购置费的构成和计算

5.【答案】C

【解析】专用工具费 = 20 × 2% = 0.4（万元），废品损失费 = (20 + 0.4) × 10% = 2.04（万元），外购配套件费为 3 万元，利润 = (20 + 0.4 + 2.04) × 7% = 1.5708（万元），增值税 = (20 + 0.4 + 2.04 + 3 + 1.5708) × 13% = 3.511（万元）。

6.【答案】D

【解析】$(400＋30)/(1－3‰)×3‰＝1.29388$（万元）。

7.【答案】B

【解析】外贸手续费：$CIF×1.5\%＝100×1.5\%＝1.5$（万元）；关税：$CIF×20\%＝100×20\%＝20$（万元）；

消费税：$[(100＋20)/(1－10\%)]×10\%＝13.33$（万元）；增值税：$(100＋20＋13.33)×17\%＝22.67$（万元）；

进口设备原价：抵岸价＝$100＋0.5＋1.5＋20＋13.33＋22.67＝158$（万元）。

8.【答案】DE

【解析】以到岸价CIF为计算基础：运输保险费、外贸手续费、关税。

◆ 1.2.2　工器具及生产家具购置费的构成和计算

9.【答案】BCD

【解析】设备购置费包括设备原价及设备运杂费。A选项错误。工具、器具及生产家具购置费是指新建或扩建项目保证初期正常生产必须购置的没有达到固定资产标准的设备、仪器、工卡模具、器具、生产家具和备品备件等的购置费用。E选项错误。

1.3　建筑安装工程费用的构成和计算

◆ 1.3.1　建筑安装工程费用的构成

10.下列费用中，属于安装工程费的是（　　）。【2022补】

A. 施工临时用水工程　　　　　　B. 安装设备的防腐油漆

C. 工程排水工程　　　　　　　　D. 天然气钻井

◆ 1.3.2　按费用构成要素划分建筑安装工程费用项目构成和计算

11.下列费用中，属于施工企业管理费中财务费的是（　　）。【2022】

A. 财务专用工具购置费　　　　　B. 预付款担保

C. 审计费　　　　　　　　　　　D. 财产保险费

12.关于一般计税方法和简易计税方法的选择，下列说法正确的是（　　）。【2023】

A. 允许采用简易计税方法时，选择何种方法主要取决于可抵扣的进项税额

B. 计税方法一经选择，48个月内不得变更

C. 同一时期承包人的不同项目只能选择相同的计税方法

D. 不允许发包人在招标合同条款中要求选择特定的计税方法

13.在不增加施工成本的前提下，下列关于承包人增加增值税可抵扣进项税额的方法，正确的有（　　）。【2023】

A. 可采用劳务分包方式获取抵扣进项税额

B. 材料的采购应在价格低廉和能取得增值税专用发票之间选择后者

C. 自购施工机具取得的可抵扣进项税额需一次性抵扣

D. 检验试验费中的增值税进项税额按 6% 的适用税率扣减

E. 办公费中的增值税进项税额按 9% 的适用税率扣减

◆ 1.3.3 按造价形成划分建筑安装工程费用项目构成和计算

14. 下列费用中，属于临时设施费的是（　　）。【2020】

A. 现场生活卫生设施费用　　　　　　B. 建筑物内临时便溺设施费用

C. 临时文化福利用房费　　　　　　　D. 工人防暑降温费用

15. 下列费用项目中，可列入建筑安装工程安全生产措施费中的是（　　）。

A. 工程防扬尘洒水费用　　　　　　　B. 施工现场操作场地的硬化费用

C. 建筑工人实名制管理费用　　　　　D. 应急预案制修订与应急演练支出

◆ 1.3.4 国外建筑安装工程费的构成

16. 国外建筑安装工程费用中的开办费一般包括（　　）等。【2017】

A. 工地清理费　　B. 现场管理费　　C. 材料预涨费

D. 周转材料费　　E. 暂定金额

参考答案及解析

◆ 1.3.1 建筑安装工程费用的构成

10.【答案】B

【解析】安装工程费用内容：①生产、动力、起重、运输、传动和医疗、实验等各种需要安装的机械设备的装配费用，与设备相连的工作台、梯子、栏杆等设施的工程费用，附属于被安装设备的管线敷设工程费用，以及被安装设备的绝缘、防腐、保温、油漆等工作的材料费和安装费。②为测定安装工程质量，对单台设备进行单机试运转、对系统设备进行系统联动无负荷试运转工作的调试费。

◆ 1.3.2 按费用构成要素划分建筑安装工程费用项目构成和计算

11.【答案】B

【解析】财务费，是指企业为施工生产筹集资金或提供预付款担保、履约担保、职工工资支付担保等所发生的各种费用。A 选项错，财务专用工具购置费为工具用具使用费；C 选项错，审计费为其他费；D 选项错，财产保险费与财务费同属于企业管理费。

12.【答案】A

【解析】B 选项错误，承包人可以选择采用一般计税方法或简易计税方法，但一经选择，36 个月内不得变更。C 选项错误，主要是针对单个项目而言的，而不是全部建筑项目。D 选项错误，发包人虽然在法理上并不具备计税方法的选择权，但其可以在建设项目招标投标过程中通过事先拟定的合同条款要求选择特定的计税方法，在这种情况下，发包人事实上享有了增值税计税方法的选择权。

13.【答案】ACD

【解析】B 错误；有时材料采购部门可能会为了价格低廉而采购不取得增值税专用发票的材料，此时需要进行审慎选择，判断其与为了取得增值税专用发票而支付较高的采购价格哪种方案对承包人最为有利。E 错误，要分情况。

◆ 1.3.3　按造价形成划分建筑安装工程费用项目构成和计算

14.【答案】C

【解析】临时文化福利用房费属于临时设施费。

15.【答案】D

【解析】A 属于环境保护费用，B、C 都属于文明施工，尤其注意 C 选项与 23 版教材不同，新教材中建筑工人实名制管理费属于文明施工费。

◆ 1.3.4　国外建筑安装工程费的构成

16.【答案】AD

【解析】开办费内容因国家和工程的不同而异，大致包括以下内容：

①施工用水、用电费；②工地清理费及完工后清理费；③周转材料费，如脚手架、模板的摊销费；④临时设施费，包括生活用房、生产用房，室外工程；⑤驻工地工程师现场办公室，现场材料试验费及所需设备的费用；⑥其他，现场福利费及安全费、职工交通费、现场道路维护费等。

1.4　工程建设其他费用的构成和计算

◆ 1.4.1　项目建设管理费

17. 下列关于项目建设管理费的说法中，正确的是（　　）。【2023】

　　A. 是指建设单位从项目筹建之日起至通过竣工验收之日止发生的管理性支出

　　B. 按照工程费用和用地与工程准备费之和乘以项目建设管理费率计算

　　C. 代建管理费和项目建设管理费之和不得高于项目建设管理费限额

　　D. 不得用于委托咨询机构进行施工项目管理发生的施工项目管理费支出

◆ 1.4.2　用地与工程准备费

18. 下列费用项目，属于征地补偿费的有（　　）。【2019】

　　A. 拆迁补偿金　　　　　　　　　　B. 安置补偿费

　　C. 地上附着物补偿费　　　　　　　D. 迁移补偿费

　　E. 土地管理费

19. 关于工程建设其他费中的场地准备及临时设施费，下列说法正确的有（　　）。【2013】

A. 场地准备费是指为施工而进行的土地"三通一平"或"七通一平"的费用

B. 其中的大型土石方工程应进入工程费中的总图运输费

C. 新建项目的场地准备和临时设施费只能根据实际工程量估算

D. 场地准备和临时设施费 = 工程费用 × 费率 + 拆除清理费

E. 委托施工单位修建临时设施时应计入施工单位措施费中

◆ 1.4.3 配套设施费

20. 下列费用中，属于配套设施费的是（   ）。

    A. 城市基础设施配套费   B. 人防易地建设费

    C. 用地与工程准备费   D. 可行性研究费

    E. 特殊设备安全监督检验费

◆ 1.4.4 工程咨询服务费

21. 下列费用中，属于研究试验费的是（   ）。【2021】

    A. 新产品试制费、中间试验费和重要科学研究补助费

    B. 施工企业对建筑材料、构件和建筑物进行一般鉴定、检查所发生的费用及技术革新的研究试验费

    C. 勘察设计或工程费用中开支的项目

    D. 为建设项目提供和验证设计数据、资料等进行试验及验证的费用

22. 下列工程建设其他费用，属于工程咨询服务费的有（   ）。【2021】

    A. 勘察设计费   B. 职业病危害预评价费

    C. 监理费   D. 特殊设备安全监督检验费

    E. 专有技术使用费

◆ 1.4.5 建设期计列的生产经营费

23. 下列费用中，应计入建设期计列的生产经营费的是（   ）。【2022补】

    A. 建设期使用的办公家具购置费   B. 建设单位工具用具使用费

    C. 建设期取得的特许经营权的费用   D. 交付生产前调试及试车费用

24. 关于生产准备费，下列说法正确的有（   ）。【2016】

    A. 包括自行组织培训和委托其他单位培训的相关费用

    B. 包括正常生产所需的生产办公家具用具的购置费用

    C. 包括正常生活所需的生活家具用具的购置费用

    D. 包括含备品备件在内的第一套不够固定资产标准的生产工具购置费

    E. 新建项目可按设计定员乘以人均生产准备费指标计算

◆ 1.4.6 工程保险费

25. 关于工程建设其他费的计算，下列公式正确的有（   ）。【2024】

    A. 项目建设管理费 = 工程费用 × 项目建设管理费率

    B. 土地使用费和补偿费 = 征地补偿费 + 拆迁补偿费 + 土地出让金

C. 场地准备和临时设施费＝工程费用×费率

D. 生产准备费＝设计定员×生产准备费指标（元/人）

E. 建筑工程保险费＝建筑工程费×建筑工程保险费率

◆ 1.4.7　税金（无题目）

参考答案及解析

◆ 1.4.1　项目建设管理费

17.【答案】C

【解析】A 选项错误，是指建设单位从项目筹建之日起至办理竣工财务决算之日止发生的管理性支出。B 选项错误，项目建设管理费＝工程费用×项目建设管理费率。D 选项错误，建设单位委托咨询机构进行施工项目管理服务会发生施工项目管理费，从项目建设管理费中列支。

◆ 1.4.2　用地与工程准备费

18.【答案】BC

【解析】征地补偿费有：①土地补偿费；②青苗补偿费和地上附着物补偿费；③安置补偿费；④耕地开垦费和森林植被恢复费；⑤生态补偿与压覆矿产资源补偿费；⑥其他补偿费。

19.【答案】ABD

【解析】建设单位委托施工单位修建的建设单位临时设施也应该计入工程建设其他费用，而不是工程费用。C 选项错误，还可以按工程费用的比例计算。

◆ 1.4.3　配套设施费

20.【答案】AB

【解析】配套设施费包括城市基础设施配套费和人防易地建设费。

◆ 1.4.4　工程咨询服务费

21.【答案】D

【解析】研究试验费是指为建设项目提供或验证设计参数、数据、资料等进行必要的研究试验，以及设计规定在建设过程中必须进行试验、验证所需的费用，包括自行或委托，其他部门的专题研究、试验所需人工费、材料费、试验设备及仪器使用费等。这项费用按照设计单位根据本工程项目的需要提出的研究试验内容和要求计算。在计算时要注意不应包括以下项目：

（1）应由科技三项费用（即新产品试制费、中间试验费和重要科学研究补助费）开支的项目；

（2）应在建筑安装费用中列支的施工企业对建筑材料、构件和建筑物进行一般鉴定、检查所发生的费用及技术革新的研究试验费；

（3）应由勘察设计费或工程费用中开支的项目。

22.【答案】ABCD

【解析】工程咨询服务费包括可行性研究费、专项评价费、勘察设计费、监理费、研究试验费、特殊设备安全监督检验费、招标代理费、设计评审费、工程造价咨询费、竣工图编制费、BIM 技术服务费及其他咨询费。其中职业病危害预评价费属于专项评价费。专有技术使用费属于建设期计列的生产经营费。

◆ 1.4.5 建设期计列的生产经营费

23.【答案】C

【解析】建设期计列的生产经营费是指为达到生产经营条件在建设期发生或将要发生的费用。包括专利及专有技术使用费、联合试运转费、生产准备费等。而专利及专有技术使用费是指在建设期内为取得专利、专有技术、商标权、商誉、特许经营权等发生的费用。

24.【答案】AE

【解析】生产准备费是在建设期内，建设单位为保证项目正常生产而发生的人员培训费、提前进厂费以及投产使用必备的办公、生活家具用具及工器具等的购置费用。包括：

（1）人员培训费及提前进厂费。包括自行组织培训或委托其他单位培训的人员工资、工资性补贴、职工福利费、差旅交通费、劳动保护费、学习资料费等；

（2）为保证初期正常生产（或营业、使用）所必需的生产办公、生活家具用具购置费。

新建项目按设计定员为基数计算，改扩建项目按新增设计定员为基数计算：

生产准备费 = 设计定员 × 生产准备费指标（元/人）

选项 AE 是正确的。选项 BCD 首先要满足"初期正常生产（或营业、使用）"，不是正常生产期，要有"初期"两个关键词。

◆ 1.4.6 工程保险费

25.【答案】ADE

【解析】B 选项错误，土地使用费中征地补偿费和拆迁补偿费不会同时存在；C 选项错误，场地准备和临时设施费 = 工程费用 × 费率 + 拆除清理费。

1.5 预备费和建设期利息的计算

◆ 1.5.1 预备费

26. 下列属于基本预备费的支出范围的是（　　）。【2020】

　　A. 超规超限的设备运输费用

　　B. 人工、材料、施工机具的价差费

　　C. 建设期内利率调整增加费

　　D. 未明确项目的准备金

27. 某建设项目工程费用 5000 万元，工程建设其他费用 1000 万元，基本预备费费率为 8%，年均投资价格上涨率 5%，建设期 2 年，计划每年完成投资 50%，则该项目建设期第二年价差预备费应为（　　　）万元。【2018】

　　A. 160.02　　　　　　B. 227.79　　　　　　C. 246.01　　　　　　D. 326.02

◆ 1.5.2　建设期利息

28. 某建设项目建设期为三年，各年分别获得贷款 2000 万元、4000 万元和 2000 万元，贷款分年度均衡发放，年利率为 6%，建设期利息只计息不支付，则建设期第三年应计贷款利息为（　　　）万元。

　　A. 420.016　　　　　　　　　　　B. 434.616

　　C. 438.216　　　　　　　　　　　D. 467.216

29. 关于建设期贷款利息计算公式 $q_j = (P_{j-1} + 1/2A_j) \times i$ 的应用，下列说法正确的是（　　　）。【2023】

　　A. 仅适用于贷款在年中一次性发放的情况

　　B. P_{j-1} 为建设期第 $(j-1)$ 年末累计贷款本金

　　C. A_j 为建设期第 j 年贷款金额和利息之和

　　D. 利用国外贷款的年利率 i 中应综合考虑贷款手续费、承诺费等

参考答案及解析

◆ 1.5.1　预备费

26.【答案】A

【解析】基本预备费一般由以下四部分构成：①工程变更及洽商；②一般自然灾害处理；③不可预见的地下障碍物处理的费用；④超规超限设备运输增加的费用。

27.【答案】C

【解析】基本预备费 = (5000 + 1000) × 8% = 480（万元）

静态投资 = 5000 + 1000 + 480 = 6480（万元）

第二年完成投资 = 6480 × 50% = 3240（万元）

第二年价差预备费为：

$PF_2 = 3240 \times \left[(1+5\%)^{0.5}(1+5\%)^{2-1} - 1\right] = 246.01$（万元）

◆ 1.5.2　建设期利息

28.【答案】C

【解析】在建设期，各年利息计算如下：

第一年：$q_1 = (1/2 \times 2000) \times 6\% = 60$（万元）

第二年：$q_2 = (2000 + 60 + 1/2 \times 4000) \times 6\% = 243.6$（万元）

第三年：$q_3 = (2060 + 4000 + 243.6 + 1/2 \times 2000) \times 6\% = 438.216$（万元）

29.【答案】D

【解析】建设期利息的计算，根据建设期资金用款计划，在总贷款分年均衡发放前提下，可按当年借款在年中支用考虑，即当年借款按半年计息，上年借款按全年计息。利用国外贷款的利息计算中，年利率应综合考虑贷款协议中向贷款方收的手续费、管理费、承诺费，以及国内代理机构向贷款方取的转贷费、担保费和管理费等。

第 2 章　建设工程计价原理、方法及依据

考情概述： 本章主要考查的建设工程计价原理、方法及依据的相关知识，知识点多，但整体难度不高，历年考试约占 25 分，分值占比最大，新教材的变动集中在第 1、2 节，要重点关注。建议考生在了解了定额计价和清单计价两大计价体系后，把第 1 节中的工程定额体系与第 5 节工程计价定额的编制，第 2 节工程量清单计价方法与第 1 章第 3 节按造价形成划分建筑安装工程费部分内容联系起来，进行理论的梳理，注意学会对比总结，在理解的基础上加深记忆。本章的计算题较多但不难，涉及第 3 节"建筑安装工程人工、材料和施工机具台班消耗量的确定"、第 4 节"建筑安装工程人工、材料和施工机具台班单价的确定"、第 6 节中的"工程造价指标"和"工程造价指数"，建议考生多做练习，提高计算准确度。

考点预测：

章节名称	重要程度
工程计价基本程序	★★★
工程定额体系	★★★★★
施工发承包模式下的标准工程量清单	★★★★★
工程总承包模式下的项目清单	★★★★
模拟工程量清单	★★
施工过程分解及工时研究	★★
确定人工定额消耗量的基本方法	★★★★★
确定材料定额消耗量的基本方法	★★★★★
确定施工机具台班定额消耗量的基本方法	★★★★
人工日工资单价的组成和确定方法	★★★★
材料单价的组成和确定方法	★★★★★
施工机械台班单价的组成和确定方法	★★★★★
施工仪器仪表台班单价的组成和确定方法	★★★
工程计价定额的编制	★★★★
工程计价信息及其主要内容	★★
工程造价指标的编制及使用	★★★★★
工程造价指数及其编制	★★★★★

2.1　工程计价原理

◆ 2.1.1　工程计价的含义（无题目）

◆ 2.1.2　工程计价基本原理

1. 当建设项目没有具体的图样和工程量清单时，匡算其投资应利用（　　）。【2024】

A. 产出函数　　　　B. 扩大单价指标　　　C. 单项概算指标　　　D. 模拟工程量清单

2. 关于建设工程的分部组合计价，下列说法正确的是（　　　）。【2017】

　　A. 适用于没有具体图样和工程量清单的建设项目计价

　　B. 要求将建设项目细分到最基本的构造单元

　　C. 是利用产出函数进行计价

　　D. 具有自上而下、由粗到细的计价组合特点

3. 关于工程造价的分部组合计价原理，下列说法正确的是（　　　）。【2018】

　　A. 分部分项工程费＝基本构造单元工程量×工料单价

　　B. 工料单价指人工、材料和施工机械台班单价

　　C. 基本构造单元是由分部工程适当组合形成

　　D. 工程总价是按规定程序和方法逐级汇总形成的工程造价

◆ 2.1.3　工程计价依据

4. 《工程造价咨询企业服务清单》CCEA/GC—11 属于工程造价管理体系中的（　　　）。
【2022 补】

　　A. 基础标准　　　　　　　　　　　　B. 质量管理标准

　　C. 团体标准与操作规程　　　　　　　D. 管理规范

◆ 2.1.4　工程计价基本程序

5. 关于工程量清单计价，下列表达式正确的是（　　　）。

　　A. 分部分项工程费＝∑（分部分项工程量×相应分部分项的工料单价）

　　B. 措施项目费＝∑（措施项目工程量×相应的工料单价）

　　C. 其他项目费＝暂列金额＋材料设备暂估价＋计日工＋总承包服务费

　　D. 单位工程造价＝分部分项工程费＋措施项目费＋其他项目费＋增值税

◆ 2.1.5　工程定额体系

6. 下列定额中，项目划分最细的计价定额是（　　　）。【2017】

　　A. 材料消耗定额　　　B. 劳动定额　　　　　C. 预算定额　　　　　D. 概算定额

7. 关于工程定额的说法中，正确的有（　　　）。

　　A. 人工定额与机械消耗定额的主要表现形式是时间定额

　　B. 概算指标是以概算定额为基础进行编制的

　　C. 概算指标可用来编制扩大初步设计概算

　　D. 工程定额按专业可分为建筑工程定额和设备及安装工程定额

8. 关于工程计价原理与依据，下列说法正确的有（　　　）。【2023】

　　A. 项目的造价与建设规模大小呈线性关系

　　B. 工程计价的基本原理是项目的分解和价格的组合

　　C. 工程计价可分为工程计量和套用单价两个环节

　　D. 定额计价与工程量清单计价的主要区别之一是风险分担方式不同

　　E. 时间定额与产量定额互为倒数

参考答案及解析

◆ 2.1.2　工程计价基本原理

1.【答案】 A

【解析】 当一个建设项目还没有具体的图样和工程是清单时，需要利用产出函数对建设项目投资进行匡算。

2.【答案】 B

【解析】 利用函数关系对拟建项目的造价进行类比匡算，当一个建设项目还没有具体的图样和工程量清单时，需要利用产出函数对建设项目投资进行匡算。A、C 选项错误。分部组合计价是自上而下进行分解，然后自下而上进行汇总，D 选项错误。

3.【答案】 D

【解析】 A 选项错误。分部分项工程费使用综合单价。

B 选项错误。工料单价中包括消耗量和单价的乘积，不是仅有人材机的单价（机为机具使用费）。

C 选项错误。基本构造单元将分项工程进一步分解或适当组合形成，不是分部工程。

◆ 2.1.3　工程计价依据

4.【答案】 C

【解析】《工程造价咨询企业服务清单》CCEA/GC—11，属于团体标准与操作规程。

◆ 2.1.4　工程计价基本程序

5.【答案】 D

【解析】 分部分项工程费 = $\sum$(分部分项工程量 × 相应分部分项工程综合单价)；措施项目费 = $\sum$ 各措施项目费；其他项目费 = 暂列金额 + 专业工程暂估价 + 计日工 + 总承包服务费；单位工程造价 = 分部分项工程费 + 措施项目费 + 其他项目费 + 增值税。

◆ 2.1.5　工程定额体系

6.【答案】 C

【解析】 项目划分最细的计价定额是预算定额。

7.【答案】 A

【解析】 工程定额按专业可分为建筑工程定额和安装工程定额，D 选项错误。

概算指标可用来编制初步设计概算，C 选项错误。

概算指标是概算定额的扩大与合并，以更为扩大的计量单位来编制的。B 错误。

8.【答案】 BDE

【解析】 A 选项错误，利用函数关系对拟建项目的造价进行类比匡算。B 选项正确，工程计价的基本原理是项目的分解和价格的组合。C 选项错误，工程计价可分为工程计量和工程组价两个环节。D 选项正确，定额计价与工程量清单计价的区别：①造价形成机制不同；②风险分担方式不同；③计价的目的不同。E 选项正确，时间定额与产量定额互为倒数。

2.2 工程量清单计价方法

◆ 2.2.1 工程量清单计价原理

9. 工程量清单计价的作用有（　　　）。
    A. 提供一个平等的竞争条件
    B. 满足市场经济条件下竞争的需求
    C. 有利于承包人对成本的控制
    D. 有利于提高工程计价效率，真正实现快速报价
    E. 有利于工程款的拨付和工程价款的最终结算

◆ 2.2.2 施工发承包模式下的标准工程量清单

10. 关于标准工程量清单的编制和适用范围正确的是（　　　）。
    A. 设计及以后各阶段
    B. 招标工程量清单的完整性和准确性由编制人负责
    C. 使用财政资金的建设工程，应按国家及行业工程量计算标准编制工程量清单，采用工程量清单计价
    D. 国家特许经营的项目可以不采用清单计价

11. 施工发承包模式下的标准工程量清单中，清单计价的风险由发包人承担的是（　　　）。
    A. 承包人自行暂缓施工
    B. 承包人因自身原因引起的赶工
    C. 单价合同中，分部分项工程项目清单中除按项计价的项目外工程量清单的缺陷
    D. 总价合同中的措施项目清单的缺陷

12. 施工发承包模式下的标准工程量清单中，清单计价的风险由承包人承担的是（　　　）。
    A. 发包人批准的工程变更
    B. 法律法规与政策性变化
    C. 超出招标文件规定承包人应承担的风险范围
    D. 措施项目清单的准确性和完整性

13. 按项编制的措施项目清单的完整性及准确性，（　　　）。
    A. 单价合同的工程，由发包人负责
    B. 总价合同的工程，由发包人负责
    C. 无论是采用单价合同或总价合同，均由发包人负责
    D. 无论是采用单价合同或总价合同，均由承包人负责

◆ 2.2.3　工程总承包模式下的项目清单

14. 可行性研究或方案设计后的项目清单中，项目清单编码通常是四级编码，第三级为（　　）。

    A. 专业工程分类码

    B. 房屋（市政、轨道交通工程）类型分类码

    C. 单位工程分类码

    D. 可行性研究或方案设计后自编码

15. 初步设计后项目清单，项目清单编码的第五级为（　　）。

    A. 房屋（市政、轨道交通工程）类型分类码

    B. 可行性研究或方案设计后自编码

    C. 扩大分项分类码

    D. 扩大分部分类码

◆ 2.2.4　模拟工程量清单

16. 关于模拟工程量清单，说法不正确的是（　　）。

    A. 实质上是在工程设计图没有或不完备的情况下标准工程量清单的替代方式

    B. 与现行标准工程量清单最大的不同点在于编制原则不同

    C. 模拟工程量清单主要用于施工发承包

    D. 基于初步设计相关成果文件，参照类似工程而进行"提前"计价的工程量清单计价模式

参考答案及解析

◆ 2.2.1　工程量清单计价原理

9.【答案】ABDE

【解析】（1）提供一个平等的竞争条件；

（2）满足市场经济条件下竞争的需要；

（3）有利于提高工程计价效率，真正实现快速报价；

（4）有利于工程款的拨付和工程价款的最终结算；

（5）有利于业主对投资的控制。

◆ 2.2.2　施工发承包模式下的标准工程量清单

10.【答案】C

【解析】A 选项错误，适用于建设工程施工发承包及实施阶段的计价活动；B 选项错误，依据新教材，采用单价合同的工程，分部分项工程项目清单的准确性、完整性应由发包人负责；采用总价合同的工程，已标价分部分项工程项目清单的准确性、完整性应由承包人负责。建设工程无论是采用单价合同或总价合同，按项编制的措施项目清单的完整性及准确

性均应由承包人负责；D 选项错误，使用财政资金或国有资金投资的建设工程，应按国家及行业工程量计算标准编制工程量清单，采用工程量清单计价。

11.【答案】C

　　【解析】A、B、D 属于承包人承担的风险。

12.【答案】D

　　【解析】A、B、C 属于发包人承担的风险。

13.【答案】D

　　【解析】建设工程无论是采用单价合同或总价合同，按项编制的措施项目清单的完整性及准确性均应由承包人负责。

◆ 2.2.3　工程总承包模式下的项目清单

14.【答案】C

　　【解析】第三级为单位工程分类码，由两位阿拉伯数字组成。

15.【答案】D

　　【解析】第五级为扩大分部分类码，由两位阿拉伯数字组成。

◆ 2.2.4　模拟工程量清单

16.【答案】B

　　【解析】与现行标准工程量清单最大的不同点在于编制基础不同。

2.3　建筑安装工程人工、材料和施工机具台班消耗量的确定

◆ 2.3.1　施工过程分解及工时研究

17. 根据施工过程组织上的复杂程度，施工过程可以分为（　　）。【2024】

　　A. 工序、工作过程和综合工作过程

　　B. 循环施工过程和非循环施工过程

　　C. 手动过程、机动过程和半自动化过程

　　D. 工艺过程、搬运过程和检验过程

18. 根据施工过程工时研究结果，与工人所担负的工作量大小无关的必需消耗时间是（　　）。【2015】

　　A. 基本工作时间　　　　　　　　　　B. 辅助工作时间

　　C. 准备与结束工作时间　　　　　　　D. 多余工作时间

19. 下列工作时间中，虽属于损失时间但在拟定定额时可以适当考虑的是（　　）。【2023】

　　A. 抹灰工修补偶然遗留墙洞的时间

　　B. 工人熟悉图纸的时间

  C. 工序完成后清理场地的时间

  D. 工人喝水时间

20. 下列施工机械消耗时间，应计入施工机具台班消耗量的有（　　　）。【2023】

  A. 筑路机在工作区末端掉头的时间

  B. 暴雨时压路机的停工时间

  C. 操作工人短暂休息的停机时间

  D. 汽车装货时的停车时间

  E. 甲方材料供应不及时引起的停机时间

◆ 2.3.2　确定人工定额消耗量的基本方法

21. 计时观察法测定的数据显示，完成 $10m^3$ 某现浇混凝土工程需基本工作时间 8 小时，辅助工作时间占工序作业时间的 8%，准备与结束工作时间、不可避免的中断时间、休息时间、损失时间分别占工作日的 5%、2%、18%、6%。则该混凝土工程的时间定额是（　　　）工日/$10m^3$。【2019】

  A. 1.44   B. 1.45   C. 1.56   D. 1.64

22. 用规格 240mm × 115mm × 53mm 标准砖砌筑一砖厚的墙，其工作由砌砖和勾缝两部分组成。通过计时观察法统计，砌砖的基本工作时间为 160min/m^3，砂浆勾缝的基本工作时间为 10min/m^2，辅助工作时间占工序作业时间的 5%，规范时间占工作日的 20%，工作日按照 8 小时，求砌筑 $1m^3$ 该砖墙（含勾缝）的时间定额是（　　　）工日/m^3。【2024】

  A. 0.553   B. 0.592   C. 0.673   D. 0.677

◆ 2.3.3　确定材料定额消耗量的基本方法

23. 某一砖半厚混水墙，采用规格为 240mm × 115mm × 53mm 的烧结煤矸石普通砖砌筑，灰浆厚度为 10mm，每 $10m^3$ 该种墙体砖的净用量为（　　　）千块。【2021】

  A. 5.148   B. 5.219   C. 6.374   D. 6.462

24. 用规格为 290mm × 240mm × 190mm 的烧结空心砌块砌筑 240mm 厚墙体，灰缝宽度为 10mm，砌块损耗率为 1%，则每 $10m^3$ 该种砌体空心砌块的消耗量为（　　　）m^3。【2022】

  A. 8.90   B. 9.18   C. 9.28   D. 10.10

25. 用水泥砂浆贴 200mm × 150mm × 5mm 瓷砖墙面，结合层厚度为 10mm，灰缝宽度为 2mm，假设水泥砂浆的损耗率为 1%，则每 $100m^2$ 该墙面的水泥砂浆的消耗量是（　　　）m^3。

  A. 0.012   B. 0.010   C. 1.022   D. 1.042

◆ 2.3.4　确定施工机具台班定额消耗量的基本方法

26. 某型号施工机械循环作业一次，各循环组成部分的正常延续时间分别为 3min、5min、4min、2min，交叠时间为 2min，一次循环的产量为 $2m^3$，机械时间利用系数为 0.9，则该机械的产量定额为（　　　）m^3/台班。【2022】

  A. 36   B. 80   C. 54   D. 72

参考答案及解析

◆ 2.3.1　施工过程分解及工时研究

17.【答案】A
　　【解析】根据施工过程组织上的复杂程度，施工过程可以分解为工序、工作过程和综合工作过程。

18.【答案】C
　　【解析】有效工作时间是从生产效果来看与产品生产直接有关的时间消耗。其中包括基本工作时间、辅助工作时间、准备与结束工作时间的消耗。
　　①基本工作时间的长短和工作量大小成正比例；
　　②辅助工作一般是手工操作。辅助工作时间长短与工作量大小有关；
　　③准备与结束工作时间如熟悉图纸、准备相应的工具、事后清理场地等。准备与结束的工作时间与所担负的工作量大小无关，往往和工作内容有关。

19.【答案】A
　　【解析】多余工作是工人进行了任务以外而又不能增加产品数量的工作，如重新施工质量不合格的工程多余工作的工时损失，一般是由于工程技术人员和工人的差错而引起的，因此，不应计入定额时间中。偶然工作也是工人在任务外进行的工作，但能够获得一定产品，如抹灰工不得不补上偶然遗留的墙洞等，由于偶然工作能获得一定产品，拟定定额时要适当考虑它的影响。

20.【答案】ABCD
　　【解析】B、E选项属于损失时间，但B是"非施工本身造成停工"，因此定额适当考虑；E不计入施工机具台班消耗量。

◆ 2.3.2　确定人工定额消耗量的基本方法

21.【答案】B
　　【解析】损失时间不能考虑在时间定额中。8小时 = 1 个工日，工序作业时间：$1/(1 - 8\%) = 1.087$（工日/10m³）。时间定额 = $1.087/(1 - 5\% - 2\% - 18\%) = 1.45$（工日/10m³）。

22.【答案】A
　　【解析】每立方米勾缝时间 = $1/0.24 \times 10 = 41.7$（min/m³）；
砌墙基本工作时间 = $(160 + 41.7)/60/8 = 0.420$（工日/m³）；
工序作业时间 = $0.420/(1 - 5\%) = 0.442$（工日/m³）；
砌墙时间定额 = $0.442/(1 - 20\%) = 0.553$（工日/m³）。

◆ 2.3.3　确定材料定额消耗量的基本方法

23.【答案】B
　　【解析】1m³一砖半墙砖净用量。

$1 \div [\,0.365 \times (0.24 + 0.01) \times (0.053 + 0.01)\,] \times 1.5 \times 2 = 521.9$（块），$10m^3$ 所需块数 $=$ 5219 块，即 5.219 千块。

24.【答案】C

【解析】$1m^3$ 砖除以厚度 0.24 得面积 $4.17m^2$，$4.17m^2$ 上可以砌$4.17 \div [\,(0.29 + 0.01) \times (0.19 + 0.01)\,] = 69.5$（块），$69.5 \times 1.01 = 70.2\dot{0}$（块）。即每立方米消耗 70.20 块砖，70.20 块砖的体积为$70.20 \times (0.29 \times 0.24 \times 0.19) = 0.928$（$m^3$），每 $10m^3$ 墙消耗量为 $9.28m^3$。

$1/0.24/[(0.29 + 0.01) \times (0.19 + 0.01)] = 69.44$（块），$69.44 \times 1.01 = 70.134$（块），每立方米消耗 70.134 块砖，$70.134 \times (0.29 \times 0.24 \times 0.19) = 0.9275$（$m^3$）。每 $10m^3$ 墙消耗为 $9.275m^3$。

25.【答案】C

【解析】每 $100m^2$ 瓷砖墙面中瓷砖净用量
$= 100/[(0.2 + 0.002) \times (0.15 + 0.002)] = 3256.90$（块）
灰缝砂浆净用量 $= [100 - (3256.90 \times 0.2 \times 0.15)] \times 0.005 = 0.0115$（$m^3$）
结合层砂浆净用量 $= 100 \times 0.01 = 1$（m^3）
水泥砂浆的消耗量 $= (1 + 0.0115) \times (1 + 1\%) = 1.0216 \approx 1.022$（$m^3$）

◆ 2.3.4　确定施工机具台班定额消耗量的基本方法

26.【答案】D

【解析】一次循环正常延续时间 $= 3 + 5 + 4 + 2 - 2 = 12$（min）
纯工作 1h 循环次数 $= 60/12 = 5$（次）
纯工作 1h 正常生产率 $= 5 \times 2 = 10$（m^3）
产量定额 $= 10 \times 8 \times 0.9 = 72$（$m^3$/台班）。

2.4　建筑安装工程人工、材料和施工机具台班单价的确定

◆ 2.4.1　人工工日单价的组成和确定方法

27.下列费用项目中，应计入人工工日单价的有（　　　）。
　　A. 计件工资　　　　　　　　　　B. 劳动竞赛奖金
　　C. 劳动保护费　　　　　　　　　D. 流动施工津贴
　　E. 差旅交通费

◆ 2.4.2　材料单价的组成和确定方法

28.某材料从两地采购，采购量分别是 600t 和 400t。采购价（含税）分别为 500 元/t 和 550 元/t。运杂费（含税）分别为 20 元/t 和 25 元/t,运输损耗费费率、采购与仓储保管费费率为 0.5%、3%,采用"一票制"支付方式，增值税税率为 13%。则该材料的预算单价（不含税）为（　　　）元/t。【2022】
　　A. 488.04　　　　　　　　　　　B. 488.11
　　C. 496.43　　　　　　　　　　　D. 496.51

29. 某建设项目通过两个途径采购某建材，已知含税原价（适用 13%增值税税率）、含税运杂费（适用 9%增值税税率）。如下表所示，运输损耗、采购保管费费率均按 3%考虑，材料采用两票制支付方式，则该材料的不含税单价应是（　　　）元/t。【2024】

采购处	采购量/t	含税原价/（元/t）	含税运杂费/（元/t）
来源一	300	860	40
来源二	700	820	30

　　A. 789.54　　　　B. 813.24　　　　C. 854.11　　　　D. 956.55

◆ **2.4.3　施工机械台班单价的组成和确定方法**

30. 下列费用中，不计入机械台班单价而需要单独列项计算的有（　　　）。【2019】
　　A. 安拆简单、移动需要起重及运输机械的轻型施工机械的安拆费及场外运费
　　B. 安拆复杂、移动需要起重及运输机械的重型施工机械的安拆费及场外运费
　　C. 利用辅助设施移动的施工机械的辅助设施相关费用
　　D. 不需相关机械辅助运输的自行移动机械的场外运费
　　E. 固定在车间的施工机械的安拆费及场外运费

31. 某土方开挖工程量清单为 10000m³，经计算需要 6 台反铲挖掘机并配 5 名辅助人员，施工天数 10 天。若每台挖机租赁费为 1800 元/天（不含机上人工和柴油费），每台挖掘机配备司机 1 名，机上工人费 400 元/天，柴油费用 200 元/天，辅助人员每人工费 300 元/天；不考虑增值税的影响，该土方开挖工程的人工费、施工机具使用费分别是（　　　）元/m³。【2024】

　　A. 1.5，14.4　　　B. 1.5，13.2　　　C. 1.2，14.4　　　D. 1.2，13.2

◆ **2.4.4　施工仪器仪表台班单价的组成和确定方法**

32. 下列费用项目中，构成施工仪器仪表台班单价的有（　　　）。【2017】
　　A. 折旧费　　　　B. 检修费　　　　C. 维护费
　　D. 人工费　　　　E. 校验费

参考答案及解析

◆ 2.4.1　人工工日单价的组成和确定方法

27.【答案】ABCD
　　【解析】人工工日单价由计时工资或计件工资、奖金、津贴补贴、加班加点工资、特殊情况下支付的工资、社会保险费、住房公积金、劳动保护费、职工福利费、工会经费、职工教育经费组成。E 属于企业管理费。

◆ 2.4.2　材料单价的组成和确定方法

28.【答案】D

【解析】由于采用"一票制"，所以材料单价为：

$[600 \times (500 + 20)/1.13 + 400 \times (550 + 25)/1.13] \times 1.005 \times 1.03/(600 + 400) = 496.51$（元/t）。

29.【答案】B

【解析】来源一：不含税原价 $= 860/(1 + 13\%) = 761.06$（元/t）

来源一：不含税运杂费 $= 40/(1 + 9\%) = 36.70$（元/t）

来源二：不含税原价 $= 820/(1 + 13\%) = 725.66$（元/t）

来源二：不含税运杂费 $= 30/(1 + 9\%) = 27.52$（元/t）

材料的不含税单价 $= [(761.06 + 36.70) \times 300 + (725.66 + 27.52) \times 700]/(300 + 700) \times (1 + 3\%) \times (1 + 3\%) = 766.551 \times (1 + 3\%) \times (1 + 3\%) = 789.54 \times (1 + 3\%) = 813.24$（元/t）。

◆ 2.4.3　施工机械台班单价的组成和确定方法

30.【答案】BC

【解析】单独计算的情况：①安拆复杂、移动需要起重及运输机械的重型施工机械，其安拆费及场外运费单独计算；②利用辅助设施移动的施工机械，其辅助设施（包括轨道和枕木等）的折旧、搭设和拆除等费用可单独计算。

31.【答案】A

【解析】人工费 $= 5 \times 300 \times 10/10000 = 1.5$（元/m³）；

施工机具使用费：租赁费 $= 1800 \times 6 \times 10/10000 = 10.8$（元/m³）；

机上人工费 $= 400 \times 6 \times 10/10000 = 2.4$（元/m³）；

柴油费 $= 200 \times 6 \times 10/10000 = 1.2$（元/m³）；

合计 $= 10.8 + 2.4 + 1.2 = 14.4$（元/m³）。

◆ 2.4.4　施工仪器仪表台班单价的组成和确定方法

32.【答案】ACE

【解析】施工仪器仪表台班单价由四项费用组成，包括折旧费、维护费、校验费、动力费。

2.5　工程计价定额的编制

◆ 2.5.1　预算定额及其基价编制

33. 确定预算定额人工工日消耗量过程中，应计入其他用工的有（　　）。【2017】

A. 材料二次搬运用工

B. 电焊点火用工

C. 按劳动定额规定应增（减）计算的用工

D. 临时水电线路移动造成的停工

E. 完成某一分项工程所需消耗的技术工种用工

34. 已知劳动定额给定某桩基项目的基本用工为 0.80 工日/t，超运距用工为 0.04 工日/t，辅助用工为 0.1 工日/t，若人工幅度差按 15%计算，基于劳动定额编制该项目的预算定额人工工日消耗量是（　　）工日/t。

    A. 0.961　　　　　　B. 1.060　　　　　　C. 1.081　　　　　　D. 1.112

◆ 2.5.2　概算定额及其基价编制

35. 概算定额与预算定额的差异主要表现在（　　）的不同。【2017】

    A. 项目划分　　　　　　　　　　　B. 主要工程内容

    C. 主要表达方式　　　　　　　　　D. 基本使用方法

◆ 2.5.3　概算指标及其编制

36. 关于工程计价定额的概算指标，下列说法正确的是（　　）。【2018】

    A. 概算指标通常以分部工程为对象

    B. 概算指标中各种消耗量指标的确定，主要来自预算或结算资料

    C. 概算指标的组成内容一般分为列表形式和必要的附录两部分

    D. 概算指标的使用及调整方法，一般在附录中说明

37. 概算指标列表构成包括的内容有（　　）。【2021】

    A. 示意图　　　　　　　　　　　　B. 工程总说明

    C. 人材机消耗量指标　　　　　　　D. 工程量指标

    E. 总投资指标

◆ 2.5.4　投资估算指标及其编制

38. 关于投资估算指标，下列说法正确的有（　　）。【2020】

    A. 以独立的建设项目、单项工程或单位工程为对象

    B. 费用和消耗量指标主要来自概算指标

    C. 一般分为建设项目综合指标、单项工程指标和单位工程指标三个层次

    D. 单位工程指标一般以单位生产能力投资表示

    E. 建设项目综合指标表示的是建设项目的静态投资指标

参考答案及解析

◆ 2.5.1　预算定额及其基价编制

33.【答案】BD

【解析】

    其他用工是辅助基本用工消耗的工日，包括超运距用工、辅助用工和人工幅度差用工。C 选项和 E 选项属于基本用工。A 选项不属于定额人工工日消耗量要考虑的内容。

34.【答案】C

【解析】预算定额人工工日消耗量 = (0.8 + 0.04 + 0.1) × (1 + 15%) = 1.081（工日/t）。

◆ 2.5.2　概算定额及其基价编制

35.【答案】A

【解析】概算定额与预算定额的不同之处，在于项目划分和综合扩大程度上的差异，同时，概算定额主要用于设计概算的编制。

◆ 2.5.3　概算指标及其编制

36.【答案】B

【解析】概算指标是以单位工程为对象。

概算指标的组成内容一般分为文字说明和列表形式两部分，以及必要的附录。

总说明和分册说明，其内容一般包括：概算指标的编制范围、编制依据、分册情况、指标包括的内容、指标未包括的内容、指标的使用方法、指标允许调整的范围及调整方法等。

37.【答案】AD

【解析】总体来讲列表形式分为以下四个部分：①示意图；②工程特征；③经济指标；④构造内容及工程量指标，说明该工程项目的构造内容和相应计算单位的工程量指标及人工、材料消耗指标。

◆ 2.5.4　投资估算指标及其编制

38.【答案】AC

【解析】A 选项正确：投资估算指标以独立的建设项目、单项工程或单位工程为对象。

B 选项错误：投资估算指标往往根据已经建成或正在建设的预、决算资料和价格变动等资料编制。

C 选项正确：内容因行业不同而各异，一般可分为建设项目综合指标、单项工程指标和单位工程指标三个层次。

D 选项错误：单位工程指标按规定应列入能独立设计、施工的工程项目的费用，即建筑安装工程费用。单位工程指标一般以如下方式表示：房屋区别不同结构形式以"元/m²"表示，道路区别不同结构层、面层以"元/m²"表示；水塔区别不同结构层、容积以"元/座"表示；管道区别不同材质、管径以"元/m"表示。

E 选项错误：建设项目综合指标一般以项目的综合生产能力单位投资表示。建设项目综合指标表示的是建设项目的总投资。

2.6　工程计价信息及其应用

◆ 2.6.1　工程计价信息及其主要内容

39.某类建筑材料本身的价格不高，但所需的运输费用却很高，该类建筑材料的价格信息一般具有较明显的（　　）。【2015】

A. 专业性　　　　B. 季节性　　　　C. 区域性　　　　D. 动态性

◆ 2.6.2　工程造价指标的编制及使用

40. 现有 30 个某类建设工程造价数据，随机抽取 7 个项目的造价及相关数据如下表所示。采用数据统计法测算该类工程造价指标是（　　　）元/m²。【2022】

项目编号	1	2	3	4	5	6	7
造价数据（单方造价元/m²）	2000	1800	1900	1850	2050	2200	1950
建设规模（建筑面积 m²）	10 万	50 万	10 万	20 万	30 万	50 万	30 万

A. 1980　　　　B. 1960　　　　C. 1870　　　　D. 2069

41. 根据《建设工程造价指标指数分类与测算标准》GB/T 51290—2018 的规定，按照用途的不同，建设工程造价指标可以分为（　　　）。【2023】

A. 投资估算、设计概算、施工图预算、工程结算和竣工决算指标

B. 工程经济指标、工程量指标、工料价格与消耗量指标

C. 建设项目总投资指标和建设项目投资明细指标

D. 人材机市场价格指标、单项工程造价指标和建设工程造价综合指标

◆ 2.6.3　工程造价指数及其编制

42. 关于造价指数的计算，下列表达式正确的是（　　　）。【2019】

A. 材料费价格指数 = $\sum$(同期各种材料单价 × 各种材料费用/所有材料费用之和)

B. 单位工程价格指数 = $\sum$(同期各分部工程价格指数 × 各分部工程费用/单位工程费用)

C. 单项工程造价指数 = 报告期单项工程造价指标/基期单项工程造价指标

D. 建设工程造价综合指数 = 报告期建程造价综合指标/基期建设工程造价综合指标

43. 2020 年某水泥厂建设工程的建筑安装工程造价为 7.31 亿元。其中：矿山工程造价为 7800 万元，定额编制期同类项目的矿山工程造价为 6000 万元。该水泥厂建设工程造价综合指数为 1.20。则该矿山工程的造价指数是（　　　）。【2020】

A. 1.30　　　　B. 0.77　　　　C. 0.92　　　　D. 1.56

44. 已知某地区 2024 年上半年新建医院的住院楼、易染楼、考研楼、通道、其他建筑的基期、报告期造价指标及总投资额如下表所示，该地区新建医院的报告期造价综合指数是（　　　）。

类别	住院楼	易染楼	考研楼	通道	其他建筑
基期造价指标（元/m²）	4800	4500	5200	4200	4100
报告期造价指标（元/m²）	4900	4600	5400	4350	4000
报告期总投资（亿元）	2.8	2.2	2.5	2	0.5

A. 0.975　　　　B. 1.020　　　　C. 1.026　　　　D. 1.027

参考答案及解析

◆ 2.6.1　工程计价信息及其主要内容

39.【答案】C

【解析】（1）区域性。

建筑材料大多重量大、体积大、产地远离消费地点，因而运输量大，费用也较高。尤其不少建筑材料本身的价值或生产价格并不高，但所需要的运输费用却很高，这都在客观上要求尽可能就近使用建筑材料。因此，这类建筑信息的交换和流通往往限制在一定的区域内。

◆ 2.6.2　工程造价指标的编制及使用

40.【答案】B

【解析】去掉一个最高 6 号和一个最低 2 号后加权平均计算如下：$(2000 \times 10 + 1900 \times 10 + 1850 \times 20 + 2050 \times 30 + 1950 \times 30) \div (10 + 10 + 20 + 30 + 30) = 1960$。

41.【答案】B

【解析】按照用途的不同，建设工程造价指标可以分为工程经济指标、工程量指标、工料价格与消耗量指标。

◆ 2.6.3　工程造价指数及其编制

42.【答案】C

【解析】1. 工料机市场价格指数的编制

人工费（材料费、施工机具使用费）价格指数 $= \dfrac{P_1}{P_0} = \dfrac{\text{报告期人工日工资单价(材料价格、施工机具台班单价)}}{\text{基期人工日工资单价(材料价格、施工机具台班单价)}}$

2. 单项工程造价指数

单项工程造价指数 $= \dfrac{P_1}{P_0} = \dfrac{\text{报告期单项工程造价指标}}{\text{基期单项工程造价指标}}$

3. 建设工程造价综合指数的编制

建设工程造价综合指数 $= \dfrac{A_1 \times X_1 + A_2 \times X_2 + \cdots + A_n \times X_n}{X_1 + X_2 + \cdots + X_n} = \dfrac{\sum \text{造价指数} \times \text{投资额}}{\text{总投资额}}$

43.【答案】A

【解析】工程造价指数是一定时期的建设工程造价相对于某一固定时期工程造价的比值，以某一设定值为参照得出的同比例数值。7800/6000 = 1.30。

44.【答案】C

【解析】该地区新建医院的报告期造价综合指数是：

$4900/4800 \times 2.8 + 4600/4500 \times 2.2 + 5400/5200 \times 2.5 + 4350/4200 \times 2 + 4000/4100 \times 0.5/(2.8 + 2.2 + 2.5 + 2 + 0.5) = 1.0263$。

第3章　建设项目决策和设计阶段工程造价的预测

考情概述： 本章主要考查的是在建设项目前期对工程造价预测的相关知识，知识点较多，历年考试约占 14 分，分值占比平均，新教材在这章整体变化很小，另外注意部分计算公式中增值税的增加。共三节，分别介绍投资估算、设计概算和施工图预算，前两节考核分值较高。第 1 节 "流动资金的估算" 涉及财务基础知识，考点难度较大，其他知识点难度不高。第 1 节投资估算的编制方法中生产能力指数法、系数估算法、比例估算法、指标估算法等与案例第 1 章的内容有关联，也是计价考试中的重点。建议考生在了解各考点后，对估算、概算及施工图预算的编制方法做好对比总结，部分方法还要会计算。

考点预测：

章节名称	重要程度
项目决策阶段影响工程造价的主要因素	★★★★
投资估算的概念及其编制内容	★★
投资估算的编制	★★★★★
设计阶段影响工程造价的主要因素	★★★★
设计概算的概念及其编制内容	★★
设计概算的编制	★★★★
施工图预算的概念及其编制内容	★★
施工图预算的编制	★★★★★

3.1 投资估算

◆ 3.1.1 项目决策阶段影响工程造价的主要因素

1. 确定项目建设规模时，应该考虑的首要因素是（　　）。【2020】

　　A. 生产技术因素　　B. 产品需求市场　　C. 管理技术因素　　D. 环境因素

2. 对于技术密集型建设项目，选择建设地区应遵循的原则是（　　）。【2014】

　　A. 选择在大中型发达城市　　　　　　B. 靠近原料产地

　　C. 靠近产品消费地　　　　　　　　　D. 靠近电（能）源地

3. 在进行建设厂址多方案全寿命周期技术经济分析时，应计入项目投产后生产经营费用的是（　　）。【2019】

　　A. 拆迁补偿费　　B. 生活设施费　　C. 动力设施费　　D. 原材料运输费

4. 在项目决策阶段,环境治理方案比选中的技术水平对比,主要是比较(　　)。【2022】

　　A. 选用设备的先进性、可靠性　　　　B. 治理效果对比

　　C. 管理及监测方式对比　　　　　　　D. 环境效益对比

◆ 3.1.2　投资估算的概念及其编制内容

5. 关于项目投资估算的作用,下列说法中正确的是(　　)。【2017】

　　A. 项目建议书阶段的投资估算,是确定建设投资最高限额的依据

　　B. 可行性研究阶段的投资估算,是项目投资决策的重要依据,不得突破

　　C. 投资估算不能作为制定建设贷款计划的依据

　　D. 投资估算是核算建设项目固定资产需要额的重要依据

◆ 3.1.3　投资估算的编制

6. 某地 2023 年拟建一个年产 30 万吨工业产品项目。该地区 2020 年建成的年产 20 万吨同类产品项主要设备购置费为 6000 万元,建筑安装工程费占主要设备购置费的比例为 70%。若该地区 2020 年至 2023 年工程造价年均递增 4%,预计建设期两年内造价年均上涨率为 5%,则该项目的工程费用估算为(　　)万元(生产能力指数为 0.8)。【2023】

　　A. 13768　　　　B. 15554　　　　C. 15870　　　　D. 17497

7. 某地 2019 年拟建一座年产 40 万吨某产品的化工厂。根据调查,该地区 2017 年已建年产 30 万吨相同产品项目的建筑工程费为 4000 万元,安装工程费为 2000 万元,设备购置费为 8000 万元。已知按 2019 年该地区价格计算的拟建项目设备购置费为 9500 万元,征地拆迁等其他费用为 1000 万元,且该区 2017 年至 2019 年建筑安装工程费平均每年递增 4%,则该拟建项目的静态投资估算为(　　)万元。【2019】

　　A. 16989.6　　　　B. 17910.0　　　　C. 18206.4　　　　D. 19152.8

8. 下列各项安装工程估算费用中,可以按设备费百分比估算指标进行估算的是(　　)。【2024】

　　A. 工艺设备安装费

　　B. 工艺非标准件、金属结构和管道安装费

　　C. 工业炉窑砌筑和保温工程安装费

　　D. 电气设备及自控仪表安装费

9. 流动资产的构成要素一般包括(　　)。

　　A. 存货　　　　　　B. 库存现金　　　　　C. 应收账款

　　D. 应付账款　　　　E. 预付账款

10. 某建设项目投资估算中,项目建设管理费 2000 万元,可行性研究费 100 万元,勘察设计费 5000 万元,场地准备及临时设施费 400 万元。市政公用设施建设 2000 万元,专利权使用费 200 万元。非专利技术使用费 100 万元,生产准备 500 万元,则按形成资产法编制建设投资估算表,计入固定资产其他费、无形资产费用和其他资产费用的金额分别为(　　)。

　　A. 10000 万元、300 万元、0 万元　　　B. 9600 万元、700 万元、0 万元

　　C. 9500 万元、300 万元、500 万元　　　D. 9100 万元、700 万元、500 万元

参考答案及解析

◆ 3.1.1 项目决策阶段影响工程造价的主要因素

1.【答案】B
【解析】市场因素是项目规模确定中需考虑的首要因素。

2.【答案】A
【解析】靠近原料、燃料提供地和产品消费地的原则。
（1）对农产品、矿产品的初步加工项目，应尽可能靠近原料产地；
（2）对于能耗高的项目，如铝厂、电石厂等，宜靠近电厂；
（3）对于技术密集型的建设项目，其选址宜在大中型发达城市。

3.【答案】D
【解析】本题考查的是项目决策阶段影响工程造价的主要因素。建设地点（厂址）选择时的费用分析。在进行厂址多方案技术经济分析时，除比较上述建设地点（厂址）条件外，还应具有全寿命周期的理念，从以下两个方面进行分析：①项目投资费用，包括土地征购费、拆迁补偿费、土石方工程费、运输设施费、排水及污水处理设施费、动力设施费、生活设施费、临时设施费、建材运输费等。②项目投产后生产经营费用，包括原材料、燃料运入及产品运出费用，给水、排水、污水处理费用，动力供应费用等。

4.【答案】A
【解析】运用排除法。选项BCD与技术水平对比并列属于环境治理方案内容。

◆ 3.1.2 投资估算的概念及其编制内容

5.【答案】D
【解析】（1）项目建议书阶段的投资估算，是项目主管部门审批项目建议书的依据之一；
（2）项目可行性研究阶段的投资估算，是项目投资决策的重要依据。可行性研究报告被批准后，其投资估算额将作为设计任务书中下达的投资限额，即建设项目投资的最高限额，不能随意突破；
（3）项目投资估算可作为项目资金筹措及制订建设贷款计划的依据；
（4）项目投资估算是核算建设项目固定资产投资需要额和编制固定资产投资计划的重要依据。

◆ 3.1.3 投资估算的编制

6.【答案】C
【解析】工程费用 = $(6000 + 6000 \times 70\%) \times (30/20)^{0.8} \times (1 + 4\%)^3 = 15869.86$（万元）。

7.【答案】C
【解析】此题采用设备系数法。$9500 \times \left[1 + \frac{4000}{8000} \times (1 + 4\%)^2 + \frac{2000}{8000} \times (1 + 4\%)^2\right] + 1000 = 18206.4$（万元）。

已建工程：建筑工程费/设备购置费 $= 4000/8000 = 0.5$，

安装工程费/设备购置费 $= 2000/8000 = 0.25$，

静态投资 $= 9500 + 9500 \times (0.5 + 0.25) \times (1 + 4\%)^2 + 1000 = 18206.4$（万元）。

8.【答案】A

【解析】工艺设备安装费估算，以单项工程为单元，根据单项工程的专业特点和各种具体的投资估算指标，采用按设备费百分比估算指标进行估算；或根据单项工程设备总重，采用以"t"为单位的综合单价指标进行估算。

安装工程费 = 设备原价 × 设备安装费率 = 设备吨重 × 单位重量（t）安装费指标

9.【答案】ABCE

【解析】流动资产 = 应收账款 + 预付账款 + 存货 + 库存现金。

10.【答案】C

【解析】固定资产其他费 $= 2000 + 100 + 5000 + 400 + 2000 = 9500$（万元）；

无形资产费 $= 200 + 100 = 300$（万元）；

其他资产费 $= 500$（万元）。

3.2　设计概算

◈ 3.2.1　设计阶段影响工程造价的主要因素

11. 关于建筑设计对工业项目造价的影响，下列说法正确的有（　　）。【2018】

A. 建筑周长系数越高，单位面积造价越低

B. 单跨厂房柱间距不变，跨度越大，单位面积造价越低

C. 多跨厂房跨度不变，中跨数目越多，单位面积造价越高

D. 超高层建筑采用框架结构和剪力墙结构比较经济

E. 大中型工业厂房一般选用砌体结构来降低工程造价

12. 关于影响民用建设项目工程造价的主要因素，下列说法正确的是（　　）。【2024】

A. 加大建筑物宽度，有利于降低造价

B. 住宅层数的增加将降低工程造价

C. 圆形建筑的周长系数最小，因此其造价较矩形建筑有所降低

D. 结构面积系数越小，设计方案越经济

◈ 3.2.2　设计概算的概念及其编制内容

13. 当建设项目为一个单项工程时，其设计概算应采用的编制形式是（　　）。【2015】

A. 单位工程概算、单项工程综合概算和建设项目总概算二级

B. 单位工程概算和单项工程综合概算二级

C. 单项工程综合概算和建设项目总概算二级

D. 单位工程概算和建设项目总概算二级

14. 单位工程概算按其工程性质可分为建筑工程概算和设备及安装工程概算两类，下列属于设备及安装工程概算的是（   ）。【2021】

    A. 照明线路敷设   B. 风机盘管安装   C. 电气设备及安装 D. 特殊构筑物

◈ 3.2.3 设计概算的编制

15. 关于使用概算定额法编制建筑工程概算，在采用综合单价的情况下，下列说法正确的是（   ）。

    A. 工程量的计算应依据概算定额中规定的工程量计算规则或工程量清单计算规范进行

    B. 建筑工程概算表应以单位工程为对象进行编制

    C. 单位工程概算造价 = 分部分项工程费 + 措施项目费 + 增值税

    D. 措施项目费应以该单位工程的分部分项工程费为基数乘以相应费率计算

16. 某学校拟新建宿舍楼工程，按概算指标和地区材料预算价格等算出每平方米建筑面积含税工程造价为 2100 元，但拟建宿舍楼设计资料与概算指标相比较，外墙涂料装饰变更为墙砖装饰、增加了热水系统。已知每平方米建筑面积外墙装饰的工程量为 0.5m²，涂料装饰和墙砖装饰税前综合单价分别为 90 元/m²，150 元/m²，每平方米建筑面积热水系统税前造价为 20 元，增值税税率为 9%。该新建宿舍楼工程每平方米建筑面积的含税工程造价为（   ）元。【2023】

    A. 2144   B. 2146   C. 2150   D. 2155

17. 采用类似工程预算法编制设计概算时，关于调整公式 $D = A \cdot K$ 的应用，下列说法正确的是（   ）。【2023】

    A. 如 A 为工料单价，则 K 取工料机费的综合调整系数

    B. 如 A 为全费用单价，则 K 取工料机费和企业管理费的综合调整系数

    C. 各费用项目的调整系数 = 类似工程成本中该费用项目单价（或费率）/拟建地区该费用项目单价（或费率）

    D. 费用项目的调整权重 = 类似工程成本中该费用项目金额/类似工程总预算

18. 某地拟建一景观工程，已知其类似已完工程造价指标为 400 元/m²，其中人材机费率分别为 15%、55%、10%。拟建工程与类似工程地区的人材机差异系数分别为 1.15、1.05、0.95，假定拟建工程综合取费以人材机费之和为基数，费率为 25%，则该拟建工程的造价指标为（   ）元/m²。【2022】

    A. 338   B. 522.5   C. 418   D. 422.5

19. 下列工程造价概算编制方法中，常用于单位设备及安装工程概算编制的是（   ）。【2024】

    A. 设备系数法   B. 概算指标法   C. 预算单价法   D. 类似工程预算法

参考答案及解析

◈ 3.2.1 设计阶段影响工程造价的主要因素

11.【答案】BD

【解析】通常情况下，建筑周长系数 $k_周$ 越低，设计越经济。A 选项错误。

对于多跨厂房，当跨度不变时，中跨数目越多越经济。C 选项错误。

对于大中型工业厂房，一般选用钢筋混凝土结构。E 选项错误。

12.【答案】D

【解析】A 选项错误。在满足住宅功能和质量前提下，适当加大住宅宽度。这是由于宽度加大，墙体面积系数相应减少，有利于降低造价。

B 选项错误。在民用建筑中，在一定幅度内，住宅层数的增加具有降低造价和使用费用以及节约用地的优点。

C 选项错误，虽然圆形建筑周长系数 $k_周$ 最小，但由于施工复杂，施工费用较矩形建筑增加 20%～30%。

D 选项对，衡量单元组成、户型设计的指标是结构面积系数（住宅结构面积与建筑面积之比），系数越小，设计方案越经济。

◆ 3.2.2 设计概算的概念及其编制内容

13.【答案】D

【解析】当建设项目为一个单项工程时，可采用单位工程概算、总概算两级概算编制形式。

14.【答案】C

【解析】设备及安装工程概算包括机械设备及安装工程概算，电气设备及安装工程概算，热力设备及安装工程概算，工具、器具及生产家具购置费用。

◆ 3.2.3 设计概算的编制

15.【答案】C

【解析】A 错误，对工程的计量是按概算定额中规定的工程量计算规则进行。B 错误，建筑工程概算表应以单项工程为对象进行编制。D 错误，措施项目费应以该单位工程的分部分项工程费为基数乘以相应费率或以"项"为单位按总额计算。

单位工程概算造价 = 分部分项工程费 + 措施项目费 + 增值税。

16.【答案】D

【解析】每平方米建筑面积的含税工程造价 = 2100 + 0.5 × (150 − 90) × 1.09 + 20 × 1.09 = 2154.5（元/m²）。

17.【答案】A

【解析】B 选项错误，如 A 为全费用单价，则 K 取人材机管利税金的综合调整系数。C 选项错误，各费用项目的调整系数 = 拟建地区该费用项目单价（或费率）/类似工程成本中该费用项目单价（或费率）。D 选项错误，费用项目的调整权重 = 类似工程成本中该费用项目金额/类似工程成本。

18.【答案】D

【解析】类似工程工料单价 = 400 × (15% + 55% + 10%) = 320（元/m²）

拟建工程工料单价 = 320 × (1.15 × 15%/80% + 1.05 × 55%/80% + 0.95 × 10%/80%) = 338（元/m²）

拟建工程造价指标 $= 338 \times (1 + 25\%) = 422.5$（元/m²）

19.【答案】C

【解析】建筑工程概算常用的编制方法有：概算定额法、概算指标法、类似工程预算法等；设备及安装工程概算常用的编制方法有：预算单价法、扩大单价法、设备价值百分比法和综合吨位指标法等。

3.3 施工图预算

◆ 3.3.1 施工图预算的概念及其编制内容

20.关于施工图预算对投资方的作用，下列说法正确的是（　　）。【2022】

A. 控制施工图设计的依据

B. 控制施工图设计不突破设计概算的重要措施

C. 是投标报价的基础

D. 是组织材料供应的依据

21.建设工程预算编制中的总预算由（　　）组成。【2014】

A. 综合预算和工程建设其他费、预备费

B. 预备费、建设期利息及铺底流动资金

C. 综合预算和工程建设其他费、铺底流动资金

D. 综合预算和工程建设其他费、预备费、建设期利息及铺底流动资金

◆ 3.3.2 施工图预算的编制

22.下列工作内容属于实物量法，但不属于工料单价法的是（　　）。【2021】

A. 列项并计算工程量

B. 套用预算定额（或企业定额），计算人工、材料、机具台班消耗量

C. 套用定额单价，计算直接费并汇总

D. 计算其他各项费用

23.施工图预算编制的主要工作有：①列项并计算工程量；②了解现场情况；③套用定额计算人工、材料、机具台班消耗量；④计算直接费；⑤计算价差；⑥计算其他费用。采用实物量法编制时，正确的编制步骤及顺序是（　　）。【2022补】

A. ②①④③⑥⑤　　B. ①②③④⑥　　C. ②①③④⑥　　D. ②①③④⑤⑥

参考答案及解析

◆ 3.3.1 施工图预算的概念及其编制内容

20.【答案】B

【解析】C、D 选项属于施工图预算对施工企业的作用。A 选项说法不对。

施工图预算对投资方的作用包括：

（1）施工图预算是设计阶段控制工程造价的重要环节，是控制施工图设计不突破设计概算的重要措施；

（2）施工图预算是控制造价及资金合理使用的依据；

（3）施工图预算是确定工程最高投标限价的依据；

（4）施工图预算可以作为确定合同价款、拨付工程进度款及办理工程结算的基础。

21.【答案】D

【解析】建设项目总预算由组成该建设项目的各个单项工程综合预算，以及经计算的工程建设其他费、预备费和建设期利息和铺底流动资金汇总而成。

◆ 3.3.2　施工图预算的编制

22.【答案】B

【解析】A、D 两种方法都有，C 不属于实物量法。

23.【答案】C

【解析】①准备资料、熟悉施工图纸；②列项并计算工程量；③套用预算定额（或企业定额），计算人工、材料、机具台班消耗量；④计算并汇总直接费；⑤计算其他各项费用，汇总造价；⑥复核、填写封面、编制说明。

第4章　建设项目发承包阶段合同价款的约定

考情概述： 本章主要考查建设项目发承包阶段合同价款约定的相关知识，知识点较多，但整体难度不高，历年考试约占 18 分，分值占比较大，新教材在第 1、2 章变化比较大，第 3 章中更加详细介绍了投标文件算术性误差及细微偏差的修正，还增加投标报价不完整时的修正原则，要特别注意。前 3 节主要讲发承包的"招""投""评"三个阶段的内容，且与案例第 4 章的内容有关联，第 4 节讲工程总承包和国际工程合同价款的约定。建议考生在了解各考点后，把本章第 1 节中招标工程量清单的编制内容与第 1 章第 3 节、第 2 章第 2 节的部分内容联系起来，进行系统的梳理，注意内容的补充和总结，在理解的基础上加深记忆。建议把本章第 1 节招标工程量清单与第 2 章投标报价的编制方法和内容对比学习。注意第 4 节内容中工程总承包合同价款的约定、国际工程合同价款的约定与施工合同价款约定的主要区别。

考点预测：

章节名称	重要程度
招标文件的组成内容及其编制要求	★★★★
招标工程量清单的编制	★★★★★
最高投标限价的编制	★★★★★
投标报价前期工作	★★
询价与复核	★★★★
投标报价的编制原则与依据	★★
投标报价的编制方法和内容	★★★★★
编制与递交投标文件	★★★★
评标程序及评审标准	★★★★★
中标人的确定	★★★★★
合同价款的约定	★★★★
工程总承包合同价款的约定	★★★
国际工程招标投标及合同价款的约定	★★★

4.1 招标工程量清单与最高投标限价的编制

◆ 4.1.1 招标文件的组成内容及其编制要求

1.对于不进行资格预审的招标文件应包括（　　　）。【2021】

A. 招标公告　　　B. 投标邀请书　　　C. 拟分包项目情况表

D. 投标人须知　　　E. 联合体协议书

2. 关于施工招标文件，下列说法中正确的有（　　　）。

A. 招标文件应包括拟签合同的主要条款

B. 当进行资格预审时，招标文件中应包括投标邀请书

C. 自招标文件开始发出之日起至投标截止之日最短不得少于 5 天

D. 招标文件不得说明评标委员会的组建方法

E. 招标文件应明确评标方法

3. 关于招标文件的澄清，下列说法中错误的是（　　　）。

A. 投标人应以信函、电报等可以有形地表现所载内容的形式向招标人提出疑问

B. 招标文件的澄清应发给所有投标人并指明澄清问题的来源

C. 澄清发出的时间距投标截止日不足 15 天的应推迟投标截止时间

D. 投标人收到澄清的确认时间可以是相对时间，也可以是绝对时间

◆ 4.1.2　招标工程量清单的编制

4. 关于分部分项工程项目清单的编制，下列说法正确的是（　　　）。

A. 前四级项目编码全国统一

B. 同一招标工程下不得重码

C. 项目名称应采用标准附录给定的名称，结合拟建工程的实际确定

D. 当出现增补清单项目时，应在工程量清单中附补充项目的名称、特征、计量单位、工程量计算规则和工作内容

5. 下列对分部分项工程项目特征描述正确的是（　　　）。

A. 计价标准没有说明的特殊项目特征，无须描述

B. 应直接采用标准附录中的规定

C. 要反映由施工自行考虑的内容，如"安装高度"

D. 若标准图集能够全部满足项目特征描述的要求，可直接采用"详见××图集"

6. 下列费用，属于建设工程招标工程量清单中其他项目清单编制内容的有（　　　）。【2020】

A. 暂列金额　　　B. 专业工程暂估价　C. 计日工

D. 总承包服务费　E. 措施费

◆ 4.1.3　最高投标限价的编制

7. 关于最高投标限价的公布，下列说法正确的是（　　　）。【2021】

A. 应在发布招标文件时一并发布　　　B. 应在开标时公布

C. 应在评标时公布　　　　　　　　　D. 不应公布

8. 参照类似工程确定最高投标限价中总承包服务费时，可依据下列（　　　）计算方法，对比修正与招标工程的差异后进行编制。

A. 房屋建筑工程用类似工程相应总承包服务项目费用总额除以总建筑面积得到的每平方米单价

B. 道路工程用类似工程相应总承包服务项目费用总额除以道路总长度得到的每米单价

C. 其他工程用类似工程相应总承包服务项目费用总额除以措施项目工程合同价款
   总额得到的百分比

D. 其他工程用类似工程相应总承包服务项目费用总额除以分部分项工程合同价款
   总额得到的百分比

E. 其他工程用类似工程相应总承包服务项目费用总额除以其他项目工程合同价款
   总额得到的百分比

参考答案及解析

◆ 4.1.1 招标文件的组成内容及其编制要求

1.【答案】 AD

【解析】 根据《标准施工招标文件》等文件规定，施工招标文件包括以下内容：①招标公告或投标邀请书。当未进行资格预审时，招标文件中应包括招标公告。当进行资格预审时，招标文件中应包括投标邀请书。其他内容包括招标文件的获取、投标文件的递交等。②投标人须知；③评标办法；④合同条款及格式；⑤工程量清单（最高投标限价）；⑥图纸；⑦技术标准和要求；⑧投标文件格式；⑨投标人须知前附表规定的其他材料。

2.【答案】 ABE

【解析】 投标。投标准备时间，是指自招标文件开始发出之日起至投标人提交投标文件截止之日止，最短不得少于 20 天。采用电子招标投标在线投标文件的，最短不少于 10 日。C选项错误。评标。说明评标委员会的组建方法，评标原则和采取的评标办法。D 选项错误。

3.【答案】 B

【解析】 招标文件的澄清将在规定的投标截止时间 15 天前以书面形式发给所有获取招标文件的投标人，但不指明澄清问题的来源。B 选项错误。

◆ 4.1.2 招标工程量清单的编制

4.【答案】 B

【解析】 同一招标工程中的同一单项工程的项目编码不得有重码。这一点与 23 版不同。

5.【答案】 D

【解析】 A、B 选项错误，项目特征描述的内容应按附录中的规定，结合拟建工程的实际，满足确定综合单价的需要。

C 选项错误，项目特征中，不再反映由施工自行考虑的内容，如"运距""安装高度""吊装重量"等无法按设计图纸准确描述、由投标人需要根据施工现场实际情况自行考虑的特征描述。

6.【答案】 ABCD

【解析】 其他项目清单包括暂列金额、专业工程暂估价、计日工、总承包服务费。

◆ 4.1.3　最高投标限价的编制

7.【答案】A

【解析】最高投标限价应在发布招标文件时一并公布。

8.【答案】ABD

【解析】参照类似工程确定最高投标限价中总承包服务费时，可依据下列计算方法，对比修正与招标工程的差异后进行编制：

（1）房屋建筑工程用类似工程相应总承包服务项目费用总额除以总建筑面积得到的每平方米单价；

（2）道路工程用类似工程相应总承包服务项目费用总额除以道路总长度得到的每米单价；

（3）其他工程用类似工程相应总承包服务项目费用总额除以分部分项工程合同价款总额得到的百分比。

4.2　投标报价的编制

◆ 4.2.1　投标报价前期工作

9.关于建设工程投标报价的编制，下列说法正确的是（　　　）。【2020】

　　A. 可不考虑拟订合同中的工程变更条款

　　B. 应仔细研究招标文件中给定的工程技术标准

　　C. 可不考虑施工现场用地情况

　　D. 不必关注工程所在地气象资料

◆ 4.2.2　询价与复核

10.编制施工投标报价文件时，投标人对分包人询价应注意的事项有（　　　）。【2024】

　　A. 分包标函是否完整　　　　　　　B. 分包单价所包含的内容

　　C. 质量保证措施　　　　　　　　　D. 分包合同的内容

　　E. 分包人的工程质量、信誉及可信赖程度

◆ 4.2.3　投标报价的编制原则与依据

11.投标人在投标报价时，应优先被采用综合单价编制依据的是（　　　）。【2016】

　　A. 企业定额　　　　B. 地区定额　　　　C. 行业定额　　　　D. 国家定额

12.下列关于招标工程量清单中的事项，投标人在工程投标报价时应重点关注的是（　　　）。【2023】

　　A. 暂列金额的合理性　　　　　　　B. 材料暂估价与市场价的差异

　　C. 计日工暂估数量的合理性　　　　D. 总承包服务费的服务内容

◆ 4.2.4　投标报价的编制方法和内容

13.投标报价时，对分部分项工程项目清单中发包人提供材料的清单项目，关于安装报

价正确的是（　　）。

　　A. 应计算从交货地点接收发包人提供材料的供应人所供应的材料开始，直至将其安装于设计所要求位置的所有费用

　　B. 不包括接收供应材料后现场发生的二次搬运费

　　C. 应包含发包人提供材料的供货人将相关的材料运抵交货地点、完成卸货的费用

　　D. 超耗使用材料产生的风险应是发包人需要考虑的

14. 确定投标报价综合单价的工作步骤有：①分析清单项目工程内容；②计算分部分项工程人材机费；③计算工程数量与清单单位含量；④确定计算基础；⑤计算综合单价，上述步骤正确的顺序是（　　）。

　　A. ①③②④⑤　　　B. ④①③②⑤　　　C. ①④②③⑤　　　D. ④③①②⑤

15. 投标报价，关于措施项目清单的修正及报价应考虑的因素，下列说法正确的是（　　）。

　　A. 投标时，若投标人认为需要增加措施项目的，还应经招标人同意，才可在措施项目中补充列项及报价

　　B. 无论是单价合同还是总价合同，投标人都应承担其报价合理性的风险

　　C. 措施项目清单的报价应考虑工程变更引起的措施项目费用

　　D. 如投标人对措施项目清单有疑问或异议的，可按招标文件的规定以口头形式提请招标人澄清或修正

16. 为履约阶段措施项目调价的需要，还应编制措施项目费用分拆表，将措施项目费分解为（　　）。

　　A. 基本措施费用　　B. 特殊措施费用　　C. 初始设立费用

　　D. 中期运行费用　　E. 后期拆除费用

17. 关于投标人对其他项目费投标报价时应遵循的原则，下列说法错误的是（　　）。

　　A. 暂列金额应按照招标工程量清单中列出的金额填写，不得变动

　　B. 专业工程暂估价应按照招标工程量清单中提供的金额填写，不得变动

　　C. 计日工应按照招标工程量清单中列出的项目和暂定数量，自主确定各项综合单价并计算费用

　　D. 依据招标文件规定的总承包服务的费率计算费用

◆ **4.2.5　编制投标文件**

18. 关于投标保证金，下列表述正确的是（　　）。

　　A. 联合体投标的，其投标保证金可由牵头人递交，也可以由各组成单位递交

　　B. 投标保证金可以是现金，也可以采用银行保函

　　C. 投标保证金的数额不得超过合同总价的2%

　　D. 招标人应在合同签订后5个工作日内向中标人和未中标的投标人退还投标保证金

　　E. 投标人在规定的投标截止日期前撤销其投标文件的，其投标保证金不予退还

19. 某招标项目的估算价为2000万元。根据《中华人民共和国招标投标法实施条例》的规定，该项目的投标保证金最高为（　　）万元。【2023】

　　A. 20　　　　　　B. 30　　　　　　C. 40　　　　　　D. 50

20. 关于联合体投标，下列说法正确的有（　　　）。【2014】
    A. 联合体各方应当指定牵头人
    B. 各方签订共同投标协议后不得再以自己的名义在同一项目单独投标
    C. 联合体投标应当向招标人提交由所有联合体成员法定代表人签署的授权书
    D. 同一专业的单位组成联合体，资质等级就低不就高
    E. 提交投标保证金必须由牵头人实施
21. 下列情形中，视为投标人相互串通投标的是（　　　）。
    A. 不同投标人的投标文件为同一单位或个人编制
    B. 投标人之间约定中标人
    C. 投标人之间为谋取中标或者排斥特定投标人而采取的其他联合行动
    D. 属于同一集团、协会、商会等组织成员的投标人按照该组织要求协同投标

参考答案及解析

◆ 4.2.1　投标报价前期工作

9.【答案】B

【解析】A 选项错误，研究招标文件中合同条款分析包括工程变更及相应的合同价款调整。C 选项错误，在投标报价前期工作中需要调查工程现场，其中施工条件调查包含工程现场的用地范围、地形、地貌、地物、高程。D 选项错误，在投标报价前期工作的自然条件调查包含气象资料。

◆ 4.2.2　询价与复核

10.【答案】ABCE

【解析】对分包人询价应注意以下几点：分包标函是否完整；分包工程单价所包含的内容；分包人的工程质量、信誉及可信赖程度；质量保证措施；分包报价。

◆ 4.2.3　投标报价的编制原则与依据

11.【答案】A

【解析】投标人在投标报价时，应优先被采用综合单价编制依据的是企业定额。

12.【答案】D

【解析】暂列金额、材料暂估价、计日工暂估数量应按照招标人提供的其他项目中列出并填写，总承包服务费应根据招标人在招标文件中列出的分包专业工程内容和供应材料、设备情况，按照招标人提出的协调、配合与服务要求和施工现场管理需要自主确定。

◆ 4.2.4　投标报价的编制方案和内容

13.【答案】A

【解析】投标报价中，确定综合单价时的注意事项：

发包人提供材料的处理。对分部分项工程项目清单中发包人提供材料的清单项目，投

标人应按招标文件说明的发包人提供材料的规格型号、品牌档次对发包人提供材料的清单项目进行安装报价，并应满足工程数量对人工价格变化、招标文件规定的有效损耗率、自身原因超耗使用材料产生的承包风险等要求。安装报价应计算从交货地点接收发包人提供材料的供应人所供应的材料开始，直至将其安装于设计所要求位置的所有费用，包括接收供应材料后现场发生的二次搬运费，但不应包含发包人提供材料的供货人将相关的材料运抵交货地点、完成卸货的费用。

14.【答案】B

【解析】投标报价的综合单价确定的步骤：①确定计算基础；②分析每一清单项目的工程内容；③计算工程内容的工程数量与清单单位的含量；④分部分项工程人工、材料、施工机具使用费用的计算；⑤计算综合单价。

15.【答案】B

【解析】A 选项错误，投标时，若投标人认为需要增加措施项目的，可在措施项目中补充列项及报价。C 选项错误，除工程变更、暂列金额中未能完全预见或详细说明的工程、新增工程、工程索赔等引起的措施项目费用调整外，执行措施项目费用包干引起的承包风险。D 选项错误，如投标人对措施项目清单有疑问或异议的，可按招标文件的规定以书面形式提请招标人澄清或修正。

16.【答案】CDE

【解析】为履约阶段措施项目调价的需要，还应编制措施项目费用分拆表，将措施项目费分解为初始设立费用、中期运行费用和后期拆除费用。

17.【答案】D

【解析】依据招标文件规定的总承包服务内容及要求，进行合理自主报价。

◆ 4.2.5 编制投标文件

18.【答案】AB

【解析】投标保证金的数额不得超过项目估算价的 2%，具体标准可遵照各行业规定。E 选项错，投标截止日前撤销投标文件，投标保证金是可以退还的。出现下列情况，不予返还：

（1）投标人在规定的投标有效期内撤销或修改其投标文件；

（2）中标人在收到中标通知书后，无正当理由拒签合同协议书或未按招标文件规定提交履约担保。

D 选项错，招标人最迟应在合同签订后 5 日内，向中标人和未中标的投标人退还投标保证金及银行同期存款利息。

19.【答案】C

【解析】投标保证金的数额不得超过项目估算价的 2%，具体标准可遵照各行业规定。$2000 \times 2\% = 40$（万元）。

20.【答案】ABCD

【解析】联合体投标的，应当以联合体各方或者联合体中牵头人的名义提交投标保证金。

以联合体中牵头人名义提交的投标保证金，对联合体各成员具有约束力。

21.【答案】A

【解析】BCD 属于投标人相互串通投标。

4.3　中标价及合同价款的约定

◆ 4.3.1　评标程序及评审标准

22. 根据《建设工程造价咨询规范》GB/T 51095—2015 的规定，下列投标文件的评审内容，属于清标工作的是（　　）。【2019】

　　A. 营业执照的有效性

　　B. 营业执照、资质证书、安全生产许可证的一致性

　　C. 投标函上签字与盖章的合法性

　　D. 投标文件是否实质性响应招标文件

23. 下列对投标文件进行评审的工作中，属于初步评审工作的有（　　）。【2022】

　　A. 错漏项分析　　　　　　　　　　B. 审查类似项目业绩

　　C. 分析报价构成的合理性　　　　　D. 修正有算术错误的报价

　　E. 拟定"价格比较一览表"

24. 投标人所报的投标总价与已标价工程量清单项目填报的价格累计总额不一致的，应（　　）。

　　A. 以投标总价为准，修正工程量清单项目报价累计总额

　　B. 以已标价工程量清单项目填报的价格为准，修正工程量清单项目报价累计总额

　　C. 以最高投标限价中相应金额为准修正报价，修正工程量清单项目报价累计总额

　　D. 不能修正，直接废标

25. 某市政工程招标采用经评审最低价法评标，招标文件规定对同时投多个标段的评标修正率为4%，现甲、乙同时投Ⅰ、Ⅱ标段，甲报 8000W、7000W，乙报 8500W、6800W。已知甲中标Ⅰ段，在不考虑其他量化因素情况下，投标人甲、乙Ⅱ段评标价为（　　）。【2021】

　　A. 6720W；6528W　　　　　　　　B. 6720W；6800W

　　C. 8834W；6028W　　　　　　　　D. 7280W；7072W

26. 某招标工程采用综合评估法评标，报价越低的报价得分越高，评分因素、权重比例、各投标人得分情况见下表。则推荐的第一中标候选人应为（　　）。【2018】

评分因素	权重（%）	投标人得分		
		甲	乙	丙
施工组织设计	30	90	100	80
项目管理机构	20	80	90	100
投标报价	50	100	90	80

  A. 甲   B. 乙   C. 丙   D. 甲或乙

27. 某项目采用综合评估法评标，其中投标报价部分总分值为 35 分，评标基准价为投标人报价的算术平均值，偏差率 =（投标人报价 - 评标基准价）/评标基准价 × 100%。

  当投标报价 > 评标基准价时，投标报价得分 = 35 - 偏差率 × 100 × 2；当投标报价 ≤ 评标基准价时，投标报价得分 = 35 + 偏差率 × 100 × 1。

  本项目有甲、乙、丙、丁四个通过初评的投标人，投标报价分别为：7000 万元、7300 万元、7200 万元、6900 万元。该项目投标报价得分最高的投标人是（ ）。【2023】

  A. 甲   B. 乙   C. 丙   D. 丁

◆ 4.3.2 中标人的确定

28. 关于招标人与中标人合同的签订，下列说法正确的有（ ）。【2020】

  A. 双方按照招标文件和投标文件订立书面合同

  B. 双方在投标有效期内并在自中标通知书发出之日起 30 日内签订施工合同

  C. 招标人要求中标人按中标下浮 3% 后签订施工合同

  D. 中标人无正当理由拒绝签订合同的，招标人可不退还其投标保证金

  E. 招标人在与中标人签订合同后 5 日内，向所有投标人退还投标保证金

29. 关于履约担保的说法正确的是（ ）。【2022】

  A. 中标人提供履约担保的，招标人应同时向中标人提供工程款支付担保

  B. 最高不得超过项目估算价的 10%

  C. 有效期自合同生效之日起至合同约定的竣工验收之日时止

  D. 发包人应在竣工验收后 28 天内将履约担保退还给承包人

30. 依法必须招标的项目，对于中标候选人的公示内容有（ ）。【2021】

  A. 全部投标人名单及排名

  B. 中标候选人响应招标文件要求的资格能力条件

  C. 中标候选人各评分要素得分

  D. 中标候选人的投标报价

  E. 中标候选人承诺的项目负责人姓名

31. 下列关于评标委员会成员的说法，正确的是（ ）。【2023】

  A. 成员的名单应在开标后、评标前确定

  B. 成员的名单应随中标候选人一并公示

  C. 成员对中标人有决定权

  D. 成员中技术、经济等方面专家不得少于三分之二

◆ 4.3.3 合同价款的约定

32. 依法必须招标的工程，对投标保证金的退还，下列处置方式正确的有（ ）。【2017】

  A. 中标人无正当理由拒签合同，投标保证金不予退还

  B. 招标人无正当理由拒签合同的，应向中标人退还投标保证金

  C. 招标人与中标人签订合同的，应在合同签订后向中标人退还投标保证金

  D. 招标人与中标人签订合同的，应向未中标人退还投标保证金及利息

  E. 未中标人的投标保证金，应在中标通知书发出同时退还

33. 在下列不同特点的工程中，较适合采用成本加酬金的合同方式的有（　　　）。
【2022补】

A. 工期较短的工程
B. 紧急抢险救灾工程
C. 施工技术特别复杂的工程
D. 建设规模小的工程
E. 技术难度低的工程

参考答案及解析

◆ 4.3.1　评标程序及评审标准

22.【答案】D

【解析】清标工作主要包含下列内容：

（1）对招标文件的实质性响应；

（2）错漏项分析；

（3）分部分项工程项目清单综合单价的合理性分析；

（4）措施项目清单的完整性和合理性分析，以及其中不可竞争性费用的正确性分析；

（5）其他项目清单完整性和合理性分析；

（6）不平衡报价分析；

（7）暂列金额、暂估价正确性复核；

（8）总价与合价的算术性复核及修正建议；

（9）其他。

23.【答案】BCD

【解析】A 选项错误，属于清标的工作内容。E 选项错误，属于详细评审。

24.【答案】A

【解析】投标人所报的投标总价与已标价工程量清单项目填报的价格累计总额不一致的，应以投标总价为准，修正工程量清单项目报价累计总额。

25.【答案】B

【解析】对同时投多个标段的评标修正，一般的做法是，如果投标人的某一个标段已被确定为中标，则在其他标段的评标中按照招标文件规定的百分比（通常为4%）乘以报价额后，在评标价中扣减此值。因为甲在Ⅰ标段中标，所以甲Ⅱ标段评标价 $= 7000 \times (1 - 4\%) = 6720$（万元）；乙Ⅱ标段评标价为 6800 万元。

26.【答案】A

【解析】

甲的综合评分 $= 90 \times 0.3 + 80 \times 0.2 + 100 \times 0.5 = 93$

乙的综合评分 $= 100 \times 0.3 + 90 \times 0.2 + 90 \times 0.5 = 93$

丙的综合评分 $= 80 \times 0.3 + 100 \times 0.2 + 80 \times 0.5 = 84$

甲和乙的评分相同，甲的报价更低，所以甲应为第一中标候选人。

27.【答案】A

【解析】 评标基准价 = (7000 + 7300 + 7200 + 6900)/4 = 7100（万元）

偏差率：甲 (7000 − 7100)/7100 = − 1.41%，乙 (7300 − 7100)/7100 = 2.82%，

丙 (7200 − 7100)/7100 = 1.41%，丁 (6900 − 7100)/7100 = − 2.82%，

评标价：甲35 + (−1.41%) × 100 × 1 = 33.59，乙35 − 2.82% × 100 × 2 = 29.36，

丙35 − 1.41% × 100 × 2 = 32.18，丁35 + (−2.82%) × 100 = 32.18，因此，得分最高的

是甲。

◈ 4.3.2 中标人的确定

28.【答案】ABD

【解析】 招标人和中标人应当按照招标文件和中标人的投标文件订立书面合同；招标人

和中标人应当在投标有效期内并在自中标通知书发出之日起 30 日内，按照招标文件和中标

人的投标文件订立书面合同。发出中标通知书后，招标人无正当理由拒签合同的，招标人向

中标人退还投标保证金。给中标人造成损失的，还应当赔偿损失。招标人最迟应当在与中标

人签订合同后 5 日内，向中标人和未中标的投标人退还投标保证金及银行同期存款利息。

29.【答案】A

【解析】 B 选项错误，最高不得超过中标合同金额的 10%。C 选项错误，有效期自合同

生效之日起至合同约定的中标人主要义务履行完毕止。D 选项错误，应在工程接收证书颁

发后 28 天内将履约担保退还给承包人。

30.【答案】BDE

【解析】 招标人需对中标候选人全部名单及排名进行公示，而不是只公示排名第一的中

标候选人。依法必须招标项目的中标候选人公示应当载明以下内容：①中标候选人排序、名

称、投标报价、质量、工期（交货期）以及评标情况；②中标候选人按照招标文件要求承诺

的项目负责人姓名及其相关证书名称和编号；③中标候选人响应招标文件要求的资格能力

条件；④提出异议的渠道和方式；⑤招标文件规定公示的其他内容。

31.【答案】D

【解析】 评标委员会成员名单一般应于开标前确定，而且该名单在中标结果确定前应当

保密。定标委员会从评标委员会推荐的中标候选人中择优确定中标人。

◈ 4.3.3 合同价款的约定

32.【答案】ABD

【解析】 招标人最迟应当在与中标人签订合同后 5 日内，向中标人和未中标的投标人退

还投标保证金和银行同期存款利息。C、E 选项错误。

33.【答案】BC

【解析】 实行工程量清单计价的建筑工程，鼓励发承包双方采用单价方式确定合同价款；

建设规模较小，技术难度较低，工期较短的建设工程，发承包双方可以采用总价方式确定合

同价款；紧急抢险、救灾以及施工技术特别复杂的建设工程，发承包双方以采用成本加酬金

方式确定合同价款。

4.4　工程总承包及国际工程合同价款的约定

◆ 4.4.1　工程总承包合同价款的约定

34. EPC 总承包模式中承包人应承担的工作（　　）。【2020】
　　A. 设计、采购、施工、试运行　　　　B. 项目决策、设计、施工
　　C. 项目决策、采购、施工　　　　　　D. 可行性研究、采购、施工

35. 根据《建设项目工程总承包计价规范》T/CCEAS 001—2022 的规定，可行性研究报告批准后发包的建设项目，宜采用的工程总承包模式是（　　）。【2024】
　　A. EPC 总承包模式　　　　　　　　　B. DB 模式
　　C. 设计采购模式　　　　　　　　　　D. 交钥匙工程

36. 工程 EPC 总承包模式下，下列风险中，应由承包人承担的是（　　）。【2023】
　　A. 因国家政策变化引起的合同价格变化
　　B. 勘察设计深度不足造成的工程费用变化
　　C. 材料价格波动幅度超出合同约定幅度的部分
　　D. 不可抗力造成的工程费用变化

◆ 4.4.2　国际工程招标投标及合同价款的约定

37. 关于世界银行贷款项目国际竞争性招标工程的评标，下列步骤及顺序正确的是（　　）。【2022】
　　A. 资格预审、审标、评标　　　　　　B. 审标、资格定审、评标
　　C. 资格定审、审标、评标　　　　　　D. 审标、评标、资格定审

38. 关于国际竞争性招标投标项目开标的做法正确的是（　　）。【2021】
　　A. 不允许投标人或其代表出席开标会议　　B. 不应拒绝开启未附投标保证金的标书
　　C. 应全部读出标书的全部内容　　　　　　D. 开标时不允许记录和录音

39. 某企业进行国际工程投标报价时，将分包费列入直接费中，该分包工程的管理费应计入（　　）。【2022】
　　A. 直接费　　　　　B. 间接费　　　　　C. 暂定金额　　　　　D. 分包费

40. 国际工程投标报价时，以下各项费用中，应列入其他费用的是（　　）。【2024】
　　A. 税金　　　　　　B. 暂列金额　　　　　C. 开办费　　　　　D. 风险费

参考答案及解析

◆ 4.4.1　工程总承包合同价款的约定

34.【答案】A
　　【解析】设计采购施工（Engineering-Procurement-Construction, EPC）总承包。EPC 总承

包即工程总承包人按照合同约定，承担工程项目的设计、采购、施工、试运行服务等工作，并对承包工程的质量、安全、工期、造价全面负责。

35.【答案】 A

【解析】 总承包模式的选择同时也与发包时点有关。

可行性研究报告批准后发包的，宜采用设计采购施工（EPC）总承包模式；

方案设计批准后发包的，可采用设计采购施工（EPC）总承包模式或设计施工（DB）总承包模式；

初步设计批准后发包的，宜采用设计施工（DB）总承包模式。

36.【答案】 B

【解析】 EPC总承包即工程总承包人按照合同约定，承担工程项目的设计、施工、试运行服务等工作，并对承包工程的质量、安全、工期、造价全面负责。勘察设计由承包人承担。

发包人和总承包人应当加强风险管理，合理分担风险。发包人承担的风险主要包括：

（1）主要工程材料、设备、人工价格与招标时基期价相比，波动幅度超过合同约定幅度的部分；

（2）因国家法律法规政策变化引起的合同价格的变化；

（3）不可预见的地质条件造成的工程费用和工期的变化；

（4）因发包人原因产生的工程费用和工期的变化；

（5）不可抗力造成的工程费用和工期的变化。

◆ **4.4.2　国际工程招标投标及合同价款的约定**

37.【答案】 D

【解析】 评标主要有审标、评标、资格定审三个步骤。

38.【答案】 B

【解析】 A选项错误，应允许投标人或其代表出席开标会议，对每份标书都应当众读出其投标人、报价和交货或完工期。C选项错误，标书的详细内容是不可能也不必全部读出的。D选项错误，开标时一般不允许提问或做任何解释，但允许记录和录音。

39.【答案】 B

【解析】 本题考查的是国际工程招标投标及合同价款的约定。在国际工程标价中，对分包费的处理有两种方法：一种方法是将分包费列入直接费中，即考虑间接费时包含了对分包的管理费；另一种方法是将分包费与直接费、间接费平行并列，在估算分包费时适当加入对分包商的管理费即可。

40.【答案】 C

【解析】 国际工程报价由直接费用、间接费用、其他费用、利润和风险费。其他费用包括分包费、暂定金额、开办费。A选项税金在间接费用中。

第 5 章　建设项目施工阶段合同价款的调整和结算

考情概述： 本章主要考查的是建设项目施工阶段合同价款的调整和结算的相关知识，知识点多，整体难度偏高，历年考试约占 24 分，分值占比很大，新教材变化很大，尤其是第 1、2 节，大家要高度重视。前两节施工合同"价款调整"和"价款结算"为主要考查内容，每 1 节考试分值都在 10 分左右，尤其是第 1 节中的"变更、物价波动、索赔"不仅考分析类型题目，还考计算题目，是重难点，第 1 节、第 2 节部分内容还与案例第 5、6 章有关联。建议考生在了解各考点后，把第 1 节中的物价波动引起调差的两种方法"价格指数调差"与"造价信息调差"，索赔的各种情况对比学习；第 2 节中的施工过程结算和竣工结算的计价原则内容联系起来，在理解的基础上加深记忆。第 3 节内容中，注意工程总承包合同价款的调整和结算、国际工程合同价款的调整和结算与施工合同价款调整和结算的主要区别。

考点预测：

章节名称	重要程度
法律法规及政策性变化引起的合同价款调整	★★★★★
工程变更引起的合同价款调整	★★★★★
新增工程引起的合同价款调整	★★★★
工程量清单缺陷引起的合同价款调整	★★★★★
计日工引起的合同价款调整	★★★
物价变化引起的合同价款调整	★★★★★
暂估价引起的合同价款调整	★★★★
暂列金额引起的合同价款调整	★★★
总承包服务费引起的合同价款调整	★★★
工程索赔引起的合同价款调整	★★★★★
工程计量	★★★★
预付款	★★★★★
施工过程结算	★★★★★
竣工结算	★★★★★
质量保证金的处理	★★★★
最终结清	★★★
合同价款争议的处理	★★★★★
工程总承包合同价款的结算	★★★
国际工程合同价款的结算	★★★

5.1 合同价款调整

5.1.1 法律法规及政策性变化引起的合同价款调整

1. 对于非招标的建设工程，建设工程施工合同签订前的第（　　　）天作为基准日。【2020】
   - A. 28
   - B. 30
   - C. 35
   - D. 42

2. 在工期延误过程中，法律法规发生变化引起工程造价发生变化时，关于合同价款的调整，下列说法正确的有（　　　）。
   - A. 发包人原因导致的工期延误，工程造价增加的，应予调整
   - B. 发包人原因导致的工期延误，工程造价减少的，不予调整
   - C. 承包商原因导致的工期延误，工程造价增加，予以调整
   - D. 承包商原因导致的工期延误，工程造价变化的，予以调整
   - E. 第三方原因造成的工期延误，若发生造价变化，都不调整

5.1.2 工程变更引起的合同价款调整

3. 下列属于工程变更的事件的是（　　　）。
   - A. 监理人要求承包人改变工程的时间安排
   - B. 发包人通过变更取消某项工作从而转由他人实施
   - C. 监理人要求承包人改变工程的标高
   - D. 发包人提高合同中的工作质量标准
   - E. 工程设备价格的变化

4. 因工程变更引起分部分项工程的清单项目变化（项目增减），或清单工程量发生变化且变化不超出 15%（含 15%）时，发承包双方应按确认变化的工程量调整合同价款，若属于相同施工条件下实施类似项目特征的清单项目，按（　　　）原则确定综合单价并计价。
   - A. 应采用相应的合同单价
   - B. 应采用类似清单项目的合同单价换算调整后的综合单价
   - C. 可依据工程实施情况，结合类似项目的合同单价计价规则及报价水平，协商确定市场合理的综合单价
   - D. 结合同类工程类似清单项目的综合单价，协商确定市场合理的综合单价

5. 与项目特征变化相关的因素主要有（　　　）。
   - A. 材料的变化
   - B. 构件规格的变化
   - C. 施工方法的变化
   - D. 工程高度的变化
   - E. 材料运输方式的变化

5.1.3 新增工程引起的合同价款调整

6. 关于新增工程价款的确定，下列说法不正确的是（　　　）。

A. 承包人应自行实施针对新增工程的施工方案

B. 新增工程分部分项工程项目费的确定，要考虑合同单价内存在的偏低或偏高单价的修正

C. 新增工程分部分项工程项目费的确定，要考虑招标市场竞争确定的合同单价与协商确定的新增工程综合单价之间的差异

D. 新增工程措施项目费用的确定，增加的施工机具费包括延期使用现有相关施工机具及新增施工机具的费用

◈ 5.1.4　工程量清单缺陷引起的合同价款调整

7. 下列不属于工程量清单缺陷的事件的是（　　）。

A. 工程量清单多列项　　　　　B. 项目特征不符

C. 工程数量偏差　　　　　　　D. 工程变更

8. 关于工程量清单缺陷引起的合同价款调整，下列说法正确的有（　　）。

A. 采用单价合同的工程，工程量清单缺陷引起的合同价款调整，按有关工程变更引起工程量变化调整价款的规定计算

B. 采用单价合同的工程，工程量变化增加超过 15% 时，增加部分的工程量综合单价应调高

C. 采用单价合同的工程，工程量变化减少超过 15% 时，减少后剩余部分的工程量的综合单价应调低

D. 采用单价合同的，措施项目不因工程量清单缺陷而调整，所以安全生产措施费也不应该调整

◈ 5.1.5　计日工引起的合同价款调整

9. 关于计日工引起的合同价款调整，下列说法正确的有（　　）。

A. 计日工综合单价应包括计日工项目随机发生、批量发生等特点造成的额外增加费用

B. 计日工综合单价应包括增值税

C. 计日工综合单价应包括计日工项目发生的措施项目费用

D. 合同范围外发包人要求的测试运行不适合采用计日工计价

◈ 5.1.6　物价变化引起的合同价款调整

10. 施工合同约定承包人承担材料价格风险幅度为±5%，超出部分依据现行工程量清单计价规范造价信息法调差。已知钢筋的投标价、基准期发布的价格分别为 4000 元/t、3600 元/t，施工中某期钢筋的造价信息发布价为 3500 元/t，该期钢筋的实际结算价是（　　）元/t。【2024】

A. 3420　　　　　　　　　　B. 3500

C. 3920　　　　　　　　　　D. 4000

11. 某市政工程投标截止日期为 2019 年 4 月 20 日，确定中标人后，工程于 2019 年 6 月 1 日开工。施工合同约定，工程价款结算时人工、钢材、水泥、砂石料及施工机具使用费

采用价格指数法调差，各项权重系数及价格指数见下表。2019 年 8 月，承包人当月完成清单子目价款 2000 万元，当月按已标价工程量清单价格确认的变更金额为 200 万元，则本工程 2019 年 8 月的价格调整金额为（　　　）万元。【2019】

	人工	钢材	水泥	砂石料	施工机具使用费	定值
权重系数	0.15	0.10	0.20	0.10	0.10	0.35
2019 年 3 月指数	100.0	84.0	104.5	115.6	110.0	—
2019 年 4 月指数	100.0	86.0	105.6	120.0	110.0	—
2019 年 8 月指数	105.0	90.0	107.8	135.0	110.0	—

  A. 57.80   B. 63.58   C. 75.40   D. 83.60

◆ 5.1.7　暂估价引起的合同价款调整

12. 关于暂估价引起的合同价款调整，下列说法正确的有（　　　）。
  A. 材料暂估价、专业工程暂估价均为含税价（含增值税）
  B. 属于依法必须招标的，材料暂估价应以材料采购中标含税价格替代原材料暂估含税价格
  C. 属于依法必须招标的，专业分包工程应以招标中标税前价格替代原专业工程暂估税前价格
  D. 对材料暂估价的清单项目价格调整，应只调整综合单价的材料暂估价，合同清单中该清单项目的综合单价的其他费用不宜作调整

13. 关于依法必须招标的给定暂估价的专业工程招标，下列说法正确的有（　　　）。
  A. 发包人作为招标人的，发包人应承担组织招标工作有关的费用
  B. 承包人作为招标人的，发包人应另付组织招标工作有关的费用
  C. 承包人作为招标人的，需要发包人配合的，有关费用应从签约合同价中扣回
  D. 承包人参加由发包人作为招标人的暂估价专业工程投标并中标的，合同价款要增加专业工程确认的金额

◆ 5.1.8　暂列金额引起的合同价款调整

14. 措施项目费的准确性和完整性是由承包人负责的，但发生下列事件仍可以引起合同清单的措施项目费调整的是（　　　）。
  A. 用于合同价款调整的暂列金额事件
  B. 用于未能完全预见和详细说明工程的暂列金额事件
  C. 工程变更事件
  D. 新增工程
  E. 工程索赔事件

◆ 5.1.9　总承包服务费引起的合同价款调整

15. 发包人提供材料变更为承包人提供的，按（　　　）原则调整合同价款。
  A. 承包人需听从发包人的意见

B. 变更材料价格要按照发包人意向的采购价格确定

C. 综合单价＝合同单价＋已确认材料价格×(1＋管理费费率)×(1＋利润率)

D. 应扣除合同总价中计取的相应发包人提供材料的总承包服务费

◆ 5.1.10　工程索赔引起的合同价款调整

16. 下列事件中，承包人能同时得到工期、费用、利润补偿的是（　　）。

　　A. 按监理人的要求对已覆盖的隐蔽工程进行重新检测，且检测结果质量合格引起的直接费用

　　B. 发包人延迟提供施工图纸

　　C. 额外增加的检查、检验、试验等的直接费用

　　D. 工程试运行失败引起的直接费用

17. 某建筑工程施工过程中发生如下时间：①开挖遇到文物，用工 20 个工日；②异常恶劣天气停工 1 日，窝工 30 个工日。人工工日单价 200 元/工日，窝工补贴 100 元/工日，管理费用、利润分别按人工费的 20%、10%计算，不考虑其他费用。承包人可向发包人索赔的金额为（　　）元。

　　A. 4800　　　　　　　　　　　B. 5200

　　C. 8400　　　　　　　　　　　D. 9100

18. 关于施工合同履行过程中共同延误的处理原则，下列说法中正确的是（　　）。【2017】

　　A. 在初始延误发生作用期内，其他并发延误者按比例承担责任

　　B. 若初始延误者是发包人，则在其延误期内，承包人可得到经济补偿

　　C. 若初始延误者是客观原因，则在其延误期内，承包人不能得到经济补偿

　　D. 若初始延误者是承包人，则在其延误期内，承包人只能得到工期补偿

19. 费用索赔计算的常用方法有（　　）。【2021】

　　A. 比例计算法　　　　　　　　B. 实际费用法

　　C. 直接法　　　　　　　　　　D. 修正的总费用法

　　E. 网络图分析法

参考答案及解析

◆ 5.1.1　法律法规及政策性变化引起的合同价款调整

1.【答案】A

　　【解析】对于实行招标的建设工程，一般以施工招标文件中规定的提交投标文件的截止时间前的第 28 天作为基准日；对于不实行招标的建设工程，一般以建设工程施工合同签订前的第 28 天作为基准日。

2.【答案】AB

　　【解析】采用谁延误对谁不利原则。

如果承包人的原因导致的工期延误，按不利于承包人的原则调整合同价款。在工程延误期间国家的法律、行政法规和相关政策发生变化引起工程造价变化的，造成合同价款增加的，合同价款不予调整；造成合同价款减少的，合同价款予以调整。因非发承包双方原因导致工期延长，在工期延长期间出现法律法规及政策性变化的，合同价款应按实调整。

◆ 5.1.2 工程变更引起的合同价款调整

3.【答案】ACD

【解析】B 选项错误，取消某项工作从而转由他人实施不属于变更。E 选项错误，工程设备价格的变化属于物价变化，不属于变更。

4.【答案】B

【解析】选项 B 正确，相同施工条件下实施类似项目特征的清单项目或类似施工条件下实施相同项目特征的清单项目，应采用类似清单项目的合同单价换算调整后的综合单价。

5.【答案】AC

【解析】与项目特征变化相关的因素主要有：①材料的变化。②施工方法的变化。③其他项目特征变化。B、D、E 属于与施工条件变化相关的因素。

◆ 5.1.3 新增工程引起的合同价款调整

6.【答案】A

【解析】A 选项错误，承包人应在新增工程实施前将其施工组织设计或实施方案、施工进度计划、自身要求费用的报价单提交给发包人审核，发包人应在合理时间内予以审定。

◆ 5.1.4 工程量清单缺陷引起的合同价款调整

7.【答案】D

【解析】工程量清单缺陷包括工程量清单多列项、错漏项、项目特征不符、工程数量偏差等。

8.【答案】A

【解析】B、C 选项错误，当工程量变化超过 15%（不含 15%）时，对综合单价的调整原则为：当工程量增加 15%以上时，其增加部分的工程量的综合单价应调低；当工程量减少15%以上时，减少后剩余部分的工程量的综合单价应调高。D 选项错误，采用单价合同工程的措施项目，安全生产措施项目按合同约定计算。

◆ 5.1.5 计日工引起的合同价款调整

9.【答案】C

【解析】A 选项错误，计日工综合单价应包括计日工项目随机发生、少量发生等特点造成的额外增加费用和计日工项目发生的措施项目费用，不应另外再计算其措施项目费用。B 选项错误，计日工综合单价不包括增值税。D 选项错误，合同范围外发包人要求的测试运行适合采用计日工计价。

◈ 5.1.6　物价变化引起的合同价款调整

10.【答案】D

【解析】基准期价格小于投标价,信息价下跌,以基准期价格作为基数计算,$3600 \times (1 - 5\%) = 3420$（元/t）$< 3500$（元/t）。在±5%风险幅度范围内,所以钢筋不调价,按照投标报价。

11.【答案】D

【解析】由于当期工程变更不是按照现行价格计算的,所以应当计算在调价基础内。

价格调整金额:

$$(2000 + 200) \times \left[0.35 + \left(0.15 \times \frac{105}{100} + 0.1 \times \frac{90}{84} + 0.2 \times \frac{107.8}{104.5} + 0.1 \times \frac{135}{115.6} + 0.1 \times \frac{110}{110} - 1 \right) \right] = (2000 + 200) \times 0.038 = 83.60 （万元）。$$

◈ 5.1.7　暂估价引起的合同价款调整

12.【答案】D

【解析】A 选项错误,材料暂估价为税前单价（不含增值税）,而专业工程暂估价为含税价（含增值税）。B、C 选项错误,工程量清单中给定暂估价的材料和（或）暂估价的专业工程,属于依法必须招标的,应按下列规则替代暂估价,调整合同价款。

（1）材料暂估价应以材料采购中标税前价格替代原材料暂估税前价格;

（2）专业分包工程应以招标中标含税价格替代原专业工程暂估含税价格。

工程量清单中给定材料暂估价的清单项目价格调整,应只调整综合单价的材料暂估价,合同清单中该清单项目的综合单价的其他费用不宜作调整,调整后的合同单价可用于工程量清单缺陷、暂列金额、工程变更的计价。

13.【答案】A

【解析】B、C 选项错误,承包人作为招标人的,承包人应承担组织招标工作有关的费用,其费用应被认为已经包括在承包人的投标总价（签约合同价中）中。需要发包人配合的,发包人应自行承担其配合费用。

D 选项错误,承包人参加由发包人作为招标人的暂估价专业工程投标并中标的,应按规定扣减该专业工程的总承包服务费。

◈ 5.1.8　暂列金额引起的合同价款调整

14.【答案】BCDE

【解析】A 选项错误,除用于工程变更、未能完全预见和详细说明工程、新增工程、工程索赔而引起措施项目、合同工期变化外,发生其他用于合同价款调整的暂列金额事件的,合同清单的措施项目费与合同工期均不应作调整。

◈ 5.1.9　总承包服务费引起的合同价款调整

15.【答案】D

【解析】A 选项错误,承包人有权对其变更提出合理反对意见。

B 选项错误，变更材料价格可通过发承包双方共同招标采购或市场询价确定。

C 选项错误，综合单价＝合同单价＋已确认材料价格×(1＋损耗率)×(1＋管理费费率)×(1＋利润率)

◆ 5.1.10 工程索赔引起的合同价款调整

16.【答案】B

【解析】ACD 可以索赔工期、费用，不包括利润。

17.【答案】A

【解析】事件①赔偿费用20×200×(1＋20%)＝4800（元），不赔利润。事件②只赔偿工期，不赔偿费用，利润，管理费。

18.【答案】B

【解析】（1）如果初始延误者是发包人原因，则在发包人原因造成的延误期内，承包人既可得到工期延长，又可得到经济补偿；

（2）如果初始延误者是客观原因，则在客观因素发生影响的延误期内，承包人可以得到工期延长，但很难得到费用补偿；

（3）如果初始延误者是承包人原因，则在承包人原因造成的延误期内，承包人既不能得到工期补偿，也不能得到费用补偿。

19.【答案】BD

【解析】索赔费用的计算方法通常有三种，即实际费用法、总费用法和修正的总费用法。

5.2 工程合同价款支付与结算

◆ 5.2.1 工程计量

20.关于措施项目计量的规定，说法正确的是（　　）。

  A. 分部分项工程项目清单列项的措施项目可按分部分项工程的规定计量调整

  B. 安全生产措施费用应按合同约定执行

  C. 专业工程暂估价不含其措施项目费，应另外计算

  D. 工程变更引起的措施项目变化应予计量调整

  E. 暂列金额项目中所含未能完全预见或详细说明的工程引起的措施项目变化应予计量调整

◆ 5.2.2 预付款

21.某项工程合同价 12000 万元，其中材料和设备占 50%，已知预付款 3600 万元，预付款起扣点是（　　）万元。【2021】

  A. 7200   B. 6120   C. 4800   D. 9951

22.下列关于预付款担保的说法中，正确的是（　　）。

A. 预付款担保应在施工合同签订前提供

B. 预付款担保必须采用银行保函的形式

C. 承包人中途毁约，中止工程，发包人有权从预付款担保金额中获得预付款补偿

D. 在预付款全部扣回之前，预付款保函应始终保持有效，且担保金额应始终保持不变

23. 某施工合同总价 3 亿元，分两年均衡施工，已知主要材料、设备价值占比 60%。设备储备天数平均为 60 天，年度施工天数按 360 天考虑，运输 10 天，按公式计算法计算该工程的年度预付款应为（　　　）万元。【2022】

  A. 1400　　　　　　B. 1500　　　　　　C. 1600　　　　　　D. 1700

24. 关于按照 $T = P - M/N$ 约定的预付款起扣点，下列说法正确的是（　　　）。【2023】

A. T 代表未完成工程的金额

B. 起扣点的金额与预付款金额所占合同总额的比例负相关

C. 起扣点后，每期支付进度款应扣除本期实际发生的材料设备款

D. 该起扣点计算法，有利于发包人资金使用，但对承包人不利

25. 关于安全生产措施费的支付，下列说法正确的是（　　　）。

A. 按工期平均分摊安全生产措施费，与进度款同期支付

B. 按合同建筑安装工程费分摊安全生产措施费，与进度款同期支付

C. 不跨年的工程，在开工后 28 天内预付不低于安全生产措施费总额的 50%，其余部分与过程结算款同期支付

D. 发包人没有按时支付安全生产措施费的，承包人可催告发包人支付；催告后仍未支付的，承包人无权暂停施工，可继续催告

◆ 5.2.3　施工过程结算

26. 合同约定进行施工过程结算的，支付不应低于当期施工过程结算价款的(　　　)。

  A. 60%　　　　　　B. 70%　　　　　　C. 80%　　　　　　D. 90%

27. 承包人的施工过程结算款支付申请应包括的内容有（　　　）。

A. 累计已完成的施工过程结算款　　　B. 累计已扣减的合同价款

C. 累计已支付的施工过程结算款　　　D. 本期合计应扣减的金额

E. 本期施工计划完成情况表

◆ 5.2.4　竣工结算

28. 关于竣工结算，下列说法正确的是（　　　）。

A. 竣工结算价款 = 累计施工过程结算价款（不含措施项目费用和总承包服务费）+ 施工过程结算价款未计算的应计价款（包括措施项目费用和总承包服务费）

B. 措施项目费不需要重新计算

C. 总承包服务费不需要重新计算

D. 合同履行过程中没有发生暂列金额调整事件的，合同总价包括的暂列金额应按招标文件中的金额结算

29. 发包人对工程质量有异议，竣工结算仍应按合同约定办理的情形有（　　　）。【2017】

A. 工程已竣工验收的

B. 工程已竣工未验收，但实际投入使用的

C. 工程已竣工未验收且未实际投入使用的

D. 工程停建，对无质量争议的部分

E. 工程停建，对有质量争议的部分

30. 因承包人违约而解除建设工程施工合同，承包人有权向发包人申请支付的是（　　）。【2024】

A. 遣散人员费用　　　　　　　　　B. 按施工进度计划已运至现场的材料货款

C. 设备退场费用　　　　　　　　　D. 临时设施拆除费

◆ 5.2.5　质量保证金的处理

31. 根据《建设工程质量保证金管理办法》（建质〔2017〕138号）的规定，质量保证金总预留比例不得高于工程价款结算总额的（　　）。【2019】

A. 19%　　　　　　B. 2%　　　　　　C. 3%　　　　　　D. 5%

32. 下列有关质量保证金说法正确的是（　　）。【2021】

A. 无论是否提供履约保函，都应提交质量保证金

B. 政府性投资建设项目，质量保证金预留在主管部门

C. 社会性资本的质量保证金应预留在发包方

D. 发包人被撤销的，质量保证金应随建设工程一起移交给使用方

33. 关于建设工程施工质量缺陷责任期，下列说法正确的是（　　）。【2023】

A. 是指承包人履行质量保修的期限　　B. 一般为1年，最长不超过2年

C. 自提出竣工验收申请之日起计算　　D. 正常应不同于质量保证金的期限

◆ 5.2.6　最终结清

34. 建设工程最终结清的工作事项和时间节点包括：①提交最终结清申请单；②签发最终结清支付证书；③签发缺陷责任期终止证书；④最终结清付款；⑤缺陷责任期终止。按时间先后顺序排列正确的是（　　）。【2016】

A. ⑤③①②④　　B. ①②④⑤③　　C. ③①②④⑤　　D. ①③②⑤④

◆ 5.2.7　合同价款纠纷的处理

35. 发承包双方发生合同价款争议时，经协商不能达成一致意见的，发承包双方合同未约定解决方式，可选择的解决途径有(　　)。

A. 和解　　　　　B. 争议评审　　　　C. 仲裁

D. 调解　　　　　E. 诉讼

36. 有效的仲裁协议是申请仲裁的前提，仲裁协议达到有效必须同时具备的内容有（　　）。【2021】

A. 请求仲裁的意思表示　　　　　　B. 仲裁事项

C. 仲裁期限　　　　　　　　　　　D. 仲裁费用

E. 选定的仲裁委员会

37. 关于合同价款纠纷的处理，人民法院应予支持的是（　　　）。【2019】

    A. 施工合同无效，但工程验收合格，承包人请求支付工程价款的

    B. 发包人与承包人对垫资利息没有约定，承包人请求支付利息的

    C. 施工合同解除后，已完工程质量不合格，承包人请求支付工程价款的

    D. 未经竣工验收，发包人擅自使用工程后，以使用部分的工程质量不合格为由主张权利的

参考答案及解析

◆ 5.2.1　工程计量

20.【答案】ABDE

    【解析】 C 选项错误，专业工程暂估价已包含其措施项目费，不应另外计算。

◆ 5.2.2　预付款

21.【答案】C

    【解析】 $T = P - M/N = 12000 - 3600/50\% = 4800$（万元）。

22.【答案】C

    【解析】 A 选项错误，预付款担保应在施工合同签订后，预付款支付前提供。

    B 选项错误，预付款担保也可以采用发承包双方约定的其他形式，如由担保公司提供担保，或采取抵押等担保形式。

    D 选项错误，预付款担保的担保金额通常与发包人的预付款是等值的。预付款一般逐月从工程进度款中扣除，预付款担保的担保金额也相应逐月减少。承包人的预付款保函的担保金额根据预付款扣回的数额相应扣减，但在预付款全部扣回之前一直保持有效。

23.【答案】B

    【解析】 年度工程总价：$30000 \times 0.5 = 15000$（万元），$(15000 \times 0.6) \div 360 \times 60 = 1500$（万元）。

24.【答案】B

    【解析】 A 选项错误，T——起扣点（即工程预付款开始扣回时）的累计完成工程金额；C 选项错误，每次结算工程价款时，按材料所占比重扣减工程价款；D 选项错误，该方法对承包人比较有利，最大限度地占用了发包人的流动资金，但是，显然不利于发包人资金使用。

25.【答案】C

    【解析】 A、B 选项错误，发包人应在工程开工后的 28 天内预付不低于安全生产措施费总额的 50% 给承包人，其余部分按照提前安排的原则进行分解，与过程结算款同期支付。对跨年度实施的重大工程，预付的安全生产措施费总额可按年度工程进度计划分解计算。

D 选项措施，发包人没有按时支付安全生产措施费的，承包人可催告发包人支付；发包人在催告后的约定时间内仍未支付的，若发生安全事故，发包人应承担相应责任；承包人有权暂停施工，发包人应承担违约责任。

◆ 5.2.3 施工过程结算

26.【答案】C

【解析】合同约定进行施工过程结算的，发承包双方应将按规定计算且已确认的合同价款列入当期施工过程结算，并且同期支付施工过程结算价款的支付比例应在合同中约定，不应低于当期施工过程结算价款的 80%。

27.【答案】ACD

【解析】施工过程结算价款确认后，承包人应向发包人提交施工过程结算款支付申请。支付申请的内容包括：

（1）累计已完成的施工过程结算款；

（2）累计已支付的施工过程结算款；

（3）本期合计应扣减的金额；

（4）本周期实际应支付的施工过程结算款。

◆ 5.2.4 竣工结算

28.【答案】A

【解析】B、C 选项错误，工程竣工结算时，发承包双方应对施工过程结算文件的措施项目费用和总承包服务费重新计算确定。

D 选项错误，合同履行过程中没有发生暂列金额调整事件的，合同总价包括的暂列金额应在结算时全部扣除。

29.【答案】ABD

【解析】发包人对工程质量有异议，拒绝办理工程竣工结算的，按以下情形分别处理：

（1）已经竣工验收或已竣工未验收但实际投入使用的工程，其质量争议按工程保修合同执行，竣工结算按合同约定办理；

（2）已竣工未验收且未实际投入使用的以及停工、停建工程的质量争议，双方应就有争议的部分委托有资质的检测鉴定机构进行检测，根据检测结果确定解决方案，或按工程质量监督机构的处理决定执行后办理竣工结算，无争议部分的竣工结算按合同约定办理。

30.【答案】B

【解析】因承包人违约解除合同的，发包人应暂停向承包人支付任何价款。发包人应在合同解除后规定时间内核实合同解除时承包人已完成的全部合同价款以及按施工进度计划已运至现场的材料和工程设备货款，按合同约定核算承包人应支付的违约金以及造成损失的索赔金额，并将结果通知承包人。发承包双方应在规定时间内予以确认或提出意见，并办理结算合同价款。

◆ 5.2.5　质量保证金的处理

31.【答案】C

【解析】本题考查的是质量保证金的预留。

发包人应按照合同约定方式预留质量保证金，质量保证金总预留比例不得高于工程价款结算总额的3%。

合同约定由承包人以银行保函替代预留质量保证金的，保函金额不得高于工程价款结算总额的3%。

32.【答案】D

【解析】在工程项目竣工前，已经缴纳履约保证金的，发包人不得同时预留工程质量保证金，A选项错误；其他政府投资项目，质量保证金可以预留在财政部门或发包方，B选项错误；社会投资项目采用预留质量保证金方式的，发承包双方可以约定将质量保证金交由金融机构托管，C选项错误；缺陷责任期内，如发包人被撤销，质量保证金随交付使用资产一并移交使用单位，由使用单位代行发包人职责，D选项正确。

33.【答案】B

【解析】本题考查的是质量保证期的处理。

（1）缺陷责任期的相关概念

1）缺陷。缺陷是指建设工程质量不符合工程建设强制标准、设计文件以及承包合同的约定；

2）缺陷责任期。缺陷责任期是指承包人按照合同约定承担缺陷修复义务，且发包人预留质量保证金（已交纳履约保证金的除外）的期限；

（2）缺陷责任期的期限

从工程通过竣工验收之日起计，缺陷责任期一般为1年，最长不超过2年，由发承包双方在合同中约定。由于承包人原因工程无法按规定期限进行竣工验收的，缺陷责任期从实际通过竣工验收之日起计。由于发包人原因工程无法按规定期限进行竣工验收的，在承包人提交竣工验收报告90天后，工程自动进入缺陷责任期。

◆ 5.2.6　最终结清

34.【答案】A

【解析】①缺陷责任期终止；②发包人签发缺陷责任期终止证书；③承包人提交最终结清申请单；④发包人向承包人签发最终支付证书；⑤发包人向承包人支付最终结清款。

◆ 5.2.7　合同价款纠纷的处理

35.【答案】BCDE

【解析】如果经协商不能达成一致意见的，发承包双方应按合同约定处理，合同未约定或约定不明的，可选择的解决途径主要有四种：争议评审、调解、仲裁和诉讼。

36.【答案】ABE

【解析】仲裁协议的内容应当包括：①请求仲裁的意思表示；②仲裁事项；③选定的仲

裁委员会。前述三项内容必须同时具备，仲裁协议方为有效。

37.【答案】A

【解析】建设工程施工合同无效，但建设工程经竣工验收合格，承包人请求参照合同约定支付工程价款的，应予支持。

5.3 工程总承包和国际工程合同价款结算

◆ 5.3.1 工程总承包合同价款的结算

38. 对于工程总承包合同中质量保证金的扣留与返还，下列做法正确的是（   ）。【2019】

　　A. 扣留金额的计算中应考虑预付款的支付、扣回及价格调整的金额

　　B. 不论是否缴纳履约保证金，均须扣留质量保证金

　　C. 缺陷责任期满即须返还剩余质量保证金

　　D. 延长缺陷责任期时，应相应延长剩余质量保证金的返还期限

39. 根据现行《标准设计施工总承包招标文件》的规定，其他项目清单中依法必须招标的专业工程暂估价项目由承包人作为招标人，关于该专业工程的招标，下列说法正确的是（   ）。【2021】

　　A. 招标文件不需要发包人批准

　　B. 评标方案不需要发包人批准，仅将结果报发包人备案

　　C. 组织招标的费用由承包人承担

　　D. 该专业工程中标价格不会影响总承包人的合同价款

40. 根据《建设项目工程总承包合同（示范文本）》（GF-2020-0216）的规定，下列变化因素中，不属于工程总承包合同价款调整的主要原因是（   ）。【2022补】

　　A. 分包人的替换　B. 暂估价　　　　C. 物价波动　　　　D. 法律变化

◆ 5.3.2 国际工程合同价款的结算

41. 根据 2017 版 FIDIC《施工合同条件》的规定，关于国际工程变更与合同价款调整，下列说法正确的是（   ）。【2020】

　　A. 合同中任何工作的工程量变化均能调整合同价款

　　B. 不论何种变更，均须由工程师发出变更指令

　　C. 在明确构成工程变更的情况下，承包商仍须按程序发出索赔通知

　　D. 承包商提出的对业主有利的工程变更建议书的编制费用，应由业主承担

42. 根据 FIDIC《施工合同条件》的规定，工程量变化可以调整合同价款的是（   ）。【2021】

　　A. 总量变化超过 15%

　　B. 单位工程价款超过签约合同价的 0.01%

　　C. 工程量的变化直接导致该项工作的单位工程费用变动超过 1%

D. 不是工程量清单中的"固定费用"

E. 不是工程量清单中约定的不因工程量的任何变化而调整的项目

43. 国际工程管理中，如果承包商认为其建议被业主采纳后能够降低业主实施工程的费用，可随时向工程师提交一份书面建议书，该书面建议书的编制费用应由（　　　）承担。【2023】

A. 业主　　　　B. 承包商　　　　C. 设计单位　　　　D. 工程师

参考答案及解析

◆ 5.3.1　工程总承包合同价款的结算

38.【答案】D

【解析】质量保证金的计算额度不包括预付款的支付、扣回以及价格调整的金额。A 选项错误。

承包人已经缴纳履约保证金或者采用工程质量保证担保、工程质量保险等其他担保方式的，发包人不得再预留质量保证金。B 选项错误。

缺陷责任期满时，承包人向发包人申请到期应返还承包人剩余的质量保证金，发包人应在 14 天内会同承包人按照合同约定的内容核实承包人是否完成缺陷责任。C 选项错误。

39.【答案】C

【解析】A、B 选项错误，除合同另有约定外，承包人不参加投标的专业工程，应由承包人作为招标人，但拟定的招标文件、评标方法、评标结果应报送发包人批准。C 选项正确，与组织招标工作有关的费用应当被认为已经包括在承包人的签约合同价中。D 选项错误，专业工程依法进行招标后，以中标价为依据取代专业工程暂估价，调整合同价款。

40.【答案】A

【解析】本题考查的是工程总承包合同价款的结算。根据《建设项目工程总承包合同（示范文本）》（GF-2020-0216）通用合同条件，工程总承包合同价款调整的主要原因包括变更、暂估价、计日工、暂列金额、物价波动以及法律变化引起的价格调整等事项。

◆ 5.3.2　国际工程合同价款的结算

41.【答案】B

【解析】工程变更包括工程师指示的变更和承包商建议的变更，不论何种变更，都必须由工程师发出变更指令。在明确构成工程变更的情况下，承包商当然享有工期顺延和调价的权利，无须再依据索赔程序发出索赔通知。

42.【答案】CDE

【解析】价格调整：

（1）该项工作实际测量的工程量变化超过工程量清单或其他报表中规定工程量的 10% 以上；

（2）该项工作工程量的变化与工程量清单或其他报表中相对应费率或价格的乘积超过

中标合同金额的 0.01%；

（3）工程量的变化直接导致该项工作的单位工程费用的变动超过 1%；

（4）该项工作并非工程量清单或其他报表中规定的"固定费率项目""固定费用"和其他类似涉及单价不因工程的任何变化而调整的项目。

43.【答案】B

【解析】如果承包商认为其建议被业主采纳后能够缩短工程工期，降低业主实施、维护或运营过程的费用，能为业主提高竣工工程的效率、价值或者为业主带来其他利益，那么他可以随时向工程师提交一份书面建议，承包商应自费编制此类建议书，其内容与工程师指示变更程序中要求承包商提交的建议书内容一致。

第 6 章　建设项目竣工决算和新增资产价值的确定

考情概述： 本章主要考查的是建设项目竣工决算和新增资产价值确定的相关知识，知识点少，但涉及财务基础知识，整体难度偏高，历年考试约占 4 分，分值占比较低，新教材基本没有变化，共两节，分别介绍"竣工决算"和"新增资产价值的确定"，考核内容以基本概念为主，在"新增资产价值的确定"会考计算题。建议考生在了解各考点后，把第 2 节新增资产价值的确定与第 3 章第 1 节建设投资估算表的编制部分内容联系起来，进行理论的梳理，在理解的基础上加深记忆。

考点预测：

章节名称	重要程度
竣工决算	★★★
新增固定资产价值的确定方法	★★★★★
新增无形资产价值的确定方法	★★★
新增流动资产价值的确定方法	★★★

6.1　竣工决算

◆ **6.1.1　建设项目竣工决算的概念及作用（无题目）**

◆ **6.1.2　竣工决算的内容和编制**

1. 根据财政部、国家发展改革委、住房城乡建设部的有关文件，竣工决算的组成文件包括（　　）。【2017】

　　A. 工程竣工验收报告　　　　　　　B. 工程竣工图

　　C. 设计概算施工图预算　　　　　　D. 工程竣工结算

　　E. 工程竣工造价对比分析

2. 下列建设项目竣工决算相应表中，反映基本建设项目建成后新增固定资产的情况和价值，作为财产交接、检查投资计划完成情况和分析投资效果的依据是（　　）。【2024】

　　A. 基本建设项目概况表　　　　　　B. 基本建设项目竣工财务决算表

　　C. 基本建设项目交付使用资产明细表　　D. 基本建设项目交付使用资产总表

3. 关于建设工程竣工图的绘制和形成，下列说法正确的是（　　）。【2016】

　　A. 凡按图竣工没有变动的，由发包人在原施工图上加盖"竣工图"标识

　　B. 凡在施工过程中发生设计变更的，一律重新绘制竣工图

C. 平面布置发生重大改变的，一律由设计单位负责重新绘制竣工图

D. 重新绘制的新图，应加盖"竣工图"标识

4. 编制建设项目竣工决算必须满足的条件包括（   ）。【2018】

A. 经批准的初步设计所确定的工程内容已完成

B. 单项工程或建设项目竣工结算已完成

C. 收尾工程竣工结算已完成

D. 预留费用不超过规定比例

E. 涉及工程质量纠纷事项已处理完毕

◆ 6.1.3   竣工决算的审核和批复

5. 下列竣工决算的审核内容，属于项目核算管理审核的有（   ）。【2023】

A. 单位、单项工程造价是否在合理范围内

B. 建设成本核算是否准确

C. 转出投资是否已落实接收单位

D. 项目资金使用情况

E. 决算内容和格式是否符合国家有关规定

参考答案及解析

◆ 6.1.2   竣工决算的内容和编制

1. 【答案】BE

【解析】竣工决算是由竣工财务决算说明书、竣工财务决算报表、工程竣工图和工程竣工造价对比分析四部分组成。

2. 【答案】D

【解析】基本建设项目交付使用资产总表，反映建设项目建成后新增固定资产、流动资产、无形资产价值的情况和价值，作为财产交接、检查投资计划完成情况和分析投资效果的依据。

3. 【答案】D

【解析】承包人负责在新图上加盖"竣工图"标识，并附以有关记录和说明，作为竣工图。

4. 【答案】ABDE

【解析】编制工程竣工决算应具备下列条件：

（1）经批准的初步设计所确定的工程内容已完成；

（2）单项工程或建设项目竣工结算已完成；

（3）收尾工程投资和预留费用不超过规定的比例；

（4）涉及法律诉讼、工程质量纠纷的事项已处理完毕；

（5）其他影响工程竣工决算编制的重大问题已解决。

◆ 6.1.3　竣工决算的审核和批复

5.【答案】BCE

【解析】审核的主要内容包括工程价款结算、项目核算管理、项目建设资金管理、项目基本建设程序执行及建设管理、概（预）算执行、交付使用资产及尾工工程等。

A 选项错误，单位、单项工程造价是否在合理或国家标准范围内，是否存在严重偏离当地同期同类单位工程、单项工程造价水平问题。属于工程价款结算审核。

D 选项错误，项目资金使用情况属于项目资金管理情况审核。

6.2　新增资产价值的确定

◆ 6.2.1　新增固定资产价值的确定方法

6. 某建设项目由两个车间组成，各项费用如下表所示。若待分摊的项目建设管理费是 600 万元，则车间 2 应分摊的项目建设管理费是（　　）万元。【2024】

项目名称	建筑工程费	安装工程费	需安装设备购置费	不需安装设备购置费
车间 1（万元）	6000	1000	3000	1000
车间 2（万元）	2000	1000	2000	0

　　A. 150　　　　　　B. 170　　　　　　C. 187　　　　　　D. 200

◆ 6.2.2　新增无形资产价值的确定方法

7. 关于无形资产价值确定的说法中，正确的有（　　）。【2011】
　　A. 无形资产计价入账后，应在其有效使用期内分期摊销
　　B. 专利权转让价格必须按成本估价
　　C. 自创专利权的价值为开发过程中的实际支出
　　D. 自创的非专利技术一般作为无形资产入账
　　E. 通过行政划拨的土地，其土地使用权作为无形资产核算

◆ 6.2.3　新增流动资产价值的确定方法

8. 新增流动资产属于短期投资的（　　）。【2022 补】
　　A. 股票　　　　　　B. 基金　　　　　　C. 债券
　　D. 银行存款　　　　E. 应收款项

参考答案及解析

◆ 6.2.1　新增固定资产价值的确定方法

6.【答案】D

【解析】车间 2 应分摊的项目建设管理费：

(2000 + 1000 + 2000)/(6000 + 1000 + 3000 + 2000 + 1000 + 2000) × 600

= 200 万元。

◆ 6.2.2　新增无形资产价值的确定方法

7.【答案】AC

【解析】自创专利权的价值为开发过程中的实际支出，主要包括专利的研制成本和交易成本。

由于专利权是具有独占性并能带来超额利润的生产要素，因此，专利权转让价格不按成本估价，而是按照其所能带来的超额收益计价。B 选项错误。

如果专有技术（非专利技术）是自创的，一般不作为无形资产入账，自创过程中发生的费用，按当期费用处理。D 选项错误。

当建设单位获得土地使用权是通过行政划拨的，不能作为无形资产核算。E 选项错误。

◆ 6.2.3　新增流动资产价值的确定方法

8.【答案】ABC

【解析】短期投资包括股票、债券、基金。股票和债券根据是否可以上市流通分别采用市场法和收益法确定其价值。

第 3 篇

建设工程技术与计量

第1章　工程地质

考情概述： 本章主要考查的内容有：岩体的特征、地下水的类型与特征、常见工程地质问题及其处理方法、工程地质对工程建设的影响等相关知识，知识点琐碎，整体难度中等，在历年考试分值中占 10 分左右，这章内容虽然琐碎，但只要认真理解，掌握起来并不难，建议考生在学习的过程中理解知识点，结合口诀记忆方法，多做习题，学练结合，牢固掌握本章拿分要点。

考点预测：

核心考点	重要程度
岩体的力学特征	★★★
岩体的工程地质性质	★★★
特殊地基	★★★★★
地下水	★★★★
边坡稳定	★★★★★
围岩稳定	★★★★★

1.1 岩体的特征

1.1.1 岩体的结构

1. 下列矿物中硬度最高的是（　　）。

   A. 方解石　　　　　B. 长石　　　　　C. 萤石　　　　　D. 磷灰石

2. 以下矿物可用玻璃刻划的是（　　）。

   A. 萤石　　　　　B. 石英　　　　　C. 黄玉　　　　　D. 刚玉

3. 对于矿物而言，（　　）是鉴别它的主要依据。

   A. 物理性质　　　B. 光学性质　　　C. 化学性质　　　D. 力学性质

4. 正常情况下，岩浆岩中的侵入岩与喷出岩相比，其显著特征为（　　）。

   A. 强度低　　　　B. 强度高　　　　C. 抗风化能力弱　　D. 岩性不均匀

5. 隧道选线时，应优先布置在（　　）。

   A. 褶皱两侧　　　B. 向斜核部　　　C. 背斜核部　　　D. 断层带

6. 下列说法正确的是（　　）。

   A. 背斜褶曲是岩层向上拱起的弯曲，较新的岩层出现在轴部，较老的岩层出现在

两翼

    B. 背斜褶曲是岩层向上拱起的弯曲，较老的岩层出现在轴部，较新的岩层出现在两翼

    C. 向斜褶曲是岩层向下凹进的弯曲，较老的岩层出现在轴部，较新的岩层出现在两翼

    D. 向斜褶曲是岩层向上拱起的弯曲，较新的岩层出现在轴部，较老的岩层出现在两翼

7. 下盘沿断层面相对下降，这类断层大多是（   ）。【多选】

    A. 受到水平方向强烈张应力形成的

    B. 受到水平方向强烈挤压力形成的

    C. 断层线方向与褶皱轴的方向基本一致

    D. 断层线方向与拉应力作用方向基本垂直

    E. 断层线方向与压应力作用方向基本平行

8. 经变质作用产生的矿物有（   ）。【多选】

    A. 绿泥石   B. 石英   C. 蛇纹石

    D. 白云母   E. 滑石

9. 工程岩体分类有（   ）。【多选】

    A. 稳定岩体   B. 不稳定岩体   C. 地基岩体

    D. 边坡岩体   E. 地下工程围岩

◆ 1.1.2 岩体的力学特性

10. 建筑物结构设计对岩石地基主要关心的是（   ）。

    A. 岩体的弹性模量   B. 岩体的结构

    C. 岩石的抗拉强度   D. 岩石的抗剪强度

11. 下列关于岩体的强度特征描述，正确的有（   ）。【多选】

    A. 如果岩体沿某一结构面产生整体滑动时，则岩体强度完全受结构面强度控制

    B. 一般情况下，岩体的强度等于结构面的强度

    C. 一般情况下，岩体的强度既不等于岩块岩石的强度，也不等于结构面的强度，而是二者共同影响表现出来的强度

    D. 一般情况下，岩体的强度等于岩块岩石的强度

    E. 如当岩体中结构面不发育，呈完整结构时，可以岩石的强度代替岩体强度

◆ 1.1.3 岩体的工程地质性质

12. 不宜作为建筑物地基填土的是（   ）。

    A. 堆填时间较长的砂土   B. 经处理后的建筑垃圾

    C. 经压实后的生活垃圾   D. 经处理后的一般工业废料

13. 关于震级和烈度的说法，正确的是（   ）。

    A. 建筑抗震设计的依据是国际通用震级划分标准

    B. 震级高、震源浅的地震其烈度不一定高

C. 一次地震一般会形成多个烈度区

D. 建筑抗震措施应根据震级大小确定

14. 关于地震烈度的说法，正确的是（　　　）。

A. 地震烈度是按一次地震所释放的能量大小来划分的

B. 建筑场地烈度是指建筑场地内的最大地震烈度

C. 设计烈度需根据建筑物的要求适当调低

D. 基本烈度代表一个地区的最大地震烈度

15. 结构面对岩体工程性质影响较大的物理力学性质主要是结构面的（　　　）。【多选】

A. 产状　　　　　　B. 岩性　　　　　　C. 延续性

D. 颜色　　　　　　E. 抗剪强度

16. 岩石的变形在弹性变形范围内用（　　　）指标表示。【多选】

A. 抗压强度　　　　B. 抗拉强度　　　　C. 弹性模量

D. 泊松比　　　　　E. 抗剪强度

参考答案及解析

◆ 1.1.1　岩体的结构

1.【答案】B

【解析】本题考查岩石矿物硬度，见下表。

硬度	1	2	3	4	5	6	7	8	9	10
矿物	滑石	石膏	方解石	萤石	磷灰石	长石	石英	黄玉	刚玉	金刚石

2.【答案】A

【解析】在实际工作中常用可刻划物品来大致测定矿物的相对硬度，如指甲为2～2.5度，小刀为5～5.5度，玻璃为5.5～6度，钢刀为6～7度。

3.【答案】A

【解析】由于成分和结构的不同，每种矿物都有自己特有的物理性质，如颜色、光泽、硬度等。物理性质是鉴别矿物的主要依据。

4.【答案】B

【解析】考查岩石的成因及分类。侵入岩的成岩条件比喷出岩要好，所以成岩强度更高、抗风化能力更强、岩性均匀。

5.【答案】A

【解析】向斜核部往往是承压水储存的场所，地下工程开挖时地下水会突然涌入洞室。因此，在向斜核部不宜修建地下工程。理论而言，背斜核部较向斜优越，但实际上由于背斜核部外缘受拉伸处于张力带，内缘受挤压，加上风化作用，岩层往往很破碎。因此，在布置地下工程时，原则上应避开褶皱核部。若必须在褶皱岩层地段修建地下工程，可以将地下工程放在褶皱的两侧。

6.【答案】B

【解析】背斜褶曲是岩层向上拱起的弯曲，以褶曲轴为中心向两翼倾斜。当地面受到剥蚀而出露有不同地质年代的岩层时，较老的岩层出现在褶曲的轴部，从轴部向两翼，依次出现的是渐新的岩层。向斜褶曲是岩层向下凹进的弯曲，其岩层的倾向与背斜相反，两翼的岩层都向褶曲的轴部倾斜。当地面遭受剥蚀时，在褶曲轴部出露的是较新的岩层，向两翼依次出露的是较老的岩层，如图 1-1 所示。

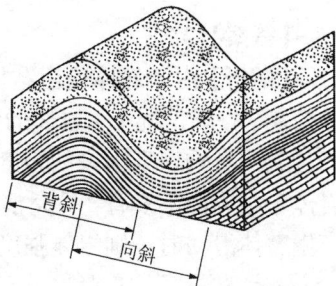

图 1-1　背斜与向斜

7.【答案】BC

【解析】见下表。

正断层 （上下下上）	1. 上盘沿断层面相对下降，下盘相对上升的断层。 2. 受水平方向张应力或垂直作用力。 3. 在构造变动中多垂直于张应力的方向上发生，但也有沿已有的剪节理发生
逆断层 （上上下下）	1. 上盘沿断层面相对上升，下盘相对下降的断层。 2. 受水平方向强烈挤压力的作用。 3. 断层线的方向常和岩层走向或褶皱轴的方向趋于一致，和压应力作用的方向垂直
平推断层	1. 两盘沿断层面发生相对水平位移的断层。 2. 受水平扭应力作用

8.【答案】ACE

【解析】岩浆岩、沉积岩和变质岩的地质特征见下表。

岩浆岩、沉积岩和变质岩的地质特征表

地质特征	岩类		
	岩浆岩	沉积岩	变质岩
主要矿物成分	全部为从岩浆岩中析出的原生矿物，成分复杂，但较稳定，浅色的矿物有石英、长石、白云母等；深色的矿物有黑云母、角闪石、辉石、橄榄石等	次生矿物占主要地位，成分单一，一般多不固定。常见的有石英、长石、白云母、方解石、白云石、高岭石等	除具有变质前原来岩石的矿物，如石英、长石、云母、角闪石、辉石、方解石、白云石、高岭石等外，尚有经变质作用产生的矿物，如石榴子石、滑石、绿泥石、蛇纹石等

9.【答案】CDE

【解析】工程岩体有地基岩体、边坡岩体和地下工程围岩三类。

◆ **1.1.2　岩体的力学特性**

10.【答案】A

【解析】岩体的变形通常包括结构面变形和结构体变形两个部分。就大多数岩体而言，一般建筑物的荷载远达不到岩体的极限强度值。因此，设计人员所关心的主要是岩体的变形特性。岩体变形参数是由变形模量或弹性模量来反映的。由于岩体中发育有各种结构面，所以岩体变形的弹塑性特征较岩石更为显著。

11.【答案】ACE

【解析】 由于岩体是由结构面和各种形状岩石块体组成的，所以其强度同时受二者性质的控制。一般情况下，岩体的强度既不等于岩块岩石的强度，也不等于结构面的强度，而是二者共同影响表现出来的强度。但在某些情况下，可以用岩石或结构面的强度来代替。如当岩体中结构面不发育，呈完整结构时，岩石的强度可视为岩体强度。如果岩体沿某一结构面产生整体滑动时，则岩体强度完全受结构面强度控制。

◆ 1.1.3 岩体的工程地质性质

12.【答案】C

【解析】

类型	特点
素填土	素填土是由碎石、砂土、粉土或黏性土等一种或几种材料组成的填土。堆填时间超过 10 年的黏性土、超过 5 年的粉土，超过 2 年的砂土，均具有一定的密实度和强度，可以作为一般建筑物的天然地基
杂填土	杂填土是含有大量杂物的填土。以生活垃圾和腐蚀性及易变性工业废料为主要成分的杂填土，一般不宜作为建筑物地基。主要由建筑垃圾或一般工业废料组成的杂填土，采取适当的措施进行处理后可作为一般建筑物地基
冲填土	其含水量大，透水性较弱，排水固结差，一般呈软塑状态，比同类自然沉积饱和土的强度低，压缩性高

13.【答案】C

【解析】 震级表示的是一次地震的能量，烈度是指一个地区地面建筑可能遭受的破坏程度。一次地震只有一个震级，但对不同地区可形成多个烈度。一个建筑的抗震措施设计只取决于所在地区的烈度设防等级。

14.【答案】D

【解析】 地震是依据地震释放出来的能量多少划分震级的，所以 A 选项错误。建筑场地烈度是建筑场地内因地质条件、地貌地形条件的不同而引起的相对基本烈度有所降低或提高的烈度，所以 B 选项错误。设计烈度是抗震设计所采用的烈度，是根据建筑物的重要性、永久性、抗震性以及工程的经济性等条件对基本烈度调整，所以 C 选项错误。基本烈度代表一个地区的最大地震烈度，所以 D 选项正确。

15.【答案】ACE

【解析】 对岩体影响较大的结构面的物理力学性质主要是结构面的产状、延续性和抗剪强度。

16.【答案】CD

【解析】 岩石受力作用会产生变形，在弹性变形范围内用弹性模量和泊松比两个指标表示。

1.2　地下水的类型与特征

◆ 1.2.1　地下水的类型

17. 基岩上部裂隙中的潜水常为（　　）。
　　A. 包气带水　　　　　　　　　　B. 承压水
　　C. 无压水　　　　　　　　　　　D. 岩溶水

18. 埋藏在地表以下第一层较稳定的隔水层以上，具有自由水面的重力水是（　　）。
　　A. 包气带水　　　　　　　　　　B. 裂隙水
　　C. 承压水　　　　　　　　　　　D. 潜水

19. 补给区与分布区不一致的是（　　）。
　　A. 基岩上部裂隙中的潜水
　　B. 单斜岩溶化岩层中的承压水
　　C. 黏土裂隙中季节性存在的无压水
　　D. 裸露岩溶化岩层中的无压水

20. 地下水按照埋藏条件可以分为（　　）。
　　A. 裂隙水　　　　B. 孔隙水　　　　C. 承压水
　　D. 包气带水　　　E. 岩溶水

◆ 1.2.2　地下水的特征

21. 有明显季节循环交替的裂隙水为（　　）。
　　A. 风化裂隙水　　　　　　　　　B. 成岩裂隙水
　　C. 层状构造裂隙水　　　　　　　D. 脉状构造裂隙水

22. 关于地下水特征，以下（　　）不受气候影响。
　　A. 潜水　　　　　　　　　　　　B. 承压水
　　C. 包气带水　　　　　　　　　　D. 风化裂隙水

23. 向斜构造盆地和单斜构造自流斜地适宜形成（　　）。
　　A. 潜水　　　　　　　　　　　　B. 承压水
　　C. 包气带水　　　　　　　　　　D. 地下水

参考答案及解析

◆ 1.2.1　地下水的类型

17.【答案】C
【解析】地下水分类见下表。

地下水分类表

基本分类	亚类			水头性质	补给区与分布区关系	动态特点	成因
	孔隙水	裂隙水	岩溶水				
包气带水	土壤水、沼泽水、不透水透镜体上的上层滞水。主要是季节性存在的地下水	基岩风化壳（黏土裂隙）中季节性存在的水	垂直渗入带中季节性及经常存在的水	无压水	补给区与分布区一致	一般为暂时性水	基本上是渗入成因，局部才是凝结成因
潜水	坡积、洪积、冲积、湖积、冰积和冰水沉积物中的水；当经常出露或接近地表时，成为沼泽水、沙漠、海滨沙丘水	基岩上部裂隙中的水	裸露岩可溶性岩层中的水	常为无压水	补给区与分布区一致	水位升降决定地表水的渗入和地下水蒸发，并在某些地方决定于水压的传递	基本上是渗入成因，局部才是凝结成因
承压水	松散沉积物构成的向斜和盆地—自流盆地中的水；松散沉积物构成的单斜和山前平原—自流斜地中的水	构成盆地或向斜中基岩的层状裂隙水，单斜岩层中层状裂隙水，构造断裂带及不规则裂隙中的深部水	构造盆地或向斜中岩溶化岩石中的水，单斜岩可溶性岩层中的水	承压水	补给区与分布区不一致	水位的升降决定于水压的传递	渗入成因或海洋成因

18.【答案】D

　　【解析】潜水是埋藏在地表以下第一层较稳定的隔水层以上，具有自由水面的重力水。

19.【答案】B

　　【解析】承压水的补给区与分布区不一致。

20.【答案】CD

　　【解析】根据埋藏条件，将地下水分为包气带水、潜水、承压水三大类。

◇ **1.2.2　地下水的特征**

21.【答案】A

　　【解析】风化裂隙水主要受大气降水的补给，有明显季节性循环交替，常以泉水的形式排泄于河流中；成岩裂隙水多呈层状，在一定范围内相互连通。

22.【答案】B

　　【解析】承压水是地表以下充满两个稳定隔水层之间具有一定压力的重力水，不受气候影响，动态较稳定。

23.【答案】B

　　【解析】适宜形成承压水的地质构造有两种：一为向斜构造盆地，也称为自流盆地；二为单斜构造自流斜地。

1.3 常见工程地质问题及处理方法

◆ 1.3.1 特殊地基

24.对建筑地基中深埋的水平状泥化夹层通常（　　）。

    A. 不必处理　　　　　　　　　　B. 采用抗滑桩处理

    C. 采用锚杆处理　　　　　　　　D. 采用预应力锚索处理

25.提高深层淤泥质土的承载力可采取（　　）。

    A. 固结灌浆　　　B. 喷混凝土护面　　　C. 打土钉　　　D. 振冲置换

26.在不满足边坡抗渗和稳定要求的砂砾石地层开挖基坑，为综合利用地下空间，宜采用的边坡支护方式是（　　）。

    A. 地下连续墙　　B. 地下沉井　　　C. 固结灌浆　　　D. 锚杆加固

27.对塌陷或浅埋溶（土）洞宜采用（　　）进行处理。

    A. 挖填夯实法　　B. 跨越法　　　C. 充填法

    D. 垫层法　　　　E. 桩基法

◆ 1.3.2 地下水

28.建筑物基础位于黏性土地基上的，其地下水的浮托力（　　）。

    A. 按地下水位100%计算　　　　　B. 按地下水位50%计算

    C. 结合地区的实际经验考虑　　　　D. 不须考虑和计算

29.仅发生机械潜蚀的原因是（　　）。

    A. 渗流水力坡度小于临界水力坡度

    B. 地下水渗流产生的水力压力大于土颗粒的有效重度

    C. 地下连续墙接头的质量不佳

    D. 基坑围护桩间隙处隔水措施不当

30.当建筑物基础底面位于地下水位以下，如果基础位于节理裂隙不发育的岩石地基上，则按地下水位（　　）计算浮托力。

    A. 30%　　　　　B. 50%　　　　　C. 80%　　　　　D. 100%

31.地下水对地基土体的影响有（　　）。

    A. 风化作用　　　B. 软化作用　　　C. 引起沉降

    D. 引起流沙　　　E. 引起潜蚀

◆ 1.3.3 边坡稳定

32.边坡易直接发生崩塌的岩层的是（　　）。

    A. 泥灰岩　　　　B. 凝灰岩　　　C. 泥岩　　　　D. 片麻岩

33.地层岩性对边坡稳定性的影响较大，能构成稳定性相对较好的边坡岩体是（　　）。

    A. 沉积岩　　　　B. 页岩　　　　C. 泥灰岩　　　D. 板岩

34. 边坡最易发生顺层滑动的岩体（　　）。
    A. 原生柱状节理发育的安山岩　　　B. 含黏土质页岩夹层的沉积岩
    C. 垂直节理且疏松透水性强的黄土　D. 原生柱状节理发育的玄武岩
35. 影响岩石边坡稳定的主要地质因素有（　　）。
    A. 地质构造　　　B. 岩石的成因　　　C. 岩石的成分
    D. 岩体结构　　　E. 地下水

◆ 1.3.4　围岩稳定

36. 下列关于各类围岩的处理方法，正确的是（　　）。
    A. 坚硬的整体围岩，在压应力区应采用锚杆稳定
    B. 块状围岩，应以锚杆为主要的支护手段
    C. 层状围岩，一般采用喷混凝土支护即可，出现滑动面时则需要用锚杆加固
    D. 软弱围岩，需要立即喷射混凝土，有时还需要加锚杆和钢筋网才能稳定围岩
37. 为提高围岩本身的承载力和稳定性，最有效的措施是（　　）。
    A. 锚杆支护　　　　　　　　　B. 钢筋混凝土衬砌
    C. 喷层＋钢丝网　　　　　　　D. 喷层＋锚杆
38. 对新开挖围岩面及时喷混凝土的目的是（　　）。
    A. 提高围岩抗压强度　　　　　B. 防止碎块脱落，改善应力状态
    C. 防止围岩渗水　　　　　　　D. 防止围岩变形
39. 下列关于隧道选址及相关要求的说法，正确的是（　　）。
    A. 洞口边坡岩层最好倾向山里
    B. 洞口应选择坡积层厚的岩石
    C. 隧道进出口地段的边坡应下缓上陡
    D. 在地形陡的高边坡开挖洞口时，应尽量将上部的岩体挖除

参考答案及解析

◆ 1.3.1　特殊地基

24.【答案】A
【解析】对充填胶结差，影响承载力或抗渗要求的断层，浅埋的尽可能清除回填，深埋的进行灌水泥浆处理；泥化夹层影响承载能力，浅埋的尽可能清除回填，深埋的一般不影响承载能力断层、泥化软弱夹层可能是基础或边坡的滑动控制面，对于不便清除回填的，根据埋深和厚度，可采用锚杆、抗滑桩、预应力锚索等进行抗滑处理。

25.【答案】D
【解析】对不满足承载力的软弱土层，如淤泥及淤泥质土，浅层的挖除，深层的可以采用振冲等方法，用砂、砂砾、碎石或块石等置换。

26. 【答案】A

【解析】影响工程建设的工程地质问题及其处理方法很多，对不满足承载力要求的松散土层，如砂和砂砾石地层等，可挖除，也可采用固结灌浆、预制桩或灌注桩、地下连续墙或沉井等加固；对不满足抗渗要求的，可灌水泥浆或水泥黏土浆，或用地下连续墙防渗；对于影响边坡稳定的，可喷射混凝土或用土钉支护。

27. 【答案】ABCD

【解析】对塌陷或浅埋溶（土）洞宜采用挖填夯实法、跨越法、充填法、垫层法进行处理；对深埋溶（土）洞宜采用注浆法、桩基法、充填法进行处理。对落水洞及浅埋的溶沟（槽）、深蚀（裂隙、漏斗）等，宜采用跨越法、充填法进行处理。

◆ 1.3.2　地下水

28. 【答案】C

【解析】当建筑物基础底面位于地下水位以下时，地下水对基础底面产生静水压力，即产生浮托力。如果基础位于粉土、砂土、碎石土和节理裂隙发育的岩石地基上，则按地下水位 100% 计算浮托力；如果基础位于节理裂隙不发育的岩石地基上，则按地下水位 50% 计算浮托力；如果基础位于黏性土地基上，其浮托力较难确切地确定，应结合地区的实际经验考虑。

29. 【答案】A

【解析】如果地下水渗流产生的动水压力小于土颗粒的有效重度，即渗流水力坡度小于临界水力坡度，那么，虽然不会发生流沙现象，但是土中细小颗粒仍有可能穿过粗颗粒之间的孔隙被渗流携带而走。时间长了，在土层中将形成管状空洞，使土体结构破坏，强度降低，压缩性增加，这种现象称之为机械潜蚀。

30. 【答案】B

【解析】如果基础位于粉土、砂土、碎石土和节理裂隙发育的岩石地基上，则按地下水位 100% 计算浮托力；如果基础位于节理裂隙不发育的岩石地基上，则按地下水位 50% 计算浮托力；如果基础位于黏性土地基上，其浮托力较难确切地确定，应结合地区的实际经验考虑。

31. 【答案】BCDE

【解析】地下水常见问题：①地下水对土体和岩石的软化作用；②地下水位下降引起软土地基沉降；③动水压力产生流沙和潜蚀；④地下水的浮托作用；⑤承压水对基坑的作用；⑥地下水对钢筋混凝土的腐蚀。

◆ 1.3.3　边坡稳定

32. 【答案】B

【解析】对于喷出岩边坡，如玄武岩、凝灰岩、火山角砾岩、安山岩等，其原生的节理，尤其是柱状节理发育时，易形成直立边坡并发生崩塌。

33.【答案】A

【解析】对于深成侵入岩、厚层坚硬的沉积岩以及片麻岩、石英岩等构成的边坡，一般稳定程度是较高的。只有在节理发育、有软弱结构面穿插且边坡高陡时，才易发生崩塌或滑坡现象。对于含有黏土质页岩、泥岩、煤层、泥灰岩、石膏等夹层的沉积岩边坡，最易发生顺层滑动，或因下部蠕滑而造成上部岩体的崩塌。对于千枚岩、板岩及片岩，岩性较软弱且易风化，在产状陡立的地段，临近斜坡表部容易出现蠕动变形现象。当受节理切割遭风化后，常出现顺层（或片理）滑坡。

34.【答案】B

【解析】含黏土质页岩、泥岩、煤层、泥灰岩、石膏等夹层的沉积岩边坡，最易发生顺层滑动。

35.【答案】ADE

【解析】影响边坡稳定的因素分为内在因素和外在因素两个方面。内在因素：组成边坡岩土性质、地质构造、岩体结构、地应力等，它们常起着主要的控制作用。外在因素：地表水和地下水的作用、地震、风化作用、人工挖掘、爆破及工程荷载等。

◆ 1.3.4 围岩稳定

36.【答案】D

【解析】坚硬的整体围岩，整体性较好，在拉应力区才采用锚杆稳定；B选项和C选项正好相反：块状围岩，一般采用喷混凝土支护即可，出现滑动面时需要用锚杆加固；层状围岩，应以锚杆为主要的支护手段。

37.【答案】D

【解析】喷锚支护能使混凝土喷层与围岩紧密结合，并且喷层本身具有一定的柔性和变形特性，因而能及时有效地控制和调整围岩应力的重分布，最大限度地保护岩体结构和力学性质，防止围岩的松动和涌塌。如果喷混凝土再配合锚杆加固围岩，则会更有效地提高围岩自身的承载力和稳定性。

38.【答案】B

【解析】喷混凝土具备以下作用：首先，它能紧跟工作面，速度快，因而缩短了开挖与支护之间的间隔时间，及时地填补了围岩表面的裂缝和缺损，阻止裂隙切割的碎块脱落松动，使围岩的应力状态得到改善。其次，由于有高的喷射速度和压力，浆液能充填张开的裂隙，起到加固岩体的作用，提高了岩体的强度和整体性。最后，喷层与围岩紧密结合，有较高的粘结力和抗剪强度，能在结合面上传递各种应力，可以起到承载拱的作用。

39.【答案】A

【解析】如选择隧洞位置时，隧洞进出口地段的边坡应下陡上缓，无滑坡、崩塌等现象存在。洞口岩石应直接出露或坡积层薄，岩层最好倾向山里，以保证洞口坡的安全。在地形陡的高边坡开挖洞口时，应不削坡或少削坡即进洞，必要时可做人工洞口先行进洞，以保证边坡的稳定性。

1.4 工程地质对工程建设的影响

1.4.1 工程地质对工程选址的影响

40. 隧道轴线与断层走向平行时，应优先考虑（　　）。

　　A. 避免与其破碎带接触

　　B. 横穿其破碎带

　　C. 灌浆加固断层破碎带

　　D. 清除断层破碎带

41. 大型建设工程的选址，对工程地质的影响还要特别注意考虑（　　）。

　　A. 区域性深大断裂交汇

　　B. 区域地质构造形成的整体滑坡

　　C. 区域的地震烈度

　　D. 区域内潜在的陡坡崩塌

42. 某重要的国防新建项目的工程选址，除一般工程建设的考虑因素外，还要考虑地区的（　　）。

　　A. 地震烈度　　　　B. 地下水位　　　　C. 地质缺陷　　　　D. 气象条件

43. 下列地质条件中，对于路基稳定最有利的是（　　）。

　　A. 岩层倾角小于坡面倾角的逆向坡　　　B. 岩层倾角等于坡面倾角的顺向坡

　　C. 岩层倾角小于坡面倾角的顺向坡　　　D. 岩层倾角大于坡面倾角的顺向坡

44. 与大型建设工程选址相比，一般中小型建设工程选址不太注重的工程地质问题是（　　）。

　　A. 土体松软　　　　B. 岩石风化　　　　C. 边坡稳定

　　D. 区域地质构造　　E. 区域地质岩性

1.4.2 工程地质对建筑结构的影响

45. 工程地质对建筑结构的影响，主要是（　　）造成的地基稳定性、承载力、抗渗性、沉降等问题，对建筑结构选型、建筑材料选用、结构尺寸和钢筋配置等多方面的影响。

　　A. 地下水　　　　B. 地质缺陷　　　　C. 施工技术

　　D. 地质构造　　　E. 地质分类

1.4.3 工程地质对工程造价的影响

46. 应避免因工程地质勘察不详而引起工程造价增加的情况是（　　）。

　　A. 地质对结构选型的影响

　　B. 地质对基础选型的影响

　　C. 设计阶段发现特殊不良地质条件

　　D. 施工阶段发现特殊不良地质条件

参考答案及解析

◆ 1.4.1 工程地质对工程选址的影响

40.【答案】 A

【解析】当隧道轴线与断层走向平行时，应尽量避免与断层破碎带接触。隧道横穿断层时，虽然只是个别段落受断层影响，但因地质及水文地质条件不良，必须预先考虑措施，保证施工安全。特别当岩层破碎带规模很大，或者穿越断层带时，会使施工十分困难，在确定隧道平面位置时，应尽量设法避开。

41.【答案】 B

【解析】对于大型建设工程的选址，对工程地质的影响还要考虑区域地质构造和地质岩性形成的整体滑坡，地下水的性质、状态和活动对地基的危害。

42.【答案】 A

【解析】对于特殊重要的工业、能源、国防、科技和教育等方面新建项目的工程选址，还要考虑地区的地震烈度，尽量避免在高烈度地区建设。

43.【答案】 A

【解析】道路选线过程中，避开岩层倾向与坡面倾向一致的顺向坡，尤其是岩层倾角小于坡面倾角。

44.【答案】 DE

【解析】一般中小型建设工程选址时，工程地质的影响主要是在工程建设一定范围内的地质构造和地层岩性形成的各种地质缺陷对工程建设的影响和危害，如土体松软、岩石风化、岩体破碎、湿陷以及边坡滑动崩塌等。面对大型建设工程选址时，还要考虑区域地质构造和区域地质岩性，形成的地质危害对地基的影响。

◆ 1.4.2 工程地质对建筑结构的影响

45.【答案】 AB

【解析】工程地质对建筑结构的影响，主要是地质缺陷和地下水造成的地基稳定性、承载力、抗渗性、沉降和不均匀沉降等问题，对建筑结构选型、建筑材料选用、结构尺寸和钢筋配置等多方面的影响。

◆ 1.4.3 工程地质对工程造价的影响

46.【答案】 D

【解析】施工阶段发现特殊不良地质条件，属于因工程地质勘察不详而引起工程造价增加的情况，所以选 D。

第 2 章　工程构造

📝 **考情概述：** 本章主要考查的内容有：工业与民用建筑分类、建筑基础类型、建筑墙体细部构造、建筑楼板与地面、道路的分类及组成、路面的等级、道路桥梁涵洞工程的分类组成及构造、地下工程的分类组成及构造等相关知识，知识点较多，整体难度中等，在历年考试分值中占 19～20 分，是土建计量科目的重点章节。建议考生在学习的过程中理解知识点，注意理解不同构造之间的联系和区别，学会区分和对比，才能有效掌握各部分考点。

📝 **考点预测：**

核心考点	重要程度
工业建筑分类	★★★
民用建筑分类	★★★★★
绿色建筑与节能建筑	★★★
基础类型	★★★★★
墙体细部构造	★★★★★
楼板与地面	★★★★★
道路的分类及组成	★★★★
路面的等级与分类	★★★★★
桥梁工程的组成和分类	★★★★
桥梁的结构	★★★★
涵洞工程	★★★
地下市政管线工程	★★★★

2.1　工业与民用建筑工程的分类、组成及构造

◆ 2.1.1　工业与民用建筑工程的分类及应用

1. 公共建筑是供人们进行各类社会、文化、经济、政治等活动的建筑物，以下不属于公共建筑的是（　　）。

　　A. 科研建筑　　　B. 民政建筑　　　C. 医疗建筑　　　D. 办公建筑

2. 多用于化学工业、热电站的主厂房是（　　）。

　　A. 单层厂房　　　B. 2 层厂房　　　C. 混合层数厂房　　　D. 多层厂房

3. 下列选项中对于排架结构描述正确的是（　　　）。

    A. 柱顶与屋架或屋面梁作铰接连接，而柱下端则嵌固于基础中

    B. 柱和屋架合并为同一个刚性构件

    C. 柱与基础的连接通常为铰接

    D. 一般用于重型单层厂房

4. 按建筑物承重结构形式分类，网架结构属于（　　　）。

    A. 排架结构　　　　B. 刚架结构　　　　C. 混合结构　　　　D. 空间结构

5. 热处理车间属于（　　　）。

    A. 动力车间　　　　B. 其他建筑　　　　C. 生产辅助用房　　D. 生产厂房

6. 在二层楼板的影剧院，建筑高度为26m，该建筑属于（　　　）。

    A. 低层建筑　　　　B. 多层建筑　　　　C. 中高层建筑　　　D. 高层建筑

7. 高层建筑抵抗水平荷载最有效的结构是（　　　）。

    A. 剪力墙结构　　　B. 框架结构　　　　C. 筒体结构　　　　D. 混合结构

8. 力求节省钢材且截面最小的大型结构是（　　　）。

    A. 钢结构　　　　　　　　　　　　　B. 型钢混凝土组合结构

    C. 钢筋混凝土结构　　　　　　　　　D. 混合结构

9. 型钢混凝土组合结构比钢结构（　　　）。

    A. 防火性能好　　　B. 节约空间　　　　C. 抗震性能好　　　D. 变形能力强

10. 设计跨度为120m的展览馆，应优先采用（　　　）。

    A. 桁架结构　　　　B. 筒体结构　　　　C. 网架结构　　　　D. 悬索结构

11. 普通民用住宅的设计合理使用年限为（　　　）年。

    A. 30　　　　　　　B. 50　　　　　　　C. 70　　　　　　　D. 100

12. 在满足一定功能的前提下，与钢筋混凝土结构相比，型钢混凝土组合结构的优点在于（　　　）。

    A. 造价低　　　　　B. 承载力大　　　　C. 节省钢材

    D. 刚度大　　　　　E. 抗震性能好

◆ 2.1.2　民用建筑构造

13. 相对刚性基础而言，柔性基础的本质在于（　　　）。

    A. 基础材料的柔性　　　　　　　　　B. 不受刚性角的影响

    C. 不受混凝土强度的影响　　　　　　D. 利用钢筋抗拉承受弯矩

14. 将层间楼板直接向外悬挑形成阳台板，该阳台承重支撑方式为（　　　）。

    A. 墙承式　　　　　B. 桥梁式　　　　　C. 挑板式　　　　　D. 板承式

15. 下列关于刚性基础的说法，正确的是（　　　）。

    A. 刚性基础基底主要承受拉应力

    B. 通常使基础大放脚与基础材料的刚性角一致

    C. 刚性角受工程地质性质的影响，与基础宽高比无关

    D. 刚性角受设计尺寸的影响，与基础材质无关

16. 对于地基软弱土层厚、荷载大和建筑面积不太大的一些重要高层建筑物，最常采用

的基础构造形式为（　　　）。

  A. 独立基础   B. 柱下十字交叉基础

  C. 筏形基础   D. 箱形基础

17. 基础的埋深是指（　　　）。

  A. 从室外地面到基础底面的垂直距离

  B. 从室外设计地面到基础底面的垂直距离

  C. 从室内设计地面到基础底面的垂直距离

  D. 从室外设计地面到基础垫层下皮的垂直距离

18. 地下室底板和四周墙体需做防水处理的基本条件是地下室地坪位于（　　　）。

  A. 最高设计地下水位以下   B. 常年地下水位以下

  C. 常年地下水位以上   D. 最高设计地下水位以上

19. 下列关于墙体构造的说法，正确的是（　　　）。

  A. 室内地面均为实铺时，外墙墙身防潮层应设在室外地坪以下 60mm 处

  B. 外墙两侧地坪不等高时，墙身防潮层应设在较低一侧地坪以下 60mm 处

  C. 年降雨量小于 900mm 的地区只需设置明沟

  D. 散水宽度一般为 600～1000mm

20. 三层砌体办公室的墙体一般设置圈梁（　　　）。

  A. 一道   B. 二道   C. 三道   D. 四道

21. 下列关于散水与明沟的说法，正确的是（　　　）。

  A. 降水量小于 900mm 的地区可只设置明沟（暗沟）

  B. 暗沟（明沟）的沟底应做纵坡，坡度 1%～3%

  C. 外墙与暗沟（明沟）之间应做散水，散水宽度 600～1000mm

  D. 散水坡度一般为 1%～3%

22. 建筑物的伸缩缝、沉降缝、防震缝的根本区别在于（　　　）。

  A. 伸缩缝和沉降缝比防震缝宽度小

  B. 伸缩缝和沉降缝比防震缝宽度大

  C. 基础伸缩缝不断开，基础沉降缝和防震缝断开

  D. 基础伸缩缝和防震缝不断开，基础沉降缝断开

23. 某商店荷载较大,管线较多,为满足荷载要求和增加室内净空,应选用(　　　)楼板。

  A. 板式   B. 梁板式肋形 C. 无梁   D. 井字形密肋

24. 某宾馆门厅 9m×9m，为了提高净空高度，宜优先选用（　　　）。

  A. 普通板式楼板   B. 梁板式肋形楼板

  C. 井字形密肋楼板   D. 普通无梁楼板

25. 现浇钢筋混凝土无梁楼板板厚通常不小于（　　　）mm。

  A. 110   B. 100   C. 120   D. 130

26. 井字形密肋楼板的肋高一般为（　　　）。

  A. 90～120mm B. 120～150mm C. 150～180mm D. 180～250mm

27. 将楼梯段与休息平台组成一个构件再组合的预制钢筋混凝土楼梯是（　　　）。

  A. 大型构件装配式楼梯   B. 中型构件装配式楼梯

C. 小型构件装配式楼梯　　　　　　　　D. 悬挑装配式楼梯

28. 下列关于雨篷的说法，正确的是（　　　）。

  A. 雨篷的悬挑长度通常为 0.9～1.2m

  B. 梁式雨篷通常为变截面形式，一般根部厚度 ≥70mm，端部厚度 ≥50mm

  C. 雨篷上表面向外侧或向滴水管处或向地漏处应做有 1% 的排水坡度

  D. 雨篷顶面通常采用刚性防水

29. 根据住宅项目阳台的设计要求，下列选项中不符合规范要求的是（　　　）。

  A. 阳台栏杆净高不应低于 1.20m

  B. 栏杆竖向杆件间的净距不应大于 0.11m

  C. 放置洗衣机的阳台地面可不设防水层

  D. 开敞式阳台应采取有组织排水

30. 楼梯平台过道处的净高不应小于（　　　）。

  A. 2.0m　　　　B. 2.1m　　　　C. 2.2m　　　　D. 2.3m

31. 建筑物梯段跨度较大时，为了经济合理，通常不采用（　　　）。

  A. 预制装配墙承式楼梯　　　　　　　　B. 预制装配梁承式楼梯

  C. 现浇钢筋混凝土梁式楼梯　　　　　　D. 现浇钢筋混凝土板式楼梯

32. 下列关于平屋顶排水的说法，正确的是（　　　）。

  A. 材料找坡时，坡度宜为 3%，找坡层的厚度最薄处不小于 20mm

  B. 结构找坡时，坡度宜为 2%

  C. 檐沟、天沟纵向找坡坡度不应小于 2%，沟底水落差不得超过 200mm

  D. 采用材料找坡时，如果有保温层则利用保温层找坡，没有保温层则利用找平层找坡

33. 倒置式屋面的构造从下至上，各个构造层的顺序正确的是（　　　）。

  A. 结构层—保温层—找平层—基层处理层—涂膜防水层—保护层

  B. 结构层—找平层—保温层—基层处理层—涂膜防水层—保护层

  C. 结构层—找平层—基层处理层—涂膜防水层—保温层—保护层

  D. 结构层—保温层—基层处理层—涂膜防水层—找平层—保护层

34. 在年降水量 1350mm 地区，对渗漏敏感的工业建筑屋面防水等级应为（　　　）。

  A. 一级，防水设防不少于 3 道

  B. 一级，防水设防不少于 1 道

  C. 二级，防水设防不少于 2 道

  D. 二级，防水设防不少于 1 道

35. 民用建筑物一般都由基础、墙、楼板与地面、阳台与雨篷、楼梯、（　　　）等部分组成。

  A. 门与窗　　　　B. 柱　　　　C. 屋顶

  D. 地基　　　　　　　　　　　　E. 装饰构造

36. 现浇钢筋混凝土楼板主要分为（　　　）。

  A. 板式楼板　　　B. 梁式楼板　　　C. 梁板式肋形楼板

  D. 井字形密肋楼板　　　　　　　E. 无梁式楼板

37. 在承受相同荷载条件下，相对刚性基础而言，柔性基础的特点是（　　　）。

A. 节约基础挖方量　　　　　　　　B. 节约基础钢筋用量

C. 增加基础钢筋用量　　　　　　　D. 减小基础埋深

E. 增加基础埋深

38. 下列选项中，属于构造柱的主要作用有（　　　）。

A. 提高结构整体刚度

B. 提高墙体延性

C. 增强建筑物承受地震作用的能力

D. 传递荷载

E. 约束墙体裂缝延伸

39. 关于一级耐火等级建筑构件的耐火极限要求，下列选项中符合《建筑设计防火规范（2018 年版）》GB 50016—2014 规定的有（　　　）。

A. 楼梯间和前室的墙耐火极限不得低于 2.00h

B. 楼板的耐火极限不得低于 1.50h

C. 屋顶承重构件的耐火极限不得低于 1.00h

D. 梁的耐火极限不得低于 1.50h

E. 住宅建筑分户墙的耐火极限不得低于 2.00h

40. 关于装配式楼地面及踢脚线的设计要求，下列描述正确的有（　　　）。

A. 装配式楼地面施工周期短，适用于全装修体系

B. 踢脚线高度必须为 150mm，不可调整

C. 踢脚线可凸出、平齐或凹进墙面，材料通常与地面一致

D. 装配式楼地面的找平层只能采用自流平砂浆，不可使用可调支架

E. 踢脚线的主要作用是保护墙面和美化地面与墙面的过渡

41. 关于屋面保护层与女儿墙或山墙之间的构造要求，下列符合规范要求的是（　　　）。

A. 块体材料保护层与女儿墙之间应预留 30mm 缝隙

B. 水泥砂浆保护层与山墙之间可不留缝，直接紧密接触

C. 预留缝隙内宜填塞聚苯乙烯泡沫塑料

D. 缝隙应用密封材料嵌填

E. 细石混凝土保护层与女儿墙之间应预留 20mm 缝隙

◆ 2.1.3　工业建筑构造

42. 有关钢筋混凝土实腹式牛腿构造，下列叙述正确的是（　　　）。

A. 牛腿外缘高 200mm

B. 牛腿挑出距离 > 100mm 时，其底面倾角可为 0

C. 牛腿挑出距离 100mm 时，其底面倾角应 > 45°

D. 牛腿外缘距吊车梁应有 100mm

43. 一个跨度为 30m 的重型机械厂房，桥式吊车起重量为 100t，该厂房采用适宜的吊车梁类型为（　　　）。

A. 非预应力混凝土 T 形截面　　　　B. 预应力混凝土 T 形截面

C. 预应力混凝土工形截面　　　　　D. 预应力混凝土鱼腹式截面

44. 单层工业厂房柱间支撑的作用是（　　　　）。

    A. 提高厂房局部竖向承载能力　　　　B. 方便检修维护吊车梁

    C. 提升厂房内部美观效果　　　　　　D. 加强厂房纵向刚度和稳定性

45. 单层厂房的纵向联系构件主要包括（　　　　）。

    A. 柱　　　　　　B. 吊车梁　　　　　C. 连系梁

    D. 柱间支撑　　　E. 基础梁

参考答案及解析

◆ 2.1.1　工业与民用建筑工程的分类及应用

1. 【答案】B

【解析】居住建筑又分为住宅类和非住宅类，包含住宅、宿舍和民政建筑；公共建筑是供人们进行各类社会、文化、经济、政治等活动的建筑物，包含教育、办公科研、商业服务、公共活动、交通、医疗等六类建筑。

2. 【答案】C

【解析】混合层数厂房指同一厂房内既有单层也有多层的厂房，多用于化学工业、热电站的主厂房等。

3. 【答案】A

【解析】排架结构型是将厂房承重柱的柱顶与屋架或屋面梁作铰接连接，而柱下端则嵌固于基础中，构成平面排架，各平面排架再经纵向结构构件连接，组成一个空间结构。

4. 【答案】D

【解析】按承重体系分类，网架是由许多杆件按照一定规律组成的网状结构，网架结构体系是高次超静定的空间结构。网架结构可分为平板网架和曲面网架。其中，平板网架采用较多，其优点是空间受力体系，杆件主要承受轴向力，受力合理，节约材料，整体性能好，刚度大，抗震性能好。网架结构体系杆件类型较少，适于工业化生产。

5. 【答案】D

【解析】生产厂房：如机械制造厂中有铸工车间、电镀车间、热处理车间、机械加工车间和装配车间等。

6. 【答案】D

【解析】①建筑高度不大于 27.0m 的住宅建筑、建筑高度不大于 24.0m 的公共建筑及建筑高度大于 24.0m 的单层公共建筑为低层或多层民用建筑；②建筑高度大于 27.0m 的住宅建筑和建筑高度大于 24.0m 的非单层公共建筑，且高度不大于 100.0m 的，为高层民用建筑；③建筑高度大于 100.0m 为超高层建筑。

7. 【答案】C

【解析】在高层建筑中，特别是特高层建筑中，水平荷载越来越大，起着控制作用，筒体结构是抵抗水平荷载最有效的结构体系。

8.【答案】B

【解析】型钢混凝土组合结构应用于大型结构中，力求截面最小化，承载力最大，可节约空间，但是造价比较高。

9.【答案】A

【解析】型钢混凝土组合结构与钢结构相比，具有防火性能好，结构局部和整体稳定性好，节省钢材的优点。

10.【答案】D

【解析】悬索结构的主要承重构件是受拉的钢索，钢索是用高强度钢绞线或钢丝绳制成。悬索结构主要用于体育馆、展览馆中，悬索屋盖结构的跨度已达 160m，是比较理想的大跨度结构形式之一。

11.【答案】B

【解析】民用建筑的设计使用年限应符合下表规定。

类别	设计使用年限/年	示　例
1	5	临时性建筑
2	25	易于替换结构构件的建筑
3	50	普通建筑和构筑物
4	100	纪念性建筑和特别重要的建筑

12.【答案】BDE

【解析】按建筑物的承重结构材料分类：①木结构；②砖木结构；③砖混结构；④钢筋混凝土结构；⑤钢结构；⑥型钢混凝土组合结构。型钢混凝土组合结构是把型钢埋入钢筋混凝土中的一种独立的结构形式。型钢、钢筋、混凝土三者结合使型钢混凝土组合结构具备了比传统的钢筋混凝土结构承载力大、刚度大、抗震性能好的优点。与钢结构相比，具有防火性能好，结构局部和整体稳定性好，节省钢材的优点。型钢混凝土组合结构应用于大型结构中，力求截面最小化，承载力最大，节约空间，但是造价比较高。

◆ **2.1.2 民用建筑构造**

13.【答案】D

【解析】基础的类型，鉴于刚性基础受其刚性角的限制，要想获得较大的基底宽度，相应的基础埋深也应加大，这显然会增加材料消耗和挖方量，也会影响施工工期。在混凝土基础底部配置受力钢筋，利用钢筋抗拉，这样基础可以承受弯矩，也就不受刚性角的限制，所以钢筋混凝土基础也称为柔性基础。在相同条件下，采用钢筋混凝土基础比混凝土基础可节省大量的混凝土材料和挖土工程量。

14.【答案】C

【解析】挑板式，是将阳台板悬挑，一般有两种做法：一种是将阳台板和墙梁现浇在一起，利用梁上部的墙体或楼板来平衡阳台板，以防止阳台倾覆。这种做法的阳台底部平整，外形轻巧，阳台宽度不受房间开间限制，但梁受力复杂、阳台悬挑长度受限，一般不宜超过1.2m。另一种是将房间楼板直接向外悬挑形成阳台板。这种做法构造简单，阳台底部平整，外形轻巧，但板受力复杂，构件类型增多，由于阳台地面与室内地面标高相同，不利于排水。

15.【答案】B

【解析】刚性基础所用的材料如砖、石、混凝土等，它们的抗压强度较高，但抗拉及抗剪强度较低。用此类材料建造的基础，应保证其基底只受压，不受拉。由于受地基承载力的影响，基底应比基顶墙（柱）宽些。根据材料受力的特点，不同材料构成的基础，其传递压力的角度也不相同。刚性基础中压力分角称为刚性角。在设计中，应尽力使基础大放脚与基础材料的刚性角相一致，以确保基础底面不产生拉应力，最大限度地节约基础材料。

16.【答案】D

【解析】箱形基础一般由钢筋混凝土建造，减少了基础底面的附加应力，因而适用于地基软弱土层厚、荷载大和建筑面积不太大的一些重要建筑物，目前高层建筑中多采用箱形基础。

17.【答案】B

【解析】从室外设计地面至基础底面的垂直距离称为基础的埋深。

18.【答案】A

【解析】当地下室地坪位于最高设计地下水位以下时，地下室四周墙体及底板均受水压影响，应有防水功能。

19.【答案】D

【解析】A室内地面均为实铺时，外墙墙身防潮层应设在室内地坪以下60mm处。B应在每侧地表下60mm处。C降水量大于900mm的地区应同时设置暗沟（明沟）和散水，降水量小于900mm的地区可只设置散水。

20.【答案】B

【解析】本题考查的是民用建筑构造。宿舍、办公楼等多层砌体民用房屋，且层数为3~4层时，应在底层和檐口标高处各设置一道圈梁。当层数超过4层时，除应在底层和檐口标高处各设置一道圈梁外，至少应在所有纵、横墙上隔层设置。

21.【答案】C

【解析】为了防止地表水对建筑基础的侵蚀，在建筑物的四周地面上设置暗沟（明沟）或散水。降水量大于等于900mm的地区应同时设置暗沟（明沟）和散水。暗沟（明沟）沟底应做纵坡，坡度为0.5%~1%，坡向窨井。外墙与暗沟（明沟）之间应做散水，散水宽度一般为600~1000mm，坡度为3%~5%。降水量小于900mm的地区可只设置散水。暗沟（明沟）和散水可用混凝土现浇，也可用有弹性的防水材料嵌缝，以防渗水。

22.【答案】D

【解析】伸缩缝将建筑物地面以上构件全部断开，基础不必断开，受温度变化影响小；沉降缝与伸缩缝相比，基础部分也要断开，宽度根据房屋的层数定；防震缝从基础顶面开始，沿房屋全高设置。

23.【答案】C

【解析】无梁楼板的底面平整，增加了室内的净空高度，有利于采光和通风，但楼板厚度较大，这种楼板比较适用于荷载较大、管线较多的商店和仓库等。

24.【答案】C

【解析】与上述板式肋形楼板所不同的是，井字形密肋楼板没有主梁，都是次梁（肋），且肋与肋间的跨离较小，通常只有 1.5～3m，肋高也只有 180～250mm，肋宽 120～200mm。当房间的平面形状近似正方形，跨度在 10m 以内时，常采用这种楼板。井字形密肋楼板具有顶棚整齐美观，有利于提高房屋的净空高度等优点，常用于门厅、会议厅等处。

25.【答案】C

【解析】无梁楼板的柱网一般布置成方形或矩形，以方形柱网较为经济，跨度一般不超过 6m，板厚通常不小于 120mm。

26.【答案】D

【解析】本题考查的是井字形肋楼板。井字形密肋楼板没有主梁，都是次梁（肋），且肋与肋之间的距离较小，通常只有 1.5～3m，肋高也只有 180～250mm，肋宽 120～200mm。

27.【答案】A

【解析】本题考查的是民用建筑构造。大型构件装配式楼梯是将楼梯段与休息平台一起组成一个构件，每层由第一跑及中间休息平台和第二跑及楼层休息平台板两大构件组成。

28.【答案】C

【解析】A 选项错误，雨篷的悬挑长度通常为 0.9～1.5m；B 选项错误，板式雨篷多为变截面形式，一般根部厚度 ≥70mm，端部厚度 ≥50mm，而梁式雨篷多采用翻梁形式；C 选项正确，这么做是为了使排水顺畅；D 选项错误，雨篷顶面通常采用柔性防水。

29.【答案】C

【解析】对于住宅项目，阳台栏杆净高不应低于 1.20m，栏杆竖向杆件间的净距不应大于 0.11m，阳台栏杆应采取防止攀登的措施；开敞式阳台应采取有组织排水并采取防水措施；放置洗衣机的阳台地面应采取有组织排水并设置防水层；各套住宅之间毗连的阳台应设分户隔板。因此，C 选项错误，放置洗衣机的阳台地面必须采取有组织排水并设置防水层。

30.【答案】A

【解析】楼梯梯段净高不宜小于 2.2m，楼梯平台过道处的净高不应小于 2m。

31.【答案】D

【解析】本题考查的是楼梯的构造。板式楼梯的梯段底面平整，外形简洁，便于支撑施工。当梯段跨度不大时采用。当梯段跨度较大时，梯段板厚度增加，自重较大，不经济。

32.【答案】D

【解析】本题考查的是平屋顶起坡方式。要使屋面排水通畅，平屋顶应设置不小于1%的屋面坡度。形成这种坡度的方法有两种：第一种方法是材料找坡，也称垫坡。这种找坡法是把屋顶板平置，屋面坡度由铺设在屋面板上的厚度有变化的找坡层形成，设有保温层时，利用屋面保温层找坡；没有保温层时，利用屋面找平层找坡。找坡层的厚度最薄处不小于20mm，平屋顶材料找坡的坡度宜为2%。第二种方法是结构起坡，也称搁置起坡。把顶层墙体或圈梁、大梁等结构构件上表面做成一定坡度，屋面板依势铺设形成坡度，平屋顶结构找坡的坡度宜为3%。檐沟、天沟纵向找坡坡度不应小于1%，沟底水落差不得超过200mm。

33.【答案】C

【解析】如右图所示。

34.【答案】A

【解析】年降水量≥1300mm为Ⅰ类工程防水使用环境，民用建筑和对渗漏敏感的工业建筑为甲类。工程防水类别为Ⅰ类、Ⅱ类防水使用环境下的甲类工程为一级防水；一级防水做法是不应少于3道。

35.【答案】ACE

【解析】建筑物一般都由基础、墙、楼板与地面、阳台与雨篷、楼梯、门与窗、屋顶、装饰构造等部分组成。

36.【答案】ACDE

【解析】现浇钢筋混凝土楼板主要分为以下四种：①板式楼板；②梁板式肋形楼板；③井字形密肋楼板；④无梁式楼板。

37.【答案】ACD

【解析】本题考查的是柔性基础。鉴于刚性基础受其刚性角的限制，要想获得较大的基底宽度，相应的基础埋深也应加大，这显然会增加材料消耗和挖方量，也会影响施工工期。在混凝土基础底部配置受力钢筋，利用钢筋抗拉，这样基础可以承受弯矩，也就不受刚性角的限制，所以钢筋混凝土基础也称为柔性基础。在相同条件下，采用钢筋混凝土基础比混凝土基础可节省大量的混凝土材料和挖土工程量。

38.【答案】ABCE

【解析】构造柱从竖向加强墙体的连接，与圈梁一起构成空间骨架，提高了建筑物的整体刚度和墙体的延性，约束墙身裂缝的开展，从而增强建筑物承受地震作用的能力。

39.【答案】ABE

【解析】一级耐火等级建筑的构件均应采用不燃材料制作，其承重墙、柱和防火墙的耐火极限不得低于3.00h；楼梯间和前室的墙、电梯井的墙、住宅建筑单元之间的墙和分户墙以及梁的耐火极限不得低于2.00h；楼板、屋顶承重构件及疏散楼梯的耐火极限不得低于

1.50h。因此，C 选项错误，屋顶承重构件的耐火极限应为 1.50h；D 选项错误，梁的耐火极限应为 2.00h。

40.【答案】ACE
【解析】B 选项错误，踢脚线高度一般为 120~150mm，可调整；D 选项错误，找平层可通过自流平砂浆或可调支架实现精准找平。

41.【答案】ACD
【解析】B 选项错误，水泥砂浆保护层与山墙之间仍需预留 30mm 缝隙；E 选项错误，细石混凝土保护层与女儿墙之间应预留 30mm 缝隙，而非 20mm。

◆ 2.1.3 工业建筑构造

42.【答案】D
【解析】牛腿的构造要求：①为了避免沿支承板内侧剪切破坏，牛腿外缘高$hk \geqslant h/3$，且不应小于 200mm；②支承吊车梁的牛腿，其外缘与吊车梁的距离为 100mm，以免影响牛腿的局部承压能力，造成外缘混凝土剥落；③牛腿挑出距离c大于 100mm 时，牛腿底面的倾斜角$a \leqslant 45°$，否则会降低牛腿的承载能力。当c小于等于 100mm 时，牛腿底面的倾斜角a可以为 0。

43.【答案】D
【解析】鱼腹式吊车梁腹板薄，外形像鱼腹。该种形式的梁受力合理，能充分发挥材料的强度和减轻自重，节省材料，可承受较大荷载，梁的刚度大。但构造和制作比较复杂，运输、堆放需设专门支垫。预应力混凝土鱼腹式吊车梁适用于厂房柱距不大于 12m，厂房跨度 12~33m，吊车起重量为 15~150t 的厂房。

44.【答案】D
【解析】柱间支撑。柱间支撑的作用是加强厂房纵向刚度和稳定性，将吊车纵向制动力和山墙抗风柱经屋盖系统传来的风力经柱间支撑传至基础。

45.【答案】BCE
【解析】纵向连系构件由吊车梁、圈梁、连系梁、基础梁等组成，与横向排架构成骨架，保证厂房的整体性和稳定性。

2.2 道路、桥梁、涵洞工程的分类、组成及构造

◆ 2.2.1 道路工程

46.关于道路路面结构组成，下列说法错误的是（　　）。
　　A. 路面基本结构层包括面层、基层和垫层
　　B. 当路面厚度较大时，面层可分为上、中、下三层
　　C. 垫层是路面结构中必须设置的层次

D. 基层可分为上基层和下基层

47. 砌石路基沿线遇到基础地质条件明显变化时应（　　）。

    A. 设置挡土墙
               B. 将地基做成台阶形

    C. 设置伸缩缝
                 D. 设置沉降缝

48. 支路采用混凝土预制块路面，其设计使用年限为（　　）。

    A. 10 年
    B. 15 年
    C. 20 年
    D. 30 年

49. 关于快速路、主干路的路基路面分期修建问题，下列说法正确的是（　　）。

    A. 分期修建可降低初期投资成本，应优先采用

    B. 快速路、主干路对路面性能要求较低，适合分期修建

    C. 分期修建易造成路面损坏，影响交通运营及行车安全

    D. 新旧路基衔接处可不设台阶，直接进行填筑

50. 当山坡上的填方路基有斜坡下滑倾向时，应采用（　　）。

    A. 护肩路基
    B. 填石路基
    C. 护脚路基
    D. 填土路基

51. 在地面自然横坡度陡于 1∶5 的斜坡上修筑半填半挖路堤时，其基底应开挖台阶，具体要求是（　　）。

    A. 台阶宽度不小于 0.8m
         B. 台阶宽度不大于 1.0m

    C. 台阶底应保持水平
           D. 台阶底应设 2%～4%的内倾坡

52. 面层宽度为 16m 的混凝土道路，其垫层宽度为（　　）。

    A. 16.5m
    B. 17m
    C. 17.5m
    D. 18m

53. 快速路及降雨量大的地区宜采用的道路横坡度为（　　）。

    A. 1.0%～2.0%
    B. 1.0%～1.5%
    C. 1.5%～2.0%
    D. 1.5%～2.5%

54. 关于城市道路排水设计的基本要求，下列说法正确的是（　　）。

    A. 城市建成区道路应采用边沟排水，外围道路应采用管道排水

    B. 雨水口布置应允许雨水横向流过车行道以提高排水效率

    C. 路堑边坡顶部必须设置截水沟

    D. 易积水地段的雨水口宜适当加大泄水能力

55. 在城市道路排水系统中，下列关于雨水口设置的说法错误的是（　　）。

    A. 路面低洼点必须设置雨水口

    B. 雨水不应流入路口范围或桥面

    C. 雨水口泄水能力只需满足一般排水要求

    D. 一般路段应按适当间距设置雨水口

56. 停车场与通道平行方向的纵坡坡度应（　　）。

    A. 不超过 3%
    B. 不小于 1%
    C. 不小于 3%
    D. 不超过 1%

57. 单向机动车道数不小于三条的城市道路横断面必须设置（　　）。

    A. 机动车道
    B. 非机动车道
    C. 人行道

    D. 应急车道
    E. 分车带

◆ 2.2.2　桥梁工程

58. 关于水泥混凝土铺装层面层的设计要求，下列说法错误的是（　　）。

A. 混凝土强度等级不应低于 C40　　B. 钢筋直径不应小于 8mm
C. 钢筋间距不宜大于 100mm　　D. 必要时可采用纤维混凝土

59. 悬臂梁桥的结构特点是（　　）。
A. 悬臂跨与挂孔跨交替布置　　B. 通常为偶数跨布置
C. 多跨在中间支座处连接　　D. 悬臂跨与挂孔跨分左右布置

60. 位于桥梁两端、与路基相连并支撑上部结构的构造物是（　　）。
A. 桥墩　　　　B. 墩台基础　　　　C. 桥台　　　　D. 桥梁支座

61. 适用于桥面较宽、跨度较大的预应力混凝土梁桥、斜交桥和弯桥，应优先选用的桥梁形式为（　　）。
A. 简支板桥　　B. 肋梁式简支梁桥　C. 箱形简支梁桥　　D. 悬索桥

62. 混凝土斜拉桥属于典型的（　　）。
A. 梁式桥　　　B. 悬索桥　　　　C. 刚架桥　　　　D. 组合式桥

63. 关于桥面铺装和横坡设置的要求，下列符合规范要求的是（　　）。
A. 水泥混凝土整平层厚度宜为 70～100mm
B. 支路桥梁铺装层厚度可小于 60mm
C. 快速路桥面横坡度宜采用 2%
D. 人行道应设置 1%～2% 向车行道的横坡
E. 钢桥面铺装可不考虑当地气象条件

2.2.3　涵洞工程

64. 冻土、软弱地基等不良地质的暗涵主要用（　　）。
A. 圬工涵　　　　　　B. 钢筋混凝土涵
C. 波纹钢管（板）涵　　D. 倒虹吸涵

65. 跨越深沟的高路堤公路涵洞，适宜的形式是（　　）。
A. 圆管涵　　B. 盖板涵　　　　C. 拱涵　　　　D. 箱涵

66. 关于涵洞，下列说法正确的是（　　）。
A. 洞身的截面形式仅有圆形和矩形两类
B. 涵洞的孔径根据地质条件确定
C. 圆管涵不采用提高节
D. 圆管涵的过水能力比盖板涵大

参考答案及解析

2.2.1　道路工程

46.【答案】C
【解析】C 选项错误，垫层是根据设计要求设置的，并非必须设置，其他选项均符合道路路面结构组成要求。

47.【答案】 D

【解析】 本题考查的是路基形式。砌石路基是指用不易风化的开山石料外砌、内填而成的路堤。砌石顶宽为 0.8m，基底面以 1∶5 向内倾斜，高度为 2～15m。砌石路基应每隔 15～20m 设伸缩缝一道。当基础地质条件变化时，应分段砌筑，并设沉降缝。当地基为整体岩石时，可将地基做成台阶形。

48.【答案】 A

【解析】 路面结构的设计使用年限见下表。

路面等级	路面结构类型		
	沥青路面	水泥混凝土路面	砌块路面
快速路	15	30	—
主干路	15	30	—
次干路	15	20	—
支路	10	20	混凝土预制块路面：10 年 石材路面：20 年

49.【答案】 C

【解析】 A 选项错误，虽然分期修建可降低初期成本，但综合考虑交通影响和路面性能，不宜优先采用；B 选项错误，快速路、主干路对路面性能要求高，不宜分期修建；D 选项错误，新旧路基衔接处必须设台阶以确保稳定性。

50.【答案】 C

【解析】 山坡上的填方路基有沿斜坡下滑的倾向或加固，收回填方坡脚时，可采用护脚路基。

51.【答案】 D

【解析】 在地面自然横坡度陡于 1∶5 的斜坡上修筑路堤时，路堤基底应挖台阶，台阶宽度不得小于 1m，台阶底应有 2%～4%向内倾斜的坡度。

52.【答案】 B

【解析】 面层、基层和垫层是路面结构的基本层次，为了保证车轮荷载的向下扩散和传递，下一层应比其上一层每边宽出 0.25m。

53.【答案】 C

【解析】 道路横坡度应根据路面宽度、路面类型、纵坡及气候条件确定，宜采用 1.0%～2.0%。快速路及降雨量大的地区宜采用 1.5%～2.0%；严寒积雪地区、透水路面宜采用 1.0%～1.5%。保护性路肩横坡度可比路面横坡度加大 1.0%。路肩横坡度一般应较路面横坡度大 1%。

54.【答案】 D

【解析】 A 选项错误，建成区应采用管道排水；B 选项错误，规范禁止雨水横向流过车行道；C 选项"必须"说法过于绝对，应为"必要时"设置。

55.【答案】C

【解析】规范要求雨水口泄水能力应满足道路排水要求，并非一般排水要求，易积水地段还需加大泄水能力，故 C 选项错误。其他选项均符合规范要求。

56.【答案】D

【解析】停车场与通道平行方向的纵坡坡度不应超过 1%。

57.【答案】ABCE

【解析】城市道路横断面可分为单幅路、两幅路、三幅路、四幅路及特殊形式的断面。城市道路横断面宜由机动车道、非机动车道、人行道、分隔带、设施带、绿化带等组成，特殊断面还可包括应急车道、路肩和排水沟等，如下图所示。

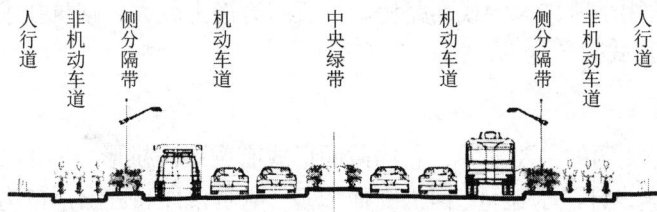

城市道路横断面示意图

◆ 2.2.2　**桥梁工程**

58.【答案】B

【解析】规范要求钢筋直径不应小于 10mm，故 B 选项错误。其他选项均符合水泥混凝土铺装层的设计要求。

59.【答案】A

【解析】悬臂梁桥相当于简支梁桥的梁体越过其支点向一端或两端延伸所形成的梁式桥结构。其结构特点是悬臂跨与挂孔跨交替布置，通常为奇数跨布置。

60.【答案】C

【解析】桥墩是多跨桥梁中处于相邻桥跨之间并支承上部结构的构造物。桥台是位于桥梁两端、与路基相连并支承上部结构的构造物。墩台基础是桥梁墩台底部与地基相接触的结构部分。

61.【答案】C

【解析】箱形简支梁桥主要用于预应力混凝土梁桥，尤其适用于桥面较宽的预应力混凝土桥梁结构和跨度较大的斜交桥及弯桥。

62.【答案】D

【解析】组合式桥是由几个不同的基本类型结构所组成的桥。常见的这类桥型有梁与拱组合式桥，如系杆拱、桁架拱及多跨拱梁结构等；悬索结构与梁式结构的组合式桥，如斜拉桥等。斜拉桥是典型的悬索结构和梁式结构组合的，由主梁、拉索及索塔组成的组合结构体系。

63.【答案】ACD

【解析】B 选项错误，支路铺装层厚度不宜小于 60mm；E 选项错误，钢桥面铺装需考虑气象条件。A、C、D 均符合规范要求。

◆ **2.2.3　涵洞工程**

64.【答案】C

【解析】波纹钢管（板）涵主要用于冻土、软弱地基等不良地质的暗涵以及有特殊要求的暗涵，不宜用于陡坡涵。

65.【答案】C

【解析】拱涵适用于跨越深沟或高路堤。一般超载潜力较大，砌筑技术容易掌握，是一种普遍采用的涵洞形式。

66.【答案】C

【解析】洞身是涵洞的主要部分，它的截面形式有圆形、拱形、矩形（箱形）三大类。涵洞的孔径，应根据设计洪水流量、河沟断面形态、地质条件和进出水口沟床加固形式等条件，经水力验算确定。盖板涵的过水能力较圆管涵大，与同孔径的拱涵相接近，施工期限较拱涵短，但钢材用量比拱涵多，对地基承载力的要求较拱涵低。

2.3　地下工程的分类、组成及构造

◆ **2.3.1　地下工程的分类**

67. 地下危险品仓库和冷库一般应布置在（　　　）。
   A. 地表～−10m 深度空间　　　　　B. −10～−30m 深度空间
   C. −30m 以下深度空间　　　　　　D. −50m 以下深度空间

◆ **2.3.2　主要地下工程组成及构造**

68. 地铁车站中不宜分期建成的是（　　　）。
   A. 地面站的土建工程　　　　　　B. 高架车站的土建工程
   C. 车站地面建筑物　　　　　　　D. 地下车站的土建工程

69. 地下批发总贮库的布置应优先考虑（　　　）。
   A. 尽可能靠近铁路干线　　　　　B. 与铁路干线有一定距离
   C. 尽可能接近生活居住区中心　　D. 尽可能接近地面销售分布密集区域

70. 目前，真正制约地下铁路建设的因素是（　　　）。
   A. 城市规模　　　B. 经济性问题　　　C. 交通负荷　　　D. 政策导向

71. 具有相同运力而使旅客换乘次数最少的地铁路网布置方式是（　　　）。

A. 单环式　　　　B. 多线式　　　　　C. 棋盘式　　　　　D. 蛛网式

72. 下列对公路隧道净空说法正确的是（　　）。

A. 隧道净空就是公路的建筑限界

B. 隧道净空就是隧道开挖的断面

C. 隧道净空就是建筑限界加设备空间

D. 隧道净空就是衬砌的内轮廓

73. 城市地下综合管廊建设中，明显增加工程造价的管线布置为（　　）。

A. 电力、电信线路　　　　　　　B. 燃气管道

C. 给水管道　　　　　　　　　　D. 污水管道

74. 市政支线综合管廊应设置于（　　）。

A. 道路中央下方　　B. 人行道下方　　C. 非机车道下方　　D. 分隔带下方

75. 地下市政管线工程按管线敷设形式分为（　　）。

A. 搭设　　　　　　B. 预埋　　　　　　C. 架空架设线路

D. 压力管道　　　　E. 地下埋设线路

参考答案及解析

◆ 2.3.1　地下工程的分类

67.【答案】C

【解析】地下危险品仓库及冷库一般应布置在−30m 以下的深度空间。

◆ 2.3.2　主要地下工程组成及构造

68.【答案】D

【解析】地下车站的土建工程宜一次建成。地面车站、高架车站及地面建筑可分期建设。

69.【答案】B

【解析】本题考查的是贮库布置与交通的关系。贮库最好布置在居住用地之外，离车站不远，以便把铁路支线引至贮库所在地。对小城市的贮库布置，起决定作用的是对外运输设备（如车站、码头）的位置；大城市除了要考虑对外交通外，还要考虑市内供应线的长短问题。大库区以及批发和燃料总贮库，必须要考虑铁路运输。贮库不应直接沿铁路干线两侧布置，尤其是地下部分，最好布置在生活居住区的边缘地带，与铁路干线有一定的距离。

70.【答案】B

【解析】真正制约地下铁路建设的因素是经济性问题。

71.【答案】D

【解析】本题考查的是蛛网式。该路网由多条辐射状线路与环形线路组合，其运送能力很大，可减少旅客的换乘次数，又能避免客流集中堵塞，还能减轻多线式存在的市中心区换

乘负担。

72.【答案】D

【解析】地下公路隧道净空，是指隧道衬砌内廓线所包围的空间，它包括公路的建筑限界、通风及其他需要的断面积。

73.【答案】D

【解析】综合管廊发展的早期，以收容电力、电信、煤气、供水、污水为主，目前原则上各种城市管线都可以进入综合管廊，如空调管线、垃圾真空运输管线等，但对于雨水管、污水管等各种重力流管线，进入综合管廊将增加综合管廊的造价，应慎重对待。

74.【答案】B

【解析】支线综合管廊主要收容城市中的各种供给支线，为干线综合管廊和终端用户之间联系的通道，设于人行道下方，管线为通信、有线电视、电力、燃气、自来水等，结构断面以矩形居多。

75.【答案】CE

【解析】按管线的敷设形式分为架空架设线路，如电力、电信、道路照明等；地下埋设线路，如给水、排水、燃气、热力、电信等线路。各种工业管道则根据工艺需要和厂区具体情况进行敷设；电力和照明线路，也可能采用地下敷设。

第 3 章　工程材料

考情概述： 本章主要考查的内容有：建筑结构材料（钢材、胶凝、混凝土、沥青混合料、砌筑）、建筑装饰材料（饰面、玻璃、涂料、塑料、钢材、木材）、建筑功能材料（防水、保温隔热、吸声隔声、防火）等相关知识，知识点多，但整体难度不大，在历年考试分值中占 16 分左右，建议考生在学习的过程中可以先结合工程实际材料的观感和应用情况理解知识点，注意相似材料之间性质的异同点，多对比多区分，深入理解各类材料特点，本章在历年真题中有较多重复考点，牢固掌握这些高频考点可更好地紧抓本章分值。

考点预测：

核心考点	重要程度
常用的建筑钢材	★★★
钢材的性能	★★★★★
胶凝材料—水泥	★★★★★
胶凝材料—沥青	★★★★
混凝土	★★★★★
装饰材料—石材、陶瓷	★★★★
装饰材料—玻璃、涂料	★★★★
装饰材料—塑料	★★★★
功能材料—防水	★★★★★
功能材料—保温隔热	★★★★

3.1　建筑结构材料

3.1.1　建筑钢材

1. 关于 CRB 系列钢筋的公称直径范围，以下描述正确的是（　　）。

    A. CRB550 钢筋的公称直径范围为 4～16mm

    B. CRB600H 钢筋的公称直径范围为 4～12mm

    C. CRB650 钢筋的公称直径仅包括 4mm、5mm、6mm

    D. CRB800 钢筋的公称直径范围为 4～20mm

2. 钢材 CDW550 主要用于（　　）。

A. 地铁钢轨　　　　B. 预应力钢筋　　　　C. 吊车梁主筋　　　　D. 构造钢筋

3. 制作预应力混凝土轨枕采用的预应力混凝土钢材应为（　　　）。

A. 钢丝　　　　B. 钢绞线　　　　C. 热处理钢筋　　　　D. 冷轧带肋钢筋

4. 钢材的强屈比越大，则（　　　）。

A. 结构的安全性越高，钢材的有效利用率越低

B. 结构的安全性越高，钢材的有效利用率越高

C. 结构的安全性越低，钢材的有效利用率越低

D. 结构的安全性越低，钢材的有效利用率越高

5. 与热轧钢筋相比，冷拉热轧钢筋的特点是（　　　）。

A. 屈服强度提高，结构安全性降低　　　　B. 抗拉强度提高，结构安全性提高

C. 屈服强度降低，伸长率降低　　　　D. 抗拉强度降低，伸长率提高

6. 大型屋架、大跨度桥梁等大负荷预应力混凝土结构中，应优先选用（　　　）。

A. 冷轧带肋钢筋　　　　B. 预应力混凝土用钢绞线

C. 冷拉热轧钢筋　　　　D. 冷拔低碳钢丝

7. 建筑钢材的力学特性直接关系钢材的工程应用，下列关于钢材力学特性说法正确的是（　　　）。

A. 脆性临界温度数值越低，钢材的低温冲击韧性越好

B. 冷弯性能表征钢材在低温状态下承受弯曲变形的能力

C. 表征抗拉性能的主要指标是耐疲劳性

D. 钢材硬度是指钢材抵抗冲击荷载的能力

8. 表征钢材抗拉性能的技术指标主要有（　　　）。

A. 屈服强度　　　　B. 冲击韧性　　　　C. 抗拉强度

D. 硬度　　　　E. 伸长率

9. 可用于预应力混凝土的钢筋有（　　　）。

A. HRB300　　　　B. HRB500　　　　C. CRB800H

D. CRB800　　　　E. CRB650

◆ 3.1.2　胶凝材料

10. 水泥的强度是指（　　　）。

A. 水泥净浆的强度　　　　B. 水泥胶砂的强度

C. 水泥混凝土的强度　　　　D. 水泥砂浆结石强度

11. 高等级公路路面铺筑应选用（　　　）。

A. 树脂改性沥青　　　　B. SBS 改性沥青

C. 橡胶树脂改性沥青　　　　D. 矿物填充料改性沥青

12. 耐酸、耐碱、耐热和绝缘的沥青制品应选用（　　　）。

A. 滑石粉填充改性沥青　　　　B. 石灰石粉填充改性沥青

C. 硅藻土填充改性沥青　　　　D. 树脂改性沥青

13. 可用于有高温要求的工业车间大体积混凝土构件的水泥是（　　　）。

A. 硅酸盐水泥　　　　B. 普通硅酸盐水泥

C. 矿渣硅酸盐水泥   D. 火山灰质硅酸盐水泥

14.铝酸盐水泥适宜用于（   ）。

    A. 大体积混凝土   B. 与硅酸盐水泥混合使用的混凝土

    C. 用于蒸汽养护的混凝土   D. 低温地区施工的混凝土

15.水化热大的水泥可用于（   ）。

    A. 大体积混凝土   B. 冬期施工

    C. 大型基础   D. 水坝

16.水泥熟料中掺入活性混合材料，可以改善水泥性能，常用的活性材料有（   ）。

    A. 石英砂   B. 砂岩   C. 石灰石   D. 矿渣粉

17.干缩性较小的水泥有（   ）

    A. 硅酸盐水泥   B. 普通硅酸盐水泥

    C. 矿渣硅酸盐水泥   D. 火山灰质硅酸盐水泥

    E. 粉煤灰硅酸盐水泥

18.有抗化学侵蚀要求的混凝土多使用（   ）。

    A. 硅酸盐水泥   B. 普通硅酸盐水泥

    C. 矿渣硅酸盐水泥   D. 火山灰质硅酸盐水泥

    E. 粉煤灰硅酸盐水泥

◆ 3.1.3 水泥混凝土

19.关于混凝土泵送剂，下列说法正确的是（   ）。

    A. 应用泵送剂温度不宜高于25℃   B. 过量掺入泵送剂不会造成堵泵现象

    C. 宜用于蒸汽养护混凝土   D. 泵送剂包含缓凝及减水组分

20.拌制混凝土选用石子，要求连续级配的目的是（   ）。

    A. 减少水泥用量   B. 适应机械振捣

    C. 使混凝土拌合物泌水性好   D. 使混凝土拌合物和易性好

21.通常要求普通硅酸盐水泥的初凝时间和终凝时间是（   ）。

    A. >45min 和 >10h   B. >45min 和 <10h

    C. <45min 和 <10h   D. <45min 和 >10h

22.在砂用量相同的情况下，若砂子过细，则拌制的混凝土（   ）。

    A. 黏聚性差   B. 易产生离析现象

    C. 易产生泌水现象   D. 水泥用量增大

23.（   ）拌制的混凝土流动性和黏聚性均较好，是现浇混凝土中最常用的一种级配形式。

    A. 连续级配   B. 间断级配   C. 颗粒级配   D. 粒径级配

24.硫酸钠溶液浸泡法一般是用来测定石子的（   ）。

    A. 强度   B. 硬度   C. 坚固性   D. 耐酸性

25.下列（   ）可用于大体积混凝土或长距离运输的混凝土。

    A. 减水剂   B. 早强剂   C. 泵送剂   D. 缓凝剂

26.以下具有减水和引气功能的外加剂是（   ）。

A. 木质素磺酸钙 B. 三乙醇胺

C. 烃基苯酚聚氧乙烯醚 D. 烷基芳香基磺酸盐

27. 对钢筋锈蚀作用最小的早强剂是（ ）。

A. 硫酸盐 B. 三乙醇胺 C. 氯化钙 D. 氯化钠

28. 混凝土外加剂中，引气剂的主要作用在于（ ）。

A. 调节混凝土凝结时间 B. 提高混凝土早期强度

C. 缩短混凝土终凝时间 D. 提高混凝土的抗冻性

29. 下列关于混凝土和易性的叙述正确的是（ ）。

A. 和易性是表示混凝土黏聚力的指标

B. 时间和温度对混凝土的和易性没有影响

C. 水泥浆是和易性最敏感的影响因素

D. 黏聚性好的混凝土拌合物，其保水性和流动性较差

30. 若混凝土的强度等级大幅度提高，则其抗拉强度与抗压强度的比值（ ）。

A. 变化不大 B. 明显减小 C. 明显增大 D. 无明确相关性

31. 提高混凝土耐久性的重要措施主要包括（ ）。

A. 针对工程环境合理选择水泥品种 B. 添加加气剂或膨胀剂

C. 提高浇筑和养护的施工质量 D. 改善集料的级配

E. 控制好湿度和温度

32. 与普通混凝土相比，高性能混凝土的明显特性有（ ）

A. 体积稳定性好 B. 耐久性好

C. 早期强度发展慢 D. 抗压强度高

E. 自密实性差

◆ 3.1.4 沥青混合料

33. 沥青路面的面层集料采用玄武岩碎石，主要是为了保证路面的（ ）。

A. 高温稳定性 B. 低温抗裂性 C. 抗滑性 D. 耐久性

◆ 3.1.5 砌筑材料

34. 下列砖中，适合砌筑沟道或基础的为（ ）。

A. 蒸养砖 B. 烧结空心砖 C. 烧结多孔砖 D. 烧结普通砖

35. 烧结多孔砖的孔洞率不应小于（ ）。

A. 20% B. 25% C. 30% D. 40%

36. 下列哪些部位的填充墙禁止使用轻骨料混凝土小型空心砌块或蒸压加气混凝土砌块？（ ）

A. 地下水位波动区的挡土墙

B. 高温车间内表面温度达 90℃ 的隔墙

C. 办公楼普通内隔墙

D. 化工厂酸洗车间墙体

E. 长期受重型卡车振动影响的高速公路隔声墙

37. 关于蒸养砖的应用要求，以下哪些说法符合规范规定？（　　　　）

    A. 蒸养砖不得用于急冷急热的建筑部位

    B. 当开孔方向与承载方向一致时，孔洞率应≤10%

    C. 蒸养砖可用于长期接触酸性环境的工业厂房

    D. 蒸养砖在非承载方向开孔时，孔洞率可不受限制

参考答案及解析

◆ 3.1.1　建筑钢材

1.【答案】C

【解析】CRB550 钢筋的公称直径范围为 4～12mm，CRB600H 钢筋的公称直径范围为 4～16mm，CRB650 及以上牌号钢筋的公称直径为 4mm、5mm、6mm。CRB600H 应为二面肋，CRB550、CRB650 应为三面肋。

2.【答案】D

【解析】冷拔低碳钢丝只有 CDW550 一个牌号。冷拔低碳钢丝宜作为构造钢筋使用，作为结构构件中纵向受力钢筋使用时应采用钢丝焊接网。冷拔低碳钢丝不得作预应力钢筋使用。

3.【答案】C

【解析】热处理钢筋是钢厂将热轧的带肋钢筋（中碳低合金钢）经淬火和高温回火调质处理而成的，即以热处理状态交货。热处理钢筋强度高，用材省，锚固性好，预应力稳定，主要用作预应力钢筋混凝土轨枕，也可用于预应力混凝土板、吊车梁等构件。

4.【答案】A

【解析】强屈比越大，反映钢材受力超过屈服点工作时的可靠性越大，因而结构的安全性越高。但强屈比太大，则反映钢材不能有效地被利用。

5.【答案】A

【解析】A 选项正确，冷拉后屈服强度提高，但塑性降低，结构延性变差，安全性有所降低；B 选项错误，抗拉强度变化不明显，且塑性降低会削弱安全性（非提高）；C 选项错误，屈服强度应提高而非降低；D 选项错误，伸长率应降低而非提高。

6.【答案】B

【解析】预应力混凝土用钢绞线强度高、柔性好，与混凝土粘结性能好，多用于大型屋架、薄腹梁、大跨度桥梁等大负荷的预应力混凝土结构。

7.【答案】A

【解析】发生冷脆时的温度称为脆性临界温度，其数值越低，说明钢材的低温冲击韧性越好。

8.【答案】ACE

【解析】抗拉性能是钢材的最主要性能，表征其性能的技术指标主要是屈服强度、抗拉强度和伸长率。

9.【答案】CDE

【解析】根据现行国家标准《冷轧带肋钢筋》GB 13788—2024 的规定，CRB550、CRB600H 为普通钢筋混凝土用钢筋，CRB650、CRB800、CRB800H 为预应力混凝土用钢筋。

◆ 3.1.2 胶凝材料

10.【答案】B

【解析】水泥强度是指胶砂的强度，而不是净浆的强度，它是评定水泥强度等级的依据。根据现行国家标准《水泥胶砂强度检验方法（ISO 法）》GB/T 17671—2021 的规定，将水泥、标准砂和水按照（质量比）水泥:标准砂:水 = 1:3:0.5 拌合用的水灰比制成胶砂试件，在标准温度（20±1）℃的水中养护，测 3d 和 28d 的试件抗折和抗压强度，以规定龄期的抗压强度和抗折强度划分强度等级。

11.【答案】B

【解析】SBS 改性沥青具有良好的耐高温性、优异的低温柔性和耐疲劳性，是目前应用最成功和用量最大的一种改性沥青。主要用于制作防水卷材和铺筑高等级公路路面等。

12.【答案】A

【解析】改性石油沥青，矿物填充料改性沥青。常用的矿物填料大多是粉状的和纤维状的，主要有滑石粉、石灰石粉、硅藻土和石棉等。滑石粉亲油性好（憎水），易被沥青润湿，可直接混入沥青中，以提高沥青的机械强度和抗老化性能，可用于具有耐酸、耐碱、耐热和绝缘性能的沥青制品中。石灰石粉其亲水程度比石英粉弱，而最重要的是石灰石粉与沥青有较强的物理吸附力和化学吸附力，所以是较好的矿物填充料。硅藻土是软质多孔而轻的材料，易磨成细粉，耐酸性强，是制作轻质、绝热、吸声的沥青制品的主要填料。膨胀珍珠岩粉有类似的作用，故也可用作这类沥青制品的矿物填充料。石棉绒或石棉粉为纤维状，富有弹性，具有耐酸、耐碱和耐热性能，是热和电的不良导体，内部有很多微孔，吸油（沥青）量大，掺入后可提高沥青的抗拉强度和热稳定性。

13.【答案】C

【解析】根据题意，要求选用水化热低的水泥，并且耐热性好，所以选择矿渣硅酸盐水泥。

14.【答案】D

【解析】铝酸盐水泥不宜用于大体积混凝土工程；不能用于与碱溶液接触的工程；不得与未硬化的硅酸盐水泥混凝土接触使用，更不得与硅酸盐水泥或石灰混合使用；不能蒸汽养护，不宜在高温季节施工。

15.【答案】B

【解析】水化热大的水泥在硬化过程中放出大量的热，这些热量在大型基础、水坝、桥墩等大体积混凝土中不易散出，会引起凝固的混凝土膨胀，出现细微裂缝，影响质量。而在一般混凝土构件的冬期施工中，水化热有利于养护硬化。

16.【答案】D

【解析】常用的活性混合材料有符合国家相关标准的粒化高炉矿渣、矿渣粉、火山灰质混合材料。水泥熟料中掺入活性混合材料，可以改善水泥性能，调节水泥强度等级，扩大水泥使用范围，提高水泥产量，利用工业废料、降低成本，有利于环境保护。

17.【答案】ABE

【解析】常用水泥的主要特性及适用范围见下表。

特性及适用范围

水泥种类	硅酸盐水泥	普通硅酸盐水泥	矿渣硅酸盐水泥	火山灰质硅酸盐水泥	粉煤类硅酸盐水泥
强度等级	42.5，42.5R 52.5，52.5R 62.5，62.5R	42.5，42.5R 52.5，52.5R	32.5，32.5R 42.5，42.5R 52.5，52.5R	32.5，32.5R 42.5，42.5R 52.5，52.5R	32.5，32.5R 42.5，42.5R 52.5，52.5R
主要特性	1. 早期强度较高，凝结硬化快； 2. 水化热较大； 3. 耐冻性好； 4. 耐热性较差； 5. 耐腐蚀性及耐水性较差； 6. 干缩性较小	1. 早期强度较高，凝结硬化快； 2. 水化热较大； 3. 耐冻性好； 4. 耐热性较差； 5. 耐腐蚀性及耐水性较差； 6. 干缩性较小	1. 早期强度低，后期强度增长较快，凝结硬化慢； 2. 水化热较小； 3. 耐热性较好； 4. 耐硫酸盐侵蚀和耐水性较好； 5. 抗冻性较差； 6. 干缩性较大； 7. 抗碳化能力差	1. 早期强度低，后期强度增长较快，凝结硬化慢； 2. 水化热较小； 3. 耐热性较好； 4. 耐硫酸盐侵蚀和耐水性较好； 5. 抗冻性较差； 6. 干缩性较大； 7. 抗碳化能力差	1. 早期强度低，后期强度增长较快，凝结硬化慢； 2. 水化热较小； 3. 耐热性较好； 4. 耐硫酸盐侵蚀和耐水性较好； 5. 抗冻性较差； 6. 干缩性较小； 7. 抗碳化能力差

18.【答案】CDE

【解析】硅酸盐水泥和普通硅酸盐水泥不适用于受化学侵蚀、压力水作用及海水侵蚀的工程。

◆ 3.1.3　水泥混凝土

19.【答案】D

【解析】泵送剂是指能改善混凝土拌合物的泵送性能，使混凝土具有能顺利通过输送管道，不阻塞，不离析，黏塑性良好的外加剂。其组分包含缓凝及减水组分，增稠组分（保水剂），引气组分，及高比表面无机掺和料。应用泵送剂温度不宜高于 35℃，掺泵送剂过量可能造成堵泵现象。泵送剂不宜用于蒸汽养护混凝土和蒸压养护的预制混凝土。

20.【答案】D

【解析】连续级配比间断级配水泥用量稍多，但其拌制的混凝土流动性和黏聚性均较好，是现浇混凝土中最常用的一种级配形式。

21.【答案】B

【解析】普通硅酸盐水泥初凝时间不得早于 45min，终凝时间不得迟于 10h。

22.【答案】D

【解析】若砂子过细，砂子的总表面积增大，虽然拌制的混凝土黏聚性较好，不易产生离析、泌水现象，但水泥用量增大。

23.【答案】A

【解析】连续级配拌制的混凝土流动性和黏聚性均较好，是现浇混凝土中最常用的一种级配形式。

24.【答案】C

【解析】坚固性试验一般采用硫酸钠溶液浸泡法。

25.【答案】D

【解析】缓凝剂用于大体积混凝土、炎热气候条件下施工的混凝土或长距离运输的混凝土。

26.【答案】D

【解析】引气减水剂减水效果明显，减水率较大，不但能起到引气作用，而且还能提高混凝土强度，弥补由于含气量而使混凝土强度降低的不利，而且节约水泥。常在道路、桥梁、港口和大坝等工程上采用。解决混凝土遭受冰冻、海水侵蚀等作用时的耐久性问题，可采用的引气减水剂有改性木质素磺酸盐类、烷基芳香基磺酸盐类以及由各类引气剂与减水剂组成的复合剂。

27.【答案】B

【解析】三乙醇胺对钢筋无锈蚀作用。

28.【答案】D

【解析】引气剂是在混凝土搅拌过程中，能引入大量分布均匀的稳定而密封的微小气泡，以减少拌合物泌水离析、改善和易性，同时显著提高硬化混凝土抗冻融耐久性的外加剂。

29.【答案】C

【解析】和易性是一项综合技术指标，包括流动性、黏聚性、保水性三个主要方面。①流动性：产生流动并均匀密实地充满模板的能力；②黏聚性：使混凝土保持整体均匀性的能力；③保水性：混凝土拌合物在施工中不致发生严重的泌水现象。混凝土拌合物的流动性、黏聚性、保水性三者既相互联系，又相互矛盾。黏聚性好的混凝土拌合物，其保水性也好，但流动性较差；如增大流动性，则黏聚性、保水性易变差。混凝土拌合物和易性通常采用坍落度及坍落扩展度试验和维勃稠度试验进行评定。

30.【答案】B

【解析】高强混凝土的物理力学性能：混凝土的抗拉强度虽然随着抗压强度的提高而提高，但它们之间的比值却随着强度的增加而降低。

31.【答案】AD

【解析】提高混凝土耐久性的措施。混凝土耐久性主要取决于组成材料的质量及混凝土密实度。提高混凝土耐久性的主要措施：①根据工程环境及要求，合理选用水泥品种；②控制水灰比及保证足够的水泥用量；③选用质量良好、级配合理的骨料和合理的砂率；④掺用合适的外加剂。

32.【答案】ABD

　　【解析】高性能混凝土的特性：体积稳定性好、耐久性好、抗压强度高、强度高、水化热低、徐变少、收缩量小耐高温（火）差。

◆ 3.1.4　沥青混合料

33.【答案】C

　　【解析】为保证抗滑性能，面层集料应选用质地坚硬且具有棱角的碎石，通常采用玄武岩。

◆ 3.1.5　砌筑材料

34.【答案】D

　　【解析】烧结普通砖具有较高的强度，良好的绝热性、耐久性、透气性和稳定性，且原料广泛，生产工艺简单，因而可用作墙体材料，砌筑柱、拱、窑炉、烟囱、沟道及基础等。

35.【答案】B

　　【解析】烧结多孔砖是以黏土、页岩、煤矸石、粉煤灰等为主要原料烧制的主要用于结构承重的多孔砖。多孔砖大面有孔，孔多而小，孔洞垂直于大面（即受压面），孔洞率不小于 25%。烧结多孔砖主要用于 6 层以下建筑物的承重墙体。

36.【答案】ABDE

　　【解析】不应使用轻骨料混凝土小型空心砌块或蒸压加气混凝土砌块砌体的情况包括：防潮层以下及长期浸水环境（A 选项符合，地下水位波动区在防潮层以下）；表面温度 > 80℃（B 选项符合，90℃超限）；化学侵蚀环境（D 选项符合，酸洗车间属于酸性介质侵蚀）；长期振动环境（E 符合，重型卡车振动属于持续振动源）；C 选项是普通内隔墙，无限制，故不选。

37.【答案】AB

　　【解析】A 选项正确，蒸养砖不得用于急冷急热环境；B 选项正确，承载方向开孔时，孔洞率不宜超过 10%；C 选项错误，蒸养砖禁止用于酸性介质侵蚀部位；D 选项错误，规范仅明确承载方向的孔洞率限制，但未说明非承载方向的孔调率可完全不受限。

3.2　建筑装饰材料

◆ 3.2.1　建筑饰面材料

38. 与天然大理石板材相比，装饰用天然花岗石板材的缺点是（　　）。

　　A. 吸水率高　　　　B. 耐酸性差　　　　C. 耐久性差　　　　D. 耐火性差

39. 可较好替代天然石材装饰材料的饰面陶瓷是（　　）。

A. 陶瓷锦砖   B. 瓷质砖   C. 墙地砖   D. 釉面砖

40. 作为天然饰面石材，花岗岩与大理石相比（　　　）。

　　A. 色泽可选性多   B. 抗侵蚀性强   C. 耐火性强   D. 抗风化性差

41. 大理石板材一般不宜用于室外装饰的原因是（　　　）。

　　A. 吸水率大   B. 耐磨性较差   C. 耐久性较差   D. 抗风化性能较差

42. 装饰在建筑物外墙壁上能起到隔声、隔热作用的是（　　　）。

　　A. 瓷质砖   B. 墙地砖   C. 釉面砖   D. 陶瓷锦砖

43. 具有抗折强度高、耐磨损、耐酸碱、不变色、寿命长等优点的外墙饰面材料是（　　　）。

　　A. 大理石   B. 陶瓷锦砖   C. 瓷质砖   D. 釉面砖

44. 按表面加工程度，天然花岗石板材可分为（　　　）。

　　A. 毛面板材   B. 粗面板材   C. 细面板材

　　D. 光面板材   E. 镜面板材

45. 大理石板材的优点是（　　　）。

　　A. 吸水率小   B. 耐久性好   C. 耐磨性好

　　D. 抗风化性好   E. 宜用于室外

46. 釉面砖的优点包括（　　　）。

　　A. 耐潮湿   B. 耐磨   C. 耐腐蚀

　　D. 色彩鲜艳   E. 易于清洁

◆ 3.2.2　建筑装饰玻璃

47. 平板玻璃按（　　　）分为无色透明平板玻璃和本体着色平板玻璃。

　　A. 加工方式   B. 原料种类   C. 颜色属性   D. 功能属性

48. 隔热、隔声效果最好的玻璃是（　　　）。

　　A. 着色玻璃   B. 中空玻璃   C. 镀膜玻璃   D. 真空玻璃

49. 公共建筑防火门应选用（　　　）。

　　A. 钢化玻璃   B. 夹丝玻璃   C. 夹层玻璃   D. 镜面玻璃

50. 下列建筑装饰玻璃中，兼具保温、隔热和隔声性能的是（　　　）。

　　A. 中空玻璃   B. 夹层玻璃   C. 真空玻璃

　　D. 钢化玻璃   E. 镀膜玻璃

◆ 3.2.3　建筑装饰涂料

51. 关于对建筑涂料基本要求的说法，正确的是（　　　）。

　　A. 外墙、地面、内墙涂料均要求耐水性好

　　B. 外墙涂料要求色彩细腻、耐碱性好

　　C. 内墙涂料要求抗冲击性好

　　D. 地面涂料要求耐候性好

52. 下列建筑装饰涂料中，常用于外墙的涂料是（　　　）。

　　A. 乙酸乙烯-丙烯酸酯有光乳液涂料

　　B. 聚乙酸乙烯乳液涂料

C. 聚乙烯醇水玻璃涂料

D. 苯乙烯 – 丙烯酸酯乳液涂料

◆ 3.2.4　建筑装饰塑料

53. 下列常用的塑料管材中，应用于饮用水管的有（　　）。

A. PVC-U　　　　　B. PVC-C　　　　　C. PP-R

D. PB　　　　　　E. PEX

54. 关于塑料管材的说法，正确的有（　　）。

A. 无规共聚聚丙烯管（PP-R 管）属于可燃性材料

B. 氯化聚氯乙烯管（PVC-C 管）热膨胀系数较大

C. 硬聚氯乙烯管（PVC-U 管）使用温度不大于 50℃

D. 丁烯管（PB 管）热膨胀系数小

E. 交联聚乙烯管（PEX 管）不可热熔连接

◆ 3.2.5　建筑装饰钢材

55. 型号为 YX75-230-600 的彩色涂层压型钢板的有效覆盖宽度是（　　）。

A. 750mm　　　　B. 230mm　　　　C. 600mm　　　　D. 1000mm

◆ 3.2.6　建筑装饰木材

56. 使木材物理力学性质变化发生转折的指标为（　　）。

A. 平衡含水率　　B. 顺纹强度　　　C. 纤维饱和点　　D. 横纹强度

参考答案及解析

◆ 3.2.1　建筑饰面材料

38.【答案】D

【解析】花岗石板材为花岗岩经锯、磨、切等工艺加工而成的。花岗岩是典型的岩浆岩，其矿物主要是石英、长石及少量云母等，SiO_2 含量高，属于酸性岩石。由其加工的板材质地坚硬密实、强度高、密度大、吸水率极低、质地坚硬，耐磨、耐酸、抗风化、耐久性好，使用年限长。但由于花岗岩石中含有石英，在高温下会发生晶型转变，产生体积膨胀，所以，花岗石耐火性差，但适宜制作火烧板。

39.【答案】B

【解析】瓷质砖又称同质砖、通体砖、玻化砖，是由天然石料破碎后添加化学黏合剂压合经高温烧结而成。瓷质砖的烧结温度高，瓷化程度好，吸水率小于 0.5%，吸湿膨胀率极小，故该砖抗折强度高、耐磨损、耐酸碱、不变色、寿命长，在 −15～20℃ 冻融循环 20 次无可见缺陷。瓷质砖具有天然石材的质感，而且更具有高光度、高硬度、高耐磨、吸水率低、色差少以及规格多样化和色彩丰富等优点。装饰在建筑物外墙壁上能起到隔声、隔热的作用，而且它比大理石轻便，质地均匀致密、强度高、化学性能稳定，其优良的物理化学性能源自它的微观结构。瓷质砖是多晶材料，主要由无数微粒级的石英晶粒和莫来石晶粒构成网架结构，这些晶体和玻璃体都有很高的强度和硬度，并且晶粒和玻璃体之间具有相当高的结合强度。瓷质砖是 20 世纪 80 年代后期发展起来的建筑装饰材料，正逐渐成为天然石材装饰材料的替代产品。

40.【答案】B

【解析】花岗岩孔隙率小，吸水率低，耐磨、耐酸、耐久性好，但不耐火，磨光性好。大理石质地致密，硬度不高，易加工，磨光性好，易风化，不耐酸。

41.【答案】D

【解析】大理石板材具有吸水率小、耐磨性好以及耐久性好等优点，但其抗风化性能较差。因为大理石主要化学成分为碳酸钙，易被侵蚀，使表面失去光泽，变得粗糙而降低装饰及使用效果，故除个别品种（含石英为主的砂岩及石曲岩）外一般不宜用作室外装饰。

42.【答案】A

【解析】瓷质砖具有高光度、高硬度、高耐磨、吸水率低、色差小，装饰在建筑物外墙壁上能起到隔声、隔热的作用。

43.【答案】C

【解析】瓷质砖又称同质砖、通体砖、玻化砖，是由天然石料破碎后添加化学黏合剂压合经高温烧结而成。瓷质砖的烧结温度高，瓷化程度好，吸水率小于 0.5%，吸湿膨胀率极小，故该砖抗折强度高、耐磨损、耐酸碱、不变色、寿命长，在 −15～20℃冻融循环 20 次无可见缺陷。

44.【答案】BCE

【解析】花岗岩不易风化，外观色泽可保持百年以上，所以粗面和细面板材常用于室外地面、墙面、柱面、勒脚、基座、台阶，镜面板材主要用于室内外地面、墙面、柱面、台面、台阶等，特别适宜用于大型公共建筑大厅的地面，所以选择粗面，细面和镜面。

45.【答案】ABC

【解析】大理石板材质地较密实，抗压强度高，耐久性好，吸水率低，可用于室内地面，耐磨性好，抗风化性能较差，故一般不宜用于室外装饰。

46.【答案】BCDE

【解析】釉面砖表面平整、光滑，坚固耐用，色彩鲜艳，易于清洁，防火、防水、耐磨、耐腐蚀等。

◆ **3.2.2 建筑装饰玻璃**

47.【答案】C

【解析】平板玻璃按颜色属性分为无色透明平板玻璃和本体着色平板玻璃。

48.【答案】D

【解析】真空玻璃将两片平板玻璃四周密闭起来，将其间隙抽成真空并密封排气孔，两片玻璃之间的间隙仅为 0.1～0.2mm，而且两片玻璃中一般至少有一片是低辐射玻璃。真空玻璃比中空玻璃有更好的隔热、隔声性能。

49.【答案】B

【解析】预先编好的钢丝压入软化的玻璃中即为夹丝玻璃，破碎时碎片仍附着在钢丝上，不伤人，这种玻璃抗冲击性能及耐温度剧变的性能好，抗折强度也比普通玻璃高，适用于防火门、厂房天窗等。

50.【答案】AC

【解析】中空玻璃主要用于保温隔热、隔声等功能要求较高的建筑物，如宾馆、住宅、医院、商场、写字楼等，也广泛用于车船等交通工具。真空玻璃比中空玻璃有更好的隔热、隔声性能。

◈ 3.2.3　建筑装饰涂料

51.【答案】A

【解析】内墙涂料色彩丰富、细腻、调和，耐碱性、耐水性、耐粉化性良好。地面涂料要求抗冲击性好。外墙涂料要求耐候性好。

52.【答案】D

【解析】常用于外墙的涂料有苯乙烯–丙烯酸酯乳液涂料、丙烯酸酯系外墙涂料、聚氨酯系外墙涂料、合成树脂乳液砂壁状涂料等。

◈ 3.2.4　建筑装饰塑料

53.【答案】CDE

【解析】硬聚氯乙烯（PVCU）管主要应用于给水管道（非饮用水）、排水管道、雨水管道。氯化聚氯乙烯（PVC-C）管因其使用的胶水有毒性，一般不用于饮用水管道系统。

54.【答案】AE

【解析】无规共聚聚丙烯（PP-R）管属于可燃性材料，不得用于消防给水系统。氯化聚氯乙烯（PVC-C）管热膨胀系数低。硬聚氯乙烯（PVC-U）管使用温度不大于 40℃，为冷水管。丁烯（PB）管，热胀系数大，价格高。

◈ 3.2.5　建筑装饰钢材

55.【答案】C

【解析】压型钢板的代号（YX），波高 H，波距 S，有效覆盖宽度 B。

如型号 YX75-230-600 表示压型钢板的波高为 75mm，波距为 230mm，有效覆盖宽度为 600mm。

◈ 3.2.6　建筑装饰木材

56.【答案】C

【解析】纤维饱和点是木材仅细胞壁中的吸附水达到饱和而细胞腔和细胞间隙中无自由水存在时的含水，它是木材物理力学性质是否随含水率的变化而发生变化的转折点。

3.3 建筑功能材料

◆ 3.3.1 防水材料

57. 常用于寒冷地区和结构变形较为频繁部位且适宜热熔法施工的聚合物改性沥青防水卷材是（　　）。
A. SBS 改性沥青防水卷材
B. APP 改性沥青防水卷材
C. 沥青复合胎柔性防水卷材
D. 聚氯乙烯防水卷材

58. APP 改性沥青防水卷材，其突出的优点是（　　）。
A. 用于寒冷地区铺贴
B. 适宜于结构变形频繁部位防水
C. 适宜于强烈太阳辐射部位防水
D. 可用热熔法施工

59. 对防水要求高且耐用年限长的建筑防水工程，宜优先选用（　　）。
A. 氯化聚乙烯防水卷材
B. 聚氯乙烯防水卷材
C. APP 改性沥青防水卷材
D. 三元乙丙橡胶防水卷材

60. 高温车间防潮卷材宜选用（　　）。
A. SBS 改性沥青防水卷材
B. APP 改性沥青防水卷材
C. 沥青复合胎柔性防水卷材
D. 三元乙丙橡胶防水卷材

61. 防水要求高和耐用年限长的土木建筑工程，防水材料应优先选用（　　）。
A. 三元乙丙橡胶防水卷材
B. 聚氯乙烯防水卷材
C. 氯化聚乙烯防水卷材
D. 沥青复合胎柔性防水卷材

62. 不宜用于水池、堤坝等水下接缝的不定型密封材料是（　　）。
A. E 类硅酮密封膏
B. 丙烯酸类密封膏
C. 聚氨酯密封膏
D. 橡胶密封条

63. 选用建筑密封材料时应首先考虑其（　　）。
A. 使用部位和粘结性能
B. 耐高低温性能
C. "拉伸—压缩"循环性能
D. 耐老化性

64. 游泳池工程优先选用的不定型密封材料是（　　）。
A. 聚氯乙烯接缝膏
B. 聚氨酯密封膏
C. 丙烯酸类密封膏
D. 沥青嵌缝油膏

65. 在众多防水卷材中，相比之下尤其适用于寒冷地区建筑物防水的有（　　）。
A. SBS 改性沥青防水卷材
B. APP 改性沥青防水卷材
C. PVC 防水卷材
D. 氯化乙烯防水卷材
E. 氯化聚乙烯–橡胶共混型防水卷材

66. 高温车间的防潮卷材宜选用（　　）。
A. 氯化聚乙烯–橡胶共混型防水卷材
B. 沥青复合胎柔性防水卷材

C. 三元乙丙橡胶防水卷材　　　　　　　D. APP 改性沥青防水卷材

E. 聚氯乙烯防水卷材

◆ 3.3.2　保温隔热材料

67. 民用建筑很少使用的保温隔热材料是（　　　）。

A. 岩棉　　　　　　B. 矿渣棉　　　　　　C. 石棉　　　　　　D. 玻璃棉

68. 关于保温隔热材料，下列说法正确的有（　　　）。

A. 装饰材料燃烧性能 B_2 级属于难燃性

B. 高效保温材料的导热系数不大于 0.14W/（m·K）

C. 保温材料主要是防止室外热量进入室内

D. 装饰材料按其燃烧性能划分为 A、B_1、B_2、B_3 四个等级

E. 采用 B_2 级保温材料的外墙保温系统中每层应设置水平防火隔离带

69. 关于保温隔热材料的说法，正确的有（　　　）。

A. 矿物棉的最高使用温度约 600℃

B. 石棉最高使用温度可达 600～700℃

C. 玻璃棉最高使用温度 300～500℃

D. 陶瓷纤维最高使用温度 1100～1350℃

E. 矿物棉的缺点是吸水性大，弹性小

◆ 3.3.3　吸声隔声材料

70. 对中、高频均有吸声效果，且安拆便捷，兼具装饰效果的吸声结构应为（　　　）。

A. 帘幕吸声结构　　　　　　　　　B. 柔性吸声结构

C. 薄板振动吸声结构　　　　　　　D. 悬挂空间吸声结构

71. 建筑中常用的薄板振动吸声结构材料有（　　　）。

A. 胶合板　　　　　　B. 厚木板　　　　　　C. 水泥板

D. 石膏板　　　　　　E. 金属板

◆ 3.3.4　防火材料

72. 薄型和超薄型防火涂料的耐火极限一般与涂层厚度无关，与之有关的是（　　　）。

A. 物体可燃性　　　　　　　　　　B. 物体耐火极限

C. 膨胀后的发泡层厚度　　　　　　D. 基材的厚度

参考答案及解析

◆ 3.3.1　防水材料

57.【答案】A

【解析】SBS 改性沥青防水卷材广泛适用于各类建筑防水、防潮工程，尤其适用于寒冷

地区和结构变形频繁的建筑物的防水，并可采用热熔法施工，A 选项正确。APP 改性沥青防水卷材广泛适用于各类建筑防水、防潮工程，尤其适用于高温或有强烈太阳辐射地区的建筑物防水，B 选项错误。沥青复合胎柔性防水卷材适用于工业与民用建筑的屋面、地下室、卫生间等的防水防潮，也可用于桥梁、停车场、隧道等建筑物的防水，C 选项错误。聚氯乙烯防水卷材适用于各类建筑的屋面防水工程和水池、堤坝等防水抗渗工程，D 选项错误。

58.【答案】C

【解析】APP 改性沥青防水卷材，其突出的优点是适用于高温或有强烈太阳辐射地区的建筑物防水。

59.【答案】D

【解析】三元乙丙橡胶防水卷材是以三元乙丙橡胶为主体，掺入适量的硫化剂、促进剂、软化剂、填充料等，经过配料、密炼、拉片、过滤、压延或挤出成型、硫化、检验和分卷包装而成的防水卷材。由于三元乙丙橡胶分子结构中的主链上没有双键，当它受到紫外线、臭氧、湿和热等作用时，主链上不易发生断裂，故耐老化性能较好，化学稳定性良好。因此，三元乙丙橡胶防水卷材具有优良的耐候性、耐臭氧性和耐热性。此外，它还具有重量轻、使用温度范围宽、抗拉强度高、延伸率大、对基层变形适应性强、耐酸碱腐蚀等特点。广泛适用于防水要求高、耐用年限长的土木建筑工程的防水。

60.【答案】B

【解析】APP 改性沥青防水卷材广泛适用于各类建筑防水、防潮工程，尤其适用于高温或有强烈太阳辐射地区的建筑物防水。

61.【答案】A

【解析】三元乙丙橡胶防水卷材具有优良的耐候性、耐臭氧性和耐热性。此外，它还具有重量轻、使用温度范围宽、抗拉强度高、延伸率大、对基层变形适应性强、耐酸碱腐蚀等特点。广泛适用于防水要求高、耐用年限长的土木建筑工程的防水。

62.【答案】B

【解析】丙烯酸类密封膏具有良好的粘结性能、弹性和低温柔性，无溶剂污染，无毒，具有优异的耐候性。丙烯酸类密封膏主要用于屋面、墙板、门、窗嵌缝，但它的耐水性不算很好，所以不宜用于经常泡在水中的工程，不宜用于广场、公路、桥面等有交通来往的接缝中，也不用于水池、污水处理厂、灌溉系统、堤坝等水下接缝中。

63.【答案】A

【解析】为保证防水密封的效果，建筑密封材料应具有高水密性和气密性，良好的粘结性，良好的耐高低温性能和耐老化性能，一定的弹塑性和拉伸压缩循环性能。密封材料的选用，应首先考虑它的粘结性能和使用部位。因为密封材料与被粘结基层的良好粘结，是保证密封的首要条件，因此，应根据被粘结基层的材质、表面状态和性质来选择粘结性能良好的密封材料。建筑物中不同部位的接缝，对密封材料的要求不同，如室外的接缝要求较高的耐候性，而伸缩缝则要求较好的弹塑性和拉伸—压缩循环性能。

64.【答案】B

【解析】目前，常用的不定型密封材料有：沥青嵌缝油膏、聚氯乙烯接缝膏、塑料油膏、丙烯酸类密封膏、聚氨酯密封膏和硅酮密封膏等。

65.【答案】AE

【解析】SBS 改性沥青防水卷材广泛适用于各类建筑防水、防潮工程，尤其适用于寒冷地区和结构变形频繁的建筑物防水，并可采用热熔法施工。氯化聚乙烯—橡胶共混型防水卷材兼有塑料和橡胶的特点。它不仅具有氯化聚乙烯所特有的高强度和优异的耐臭氧、耐老化性能，而且具有橡胶类材料所特有的高弹性、高延伸性和良好的低温柔性。因此，该类卷材特别适用于寒冷地区或变形较大的土木建筑防水工程。

66.【答案】CDE

【解析】由于三元乙丙橡胶分子结构中的主链上没有双键，当它受到紫外线、臭氧、湿和热等作用时，主链上不易发生断裂，故耐老化性能较好，化学稳定性良好。因此，三元乙丙橡胶防水卷材有优良的耐候性、耐臭氧性和耐热性。此外，它还具有重量轻、使用温度范围宽、抗拉强度高、延伸率大、对基层变形适应性强、耐酸碱腐蚀等特点。广泛适用于防水要求高、耐用年限长的土木建筑工程的防水。APP 改性沥青防水卷材广泛适用于各类建筑防水、防潮工程，尤其适用于高温或有强烈太阳辐射地区的建筑物防水。聚氯乙烯（PVC）防水卷材是以聚氯乙烯树脂为主要原料，掺加填充料和适量的改性剂、增塑剂、抗氧化剂和紫外线吸收剂等，经混炼、压延或挤出成型、分卷包装而成的防水卷材。聚氯乙烯防水卷材根据其基料的组成与特性分为 S 型和 P 型。其中，S 型是以煤焦油与聚氯乙烯树脂混熔料为基料的防水卷材；P 型是以增塑聚氯乙烯树脂为基料的防水卷材。该种卷材的尺度稳定性、耐热性、耐腐蚀性、耐细菌性等均较好，适用于各类建筑的屋面防水工程和水池、堤坝等防水抗渗工程。

◆ **3.3.2　保温隔热材料**

67.【答案】C

【解析】由于石棉中的粉尘对人体有害，所以民用建筑很少使用，目前主要用于工业建筑的隔热、保温及防火覆盖等。

68.【答案】DE

【解析】装饰材料按其燃烧性能划分为 A（不燃性）、B_1（难燃性）、B_2（可燃性）、B_3（易燃性）四个等级。通常导热系数不大于 0.05W/（m·K）的材料称为高效保温材料。在建筑工程中，常把用于控制室内热量外流的材料称为保温材料，将防止室外热量进入室内的材料称为隔热材料，两者统称为绝热材料。应在保温系统中每层设置水平防火隔离带。防火隔离带应采用燃烧性能等级为 A 级的材料，防火隔离带的高度不应小于 300mm。

69.【答案】ADE

【解析】矿物棉最高使用温度约 600℃，其缺点是吸水性大、弹性小。石棉最高使用温度可达 500～600℃。玻璃棉最高使用温度 400℃。陶瓷纤维最高使用温度为 1100～1350℃。

◆ 3.3.3　吸声隔声材料

70.【答案】 A

　　【解析】 帘幕吸声结构对中、高频都有一定的吸声效果。帘幕吸声体安装拆卸方便兼具装饰用。

71.【答案】 ADE

　　【解析】 建筑中常用胶合板、薄木板、硬质纤维板、石膏板、石棉水泥板或金属板等，将其固定在墙或顶棚的龙骨上，并在背后留有空气层，即形成薄板振动吸声结构。

◆ 3.3.4　防火材料

72.【答案】 C

　　【解析】 薄型和超薄型防火涂料的耐火极限一般与涂层厚度无关，而与膨胀后的发泡层厚度有关。

第 4 章　工程施工技术

📋 **考情概述：** 本章主要考查的内容有：建筑施工技术、道路桥梁涵洞施工技术、地下工程施工技术等相关知识，本章的特点是知识点特别多，篇幅大，难度大，琐碎知识点多，在历年考试分值中占 17～25 分，是土建计量科目的重点章节，建议考生在学习的过程中抓大放小，将核心重点知识点先学习到位，再全面学习，这样可以在保证拿到大部分常规考点分值，再全面扫描学习部分冷僻考点，多做题记忆细节，这样更有重点地掌握知识点。

📋 **考点预测：**

核心考点	重要程度
基坑（槽）支护	★★★★★
降水与排水	★★★★★
土石方工程施工技术	★★★★★
地基加固处理、边坡处理	★★★★
桩基础施工	★★★★★
混凝土结构工程施工	★★★★
防水工程施工技术	★★★★★
装饰装修工程施工技术	★★★★
道路施工技术	★★★★★
桥梁工程施工技术	★★★★
地下工程施工技术	★★★★★

4.1　建筑工程施工技术

◆ 4.1.1　土石方工程施工技术

1. 基坑开挖的电渗井点降水适用于饱和（　　　）。

　　A. 黏土层　　　　　B. 砾石层　　　　　C. 砂土层　　　　　D. 砂砾层

2. 与正铲挖掘机相比，反铲挖掘机的显著优点是（　　　）。

　　A. 对开挖土层级别的适应性宽　　　　B. 对基坑大小的适应性宽

　　C. 对开挖土层的地下水位适应性宽　　D. 装车方便

3. 钢筋混凝土预制桩在砂夹卵石层和坚硬土层中沉桩，主要沉桩方式是（　　　）。

A. 静力压桩　　　　B. 锤击沉桩　　　　C. 振动沉桩　　　　D. 射水沉桩

4. 在松散潮湿的砂土中开挖深 4m 的基槽，其支护方式不宜采用（　　　）。

　　A. 重力式支护　　　　　　　　　　　B. 垂直挡土板式支撑

　　C. 间断式水平挡土板支撑　　　　　　D. 连续式水平挡土板支撑

5. 通常情况下，基坑土方开挖的明排水法主要适用于（　　　）。

　　A. 细砂土层　　　　B. 粉砂土层　　　　C. 粗粒土层　　　　D. 淤泥土层

6. 在基坑开挖过程中，明排水法的集水坑应设置在（　　　）。

　　A. 基础范围以内　　　　　　　　　　B. 地下水走向的上游

　　C. 基础附近　　　　　　　　　　　　D. 地下水走向的下游

7. 关于基坑土石方工程采用轻型井点降水，说法正确的是（　　　）。

　　A. U 形布置不封闭段是为施工机械进出基坑留的开口

　　B. 双排井点管适用于宽度小于 6m 的基坑

　　C. 单排井点管应布置在基坑的地下水下游一侧

　　D. 施工机械不能经 U 形布置的开口端进出基坑

8. 基坑采用轻型井点降水，其井点布置应考虑的主要因素是（　　　）。

　　A. 水泵房的位置　　　　　　　　　　B. 土方机械型号

　　C. 地下水位流向　　　　　　　　　　D. 基坑边坡支护形式

9. 北方寒冷地区采用轻型井点降水时，井点管与集水总管连接应用（　　　）。

　　A. PVC-U 管　　　B. PVC-C 管　　　C. PP-R 管　　　D. 橡胶软管

10. 某大型基坑，施工场地标高为 ±0.000m，基坑底面标高为 −6.600m，地下水位标高为 −2.500m，土的渗透系数为 60m/d，则应选用的降水方式是（　　　）。

　　A. 单级轻型井点　　B. 喷射井点　　　C. 管井井点　　　D. 深井井点

11. 轻型井点降水安装过程中，冲成井孔，拔出冲管，插入井点管后，灌填砂滤料，主要目的是（　　　）。

　　A. 保证滤水　　　　　　　　　　　　B. 防止坍孔

　　C. 保护井点管　　　　　　　　　　　D. 固定井点管

12. 当采用喷射井点降水时，基坑宽度为 15m，宜采用的布置方式是（　　　）。

　　A. 单排布置　　　B. 双排布置　　　C. 环形布置　　　D. U 形布置

13. 电渗井点降水的井点管应（　　　）。

　　A. 布置在地下水流上游侧　　　　　　B. 布置在地下水流下游侧

　　C. 沿基坑中线布置　　　　　　　　　D. 沿基坑外围布置

14. 采用推土机并列推土时，并列台数不宜超过（　　　）。

　　A. 2 台　　　　　B. 3 台　　　　　C. 4 台　　　　　D. 5 台

15. 用推土机回填管沟，当无倒车余地时（　　　）。

　　A. 沟槽推土　　　　　　　　　　　　B. 斜角推土

　　C. 下坡推土　　　　　　　　　　　　D. 分批集中，一次推送

16. 为了提高铲运机铲土效率，适宜采用的铲运方法为（　　　）。

　　A. 上坡铲土　　　B. 并列铲土　　　C. 斜向铲土　　　D. 间隔铲土

17. 对地势开阔平坦、土质较坚硬的场地进行平整，可采用推土机助铲配合铲运机工作，

一般每台推土机可配合的铲运机台数为（　　　）。

    A. 1～2 台　　　　B. 2～3 台　　　　C. 3～4 台　　　　D. 5～6 台

18. 关于单斗挖掘机作业特点，说法正确的是（　　　）。

    A. 正铲挖掘机：前进向下，自重切土

    B. 反铲挖掘机：后退向上，强制切土

    C. 拉铲挖掘机：后退向下，自重切土

    D. 抓铲挖掘机：前进向上，强制切土

19. 在挖深 3m，Ⅰ～Ⅲ级砂性土壤基坑，且地下水位较高，宜优先选用（　　　）。

    A. 正铲挖掘机　　B. 反铲挖掘机　　C. 拉铲挖掘机　　D. 抓铲挖掘机

20. 关于土石方填筑，说法正确的是（　　　）。

    A. 不宜采用同类土填筑

    B. 从上至下填筑土层的透水性应从小到大

    C. 含水率大的黏土宜填筑在下层

    D. 硫酸盐含量小于 5% 的土不能使用

21. 关于土石方工程机械化施工说法正确的是（　　　）。

    A. 土方运距在 30～60m，最好采用推土机施工

    B. 面积较大的场地平整，推土机台数不宜小于四台

    C. 土方运距在 200～350m 时适宜采用铲运机施工

    D. 开挖大型基坑时适宜采用拉铲挖掘机

    E. 抓铲挖掘机和拉铲挖掘机均不宜用于水下挖土

22. 关于基坑土石方采用轻型井点降水的说法，正确的是（　　　）。

    A. 单排井点的井点管应布置在地下水的下游一侧

    B. 双排井点适用于宽度大于 5m 的基坑

    C. 环形布置适用于大面积基坑

    D. U 形布置的开口端便于土方施工机械进出基坑

    E. 单排井点的水泵应设置在地下水的上游

◆ 4.1.2　地基与基础工程施工技术

23. 关于地基加固处理的说法，正确的是（　　　）。

    A. 灰土地基适用于加固深 1～5m 的杂填土

    B. 砂石地基适用于处理 3m 以内的湿陷性黄土地基

    C. 粉煤灰地基不适用于处理黏性土地基

    D. 土工织物地基有排水、反滤、隔离、加固、补强等作用

24. 关于夯实地基的说法，正确的是（　　　）。

    A. 重锤夯实法可用于地下水距地面 1m 以上稍湿的黏土

    B. 强夯法处理速度快，适用于城市施工

    C. 强夯法在一定技术措施下，可用于水下夯实

    D. 强夯法处理范围应小于建筑物基础范围

25. 地基处理常采用强夯法，其特点在于（　　　）。

A. 处理速度快、工期短，适用于城市施工

B. 不适用于软黏土层处理

C. 处理范围应小于建筑物基础范围

D. 采取相应措施还可用于水下夯实

26. 采用深层搅拌法进行地基加固处理，适用条件为（   ）。

    A. 砂砾石松软地基   B. 松散砂地基

    C. 黏土软弱地基   D. 碎石土软弱地基

27. 关于钢筋混凝土预制桩施工的说法，正确的是（   ）。

    A. 重叠法预制时，重叠层数不宜超过 6 层

    B. 重叠法预制时，下层桩需达到设计强度等级的 70%时方可浇筑上层桩

    C. 预制桩达到设计强度的 100%时，方可起吊

    D. 不同规格的桩应分别堆放

28. 采用锤击法打预制钢筋混凝土桩，方法正确的是（   ）。

    A. 桩重大于 2t 时，不宜采用"重锤低击"施工

    B. 桩重小于 2t 时，可采用 1.5～2 倍桩重的桩锤

    C. 桩重大于 2t 时，可采用桩重 2 倍以上的桩锤

    D. 桩重小于 2t 时，可采用"轻锤高击"施工

29. 打桩机正确的打桩顺序为（   ）。

    A. 先外后内   B. 先大后小   C. 先短后长   D. 先浅后深

30. 在钢筋混凝土预制桩打桩施工中，仅适用于软弱土层的接桩方法是（   ）。

    A. 硫磺胶泥锚接   B. 焊接连接   C. 法兰连接   D. 机械连接

31. 关于静钻根植桩的应用范围，下列哪些说法是不正确的？（   ）

    A. 可用于素填土和淤泥质土   B. 适用于软质中风化岩

    C. 可在桩径 1500mm 的工程中使用   D. 适用于黏性土和粉土

32. 关于泥浆护壁成孔灌注桩的施工流程，正确的是（   ）。

    A. 成孔→安装钢筋笼→安装导管→灌注混凝土→拔导管、护筒→养护

    B. 成孔→清孔（废浆、废渣排放）→安装钢筋笼→安装导管→灌注混凝土→拔导
        管、护筒→养护

    C. 成孔→一次清孔（废浆、废渣排放）→安装钢筋笼→安装导管→二次清孔→灌注
        混凝土→拔导管、护筒→养护

    D. 成孔→安装钢筋笼→安装导管→清孔（废浆、废渣排放）→灌注混凝土→拔导
        管、护筒→养护

33. 关于土桩和灰土桩的说法，正确的有（   ）。

    A. 土桩和灰土桩挤密地基是由桩间挤密土和填夯的桩体组成

    B. 用于处理地下水位以下，深度 5～15m 的湿陷性黄土

    C. 土桩主要用于提高人工填土地基的承载力

    D. 灰土桩主要用于消除湿陷性黄土地基的湿陷性

    E. 不宜用于含水率超过 25%的人工填土地基

34. 高压喷射注浆法分为（   ）。

A. 旋喷　　　　　　B. 定喷　　　　　　C. 脉冲喷

D. 摆喷　　　　　　E. 环喷

35. 现浇混凝土灌注桩，按成孔方法分为（　　　）。

A. 柱锤冲扩桩　　　　　　　　　　B. 泥浆护壁成孔灌注桩

C. 干作业成孔灌注桩　　　　　　　D. 人工挖孔灌注桩

E. 爆扩成孔灌注桩

36. 桩基础工程施工中，振动沉桩法的主要优点有（　　　）。

A. 适宜于黏性土层　　　　　　　　B. 对夹有孤石的土层优势突出

C. 在含水砂层中效果显著　　　　　D. 设备构造简单、使用便捷

E. 配以水冲法可用于砂砾层

37. 钻孔注浆桩的主要优点在于（　　　）。

A. 施工速度快　　　B. 承载力高　　　C. 成本低

D. 环境污染小　　　E. 对周边建筑无影响

◆ 4.1.3　主体结构工程施工技术

38. 砌块砌筑施工时应保证砂浆饱满，其中，水平缝砂浆的饱满度应至少达到（　　　）。

A. 60%　　　　　B. 70%　　　　　C. 80%　　　　　D. 90%

39. HRB335 级、HRB400 级受力钢筋在末端做 135°的弯钩时，其弯钩内直径至少是钢筋直径的（　　　）。

A. 2.5 培　　　　　B. 3 倍　　　　　C. 4 倍　　　　　D. 6.25 倍

40. 关于不同砌体每日砌筑高度的规定，下列哪项说法是错误的？（　　　）

A. 砖砌体每日砌筑高度不应超过 1.5m

B. 混凝土小型空心砌块砌体每日砌筑高度不应超过 1.4m

C. 石砌体每日砌筑高度不应超过 1.0m

D. 雨天施工时砖砌块砌体每日砌筑高度不应超过 1.2m

41. 预应力钢筋与螺栓端杆的焊接，宜采用的焊接方式是（　　　）。

A. 电阻点焊　　　B. 电渣压力焊　　　C. 闪光对焊　　　D. 埋弧压力焊

42. 关于电渣压力焊的应用范围，下列哪项说法是正确的？（　　　）

A. 可用于梁、板构件中水平钢筋的连接

B. 适用于现浇结构竖向钢筋的焊接接长

C. 可用于焊接直径 25mm 的竖向钢筋

D. 特别适合焊接直径 10mm 的斜向钢筋

43. 主要用于浇筑平板式楼板或带边梁楼板的工具式模板为（　　　）。

A. 大模板　　　B. 台模　　　C. 隧道模板　　　D. 永久式模板

44. 剪力墙体系和筒体体系高层建筑的一种有效的模板体系，高度、安全、一次性投资少的模板形式应为（　　　）。

A. 组合模板　　　B. 滑升模板　　　C. 爬升模板　　　D. 台模

45. 当柱混凝土强度等级比梁板高两个等级时，关于交界区域处理的说法正确的是（　　　）。

A. 可直接采用梁板混凝土强度等级浇筑柱墙位置

B. 应在梁板中设置分隔措施，距柱边不小于 500mm

C. 必须先浇筑低强度混凝土，再浇筑高强度混凝土

D. 分隔位置应设置在高强度构件中

46. 关于装配整体式结构叠合楼盖的设计要求，下列哪项说法是错误的？（　　）

A. 叠合板的预制板厚度不应小于 60mm

B. 跨度大于 3m 的叠合板宜采用桁架钢筋混凝土叠合板

C. 后浇混凝土叠合层厚度不应小于 50mm

D. 当采用空心板时，板端空腔应封堵

47. 对先张法预应力钢筋混凝土构件进行湿热养护，采取合理养护制度的主要目的（　　）。

A. 提高混凝土强度

B. 减少由于温差引起的预应力损失

C. 增加混凝土的收缩和徐变

D. 增大混凝土与钢筋的共同作用

48. 采用后张法施工，如设计无规定，张拉预应力时，要求混凝土的强度至少达到设计规定的混凝土立方体抗压强度标准值的（　　）。

A. 85%　　　　　B. 80%　　　　　C. 75%　　　　　D. 70%

49. 关于预应力后张法的施工工艺，说法正确的是（　　）。

A. 灌浆孔的间距，对预埋金属螺旋管不宜大于 40m

B. 张拉预应力筋时，设计无规定的，构件混凝土的强度不低于设计强度等级的 75%

C. 对后张法预应力梁，张拉时现浇结构混凝土的龄期不宜小于 5d

D. 孔道灌浆所用水泥浆拌合后至灌浆完毕的时间不宜超过 35min

50. 先张法预应力混凝土构件施工，其工艺流程为（　　）。

A. 支底模—支侧模—张拉钢筋—浇筑混凝土—养护、拆模—放张钢筋

B. 支底模—张拉钢筋—支侧模—浇筑混凝土—放张钢筋—养护、拆模

C. 支底模—预应力钢筋安放—张拉钢筋—支侧模—浇混凝土—拆模—放张钢筋

D. 支底模—钢筋安放—支侧模—张拉钢筋—浇筑混凝土—放张钢筋—拆模

51. 直径大于 40mm 钢筋的切断方法应采用（　　）。

A. 锯床锯断　　　　　　　　　B. 手动剪切器切断

C. 氧乙炔焰割切　　　　　　　D. 钢筋剪切机切断

E. 电弧割切

◆ 4.1.4　防水工程施工技术

52. 与内贴法相比，地下防水施工外贴的优点是（　　）。

A. 施工速度快

B. 占地面积小

C. 墙与底板结合处不容易受损

D. 构筑物与保护墙有不均匀沉降时，对防水层影响较小

53. 防水混凝土施工时应注意的事项有（　　　）。

　　A. 应尽量采用人工振捣，不宜用机械振捣

　　B. 浇筑时自落高度不得大于 1.5m

　　C. 应采用自然养护，养护时间不少于 7d

　　D. 墙体水平施工缝应留在高出底板表面 300mm 以上的墙体中

　　E. 施工缝距墙体预留孔洞边缘不于 300mm

54. 防水混凝土施工应满足的工艺要求有（　　　）。

　　A. 混凝土中不宜掺和膨胀水泥

　　B. 入泵坍落度宜控制在 120～140mm

　　C. 浇筑时混凝土自落高度不得大于 1.5m

　　D. 后浇带应按施工方案设置

　　E. 当气温低于 5℃时喷射混凝土不得喷水养护

55. 地下防水工程防水混凝土正确的防水构造措施有（　　　）。

　　A. 竖向施工缝应设置在地下水和裂隙水较多的地段

　　B. 竖向施工缝尽量与变形缝相结合

　　C. 贯穿防水混凝土的铁件应在铁件上加焊止水铁片

　　D. 贯穿铁件端部混凝土覆盖厚度不少于 250mm

　　E. 水平施工缝应避开底板与侧墙交接处

56. 地下防水施工中，外贴法施工卷材防水层主要特点有（　　　）。

　　A. 施工占地面积较小

　　B. 底板与墙身接头处卷材易受损

　　C. 结构不均匀沉降对防水层影响大

　　D. 可及时进行漏水试验，修补方便

　　E. 施工工期较长

57. 当卷材防水层上有重物覆盖或基层变形较大时，优先采用的施工铺贴方法有（　　　）。

　　A. 空铺法　　　　　B. 点粘法　　　　　C. 满粘法

　　D. 条粘法　　　　　E. 机械固定法

◆ 4.1.5　节能工程施工技术

58. 屋面保温层施工应满足的要求有（　　　）。

　　A. 先施工隔汽层再施工保温层

　　B. 隔汽层沿墙面高于保温层

　　C. 纤维材料保温层不宜采用机械固定法施工

　　D. 现浇泡沫混凝土保温层浇筑的自落高度≤1m

　　E. 泡沫混凝土一次浇筑厚度≤200mm

◆ 4.1.6　装饰工程施工技术

59. 关于单元式玻璃幕墙的特点及施工要求，下列说法正确的是（　　　）。

A. 单元式玻璃幕墙施工简单，单方材料消耗量低

B. 起吊单元板块时，吊点不应少于 2 个，必要时可增设吊点并试吊

C. 单元板块就位后，可先拆除吊具再进行固定

D. 单元式玻璃幕墙的防渗漏技术要求较低

参考答案及解析

◆ 4.1.1 土石方工程施工技术

1.【答案】A

【解析】在饱和黏土中，特别是淤泥和淤泥质黏土中，由于土的透水性较差，持水性较强，用一般喷射井点和轻型井点降水效果较差，此时宜增加电渗井点来配合轻型或喷射井点降水，以便对透水性较差的土起疏干作用，使水排出。

2.【答案】C

【解析】单斗挖掘机施工：①正铲挖掘机。正铲挖掘机的挖土特点是前进向上，强制切土。其挖掘力大，生产率高，能开挖停机面以内的Ⅰ～Ⅳ级土，开挖大型基坑时需设下坡道，适宜在土质较好、无地下水的地区工作。②反铲挖掘机。反铲挖掘机的特点是后退向下，强制切土。其挖掘力比正铲小，能开挖停机面以下的Ⅰ～Ⅲ级的砂土或黏土，适宜开挖深度 4m 以内的基坑，对地下水位较高处也适用。③拉铲挖掘机。拉铲挖掘机的挖土特点是后退向下，自重切土。其挖掘半径和挖土深度较大，能开挖停机面以下的Ⅰ～Ⅱ级土，适宜开挖大型基坑及水下挖土。④抓铲挖掘机。抓铲挖掘机的挖土特点是直上直下自重切土。其挖掘力较小，只能开挖Ⅰ～Ⅱ级土，可以挖掘独立基坑、沉井，特别适于水下挖土。

3.【答案】D

【解析】射水沉桩法的选择应视土质情况而异，在砂夹卵石层或坚硬土层中，一般以射水为主，锤击或振动为辅；在粉质黏土或黏土中，为避免降低承载力，一般以锤击或振动为主，以射水为辅，并应适当控制射水时间和水量；下沉空心桩，一般用单管内射水。

4.【答案】C

【解析】湿度小的黏性土挖土深度小于 3m 时，可用间断式水平挡土板支撑，对松散、湿度大的土可用连续式水平挡土板支撑，挖土深度可达 5m，对松散和湿度很高的土可用垂直挡土板式支撑，挖土深度不限。

5.【答案】C

【解析】明排水法由于设备简单和排水方便，采用较为普遍，宜用于粗粒土层，也用于渗水量小的黏土层。

6.【答案】B

【解析】集水坑应设置在基础范围以外，地下水走向的上游。根据地下水量大小、基坑平面形状及水泵能力，集水坑每隔 20～40m 设置一个。

7. 【答案】A

【解析】B选项错误,双排井点管适用于宽度大于6m或土质不良的情况;C选项错误,单排井点管应布置在基坑的地下水上游一侧;D选项错误,当土方施工机械需进出基坑时,也可采用U形布置。

8. 【答案】C

【解析】轻型井点布置,根据基坑平面的大小和深度、土质、地下水位高低与流向、降水深度要求。

9. 【答案】D

【解析】北方寒冷地区宜采用橡胶软管将井点管和集水总管进行连接。

10. 【答案】C

【解析】井点降水法有:轻型井点、电渗井点、喷射井点、管井井点及深井井点等,井点降水的方法根据土的渗透系数、降低水位的深度、工程特点及设备条件等见下表。

井点类别	土的渗透系数/（m/d）	降低水位深度/m
单级轻型井点	0.005～20	< 6
多级轻型井点	0.005～20	< 20
喷射井点	0.005～20	< 20
电渗井点	< 0.1	根据选用的井点确定
管井井点	0.1～200	不限
深井井点	0.1～200	> 15

11. 【答案】B

【解析】轻型井点降水井孔冲成后,应立即拔出冲管,插入井点管后,紧接着就灌填砂滤料,以防止坍孔。

12. 【答案】B

【解析】喷射井点的平面布置:当基坑宽度小于等于10m时,井点可作单排布置;当大于10m时,可作双排布置;当基坑面积较大时,宜采用环形布置。井点间距一般采用2～3m,每套喷射井点宜控制在20～30根井管。

13. 【答案】D

【解析】电渗井点排水是利用井点管（轻型或喷射井点管）本身作阴极,沿基坑外围布置,以钢管或钢筋作阳极,垂直埋设在井点内侧,阴阳极分别用电线连接成通路,并对阳极施加强直流电流。应用电压比降使带负电的土粒向阳极移动（即电泳作用）,带正荷的孔隙水则向阴极方向集中产生电渗现象。在电渗与真空的双重作用下,强制教土中的水在井点管附近积集,由井点管快速排出,使井点管连续抽水,地下水位逐渐降低。

14. 【答案】C

【解析】并列推土法。在较大面积的平整场地施工中,采用2台或3台推土机并列推土。

能减少土的散失，因为 2 台或 3 台单独推土时，有四边或六边向外撒土，而并列后只有两边向外撒土，一般可使每台推土机的推土量增加 20%。并列推土时，铲刀间距 150～300mm。并列台数不宜超过 4 台，否则互相影响。

15.【答案】B

【解析】斜角推土法，将铲刀斜装在支架上，与推土机横轴在水平方向形成一定角度进行推土。一般在管沟回填且无倒车余地时采用这种方法。

16.【答案】D

【解析】跨铲法。预留土埂，间隔铲土的方法。可使铲运机在挖两边土槽时减少向外撒土量，挖土埂时增加了两个自由面，阻力减小，铲土容易，土埂高度应不大于 300mm，宽度以不大于拖拉机两履带间净距为宜。

17.【答案】C

【解析】在地势平坦，土质较坚硬时，可采用推土机助铲以缩短铲土时间。此法的关键是双机要紧密配合，否则达不到预期效果。一般每 3～4 台铲运机配 1 台推土机助铲。推土机在助铲的空隙时间，可做松土或其他零星的平整工作，为铲运机施工创造条件。

18.【答案】C

【解析】正铲挖掘机的挖土特点是：前进向上，强制切土。反铲挖掘机的特点是：后退向下，强制切土。拉铲挖掘机的挖土特点是：后退向下，自重切土。抓挖掘机的挖土特点是：直上直下，自重切土。

19.【答案】B

【解析】反铲挖掘机。反铲挖掘机的特点是：后退向下，强制切土。其挖掘力比正铲小，能开挖停机面以下的Ⅰ～Ⅲ级砂土或黏土，适宜开挖深度 4m 以内的基坑，对地下水位较高处也适用。反铲挖掘机的开挖方式，可分为沟端开挖与沟侧开挖。

20.【答案】B

【解析】A 选项错误，填方宜采用同类土填筑；C 选项错误，含水量大的黏土不宜做填土用；D 选项错误，硫酸盐含量大于 5%的土均不能做填土。

21.【答案】ACD

【解析】推土机的经济运距在 100m 以内，以 30～60m 为最佳运距，并列台数不宜超过四台，否则互相影响。铲运机适宜运距为 600～1500m，当运距为 200～350m 时效率最高。拉铲挖掘机的挖土特点是：后退向下，自重切土，适宜开挖大型基坑及水下挖土。

22.【答案】CDE

【解析】A 选项错误，单排布置适用于基坑、槽宽度小于 6m，且降水深度不超过 5m 的情况，井点管应设置在地下水的上游一侧，两段延伸长度不宜小于坑、槽的宽度。B 选项错误，双排布置适用于基坑宽度大于 6m 或土质不良的情况。

◆ 4.1.2 地基与基础工程施工技术

23.【答案】D

【解析】A 选项错误，灰土地基适用于加固深 1～4m 厚的软弱土、湿陷性黄土、杂填土等，还可用作结构的辅助防渗层；B 选项错误，砂石地基适于处理 3m 以内的软弱、透水性强的黏性土地基，包括淤泥、淤泥质土，不宜用于加固湿陷性黄土地基及渗透系数小的黏性土地基；C 选项错误，粉煤灰可用作各种软弱土层换填地基的处理，以及用作大面积地坪的垫层等。

24.【答案】C

【解析】A 选项错误，重锤夯实法适用于地下水距地面 0.8m 以上稍湿的黏土、砂土、湿陷性黄土、杂填土和分层填土，但在有效夯实深度内存在软黏土层时不宜采用；B 选项错误，强夯法适用于加固碎石土、砂土、低饱和度粉土、黏性土、湿陷性黄土、高填土、杂填土以及"围海造地"地基、工业废渣、垃圾地基等的处理；也可用于防止粉土及粉砂的液化，消除或降低大孔隙土的湿陷性；对于高饱和度淤泥、软黏土、泥炭、沼泽土，如采取一定技术措施也可采用，还可用于水下夯实。C 选项对，强夯不得用于不允许对工程周围建筑物和设备有一定振动影响的地基加固，必要时，应采取防振、隔振措施。强夯处理范围应大于建筑物基础范围，每边超出基础外缘的宽度宜为基底下设计处理深度的 1/2～2/3，并不宜小于 3m。D 选项错误，强夯法处理范围应小于建筑物基础范围。

25.【答案】D

【解析】强夯不得用于不允许对工程周围建筑物和设备有一定振动影响的地基加固，所以 A 选项错误；重锤夯实不适用于软黏土层，B 选项错误；C 选项属于常识，处理范围应大于建筑物的基础范围。

26.【答案】C

【解析】深层搅拌法适宜于加固各种成因的淤泥质土、黏土和粉质黏土等，用于增加软土地基的承载能力，减少沉降量，提高边坡的稳定性和各种坑槽工程施工时的挡水帷幕。

27.【答案】D

【解析】A 选项错误，制作预制桩有并列法、间隔法、重叠法、翻模法等，现场预制桩多用重叠法预制，重叠层数不宜超过 4 层，层与层之间应涂刷隔离剂，具体施工要求见下表。

制作	1. 长度在 10m 以下的短桩，一般多在工厂预制 2. 现场预制桩多用重叠法预制，重叠层数不宜超过 4 层 3. 上层桩或邻近桩的灌注，应在下层桩或邻近桩混凝土达到设计强度等级的 30%以后进行
起吊运输	1. 混凝土达到设计强度的 70%后方可起吊 2. 达到设计强度的 100%方可运输和打桩
堆放	堆放层数不宜超过 4 层。不同规格的桩应分别堆放

28.【答案】B

【解析】当锤重大于桩重的 1.5～2 倍时，能取得良好的效果，但桩锤亦不能过重，过重易将桩打坏；当桩重大于 2t 时，可采用比桩轻的桩锤，但亦不能小于桩重的 75%。施工中，宜采用"重锤低击"。

29.【答案】B

【解析】打桩应避免自外向内，或从周边向中间进行。当桩基的设计标高不同时，打桩顺序宜先深后浅；当桩的规格不同时，打桩顺序宜先大后小、先长后短。

30.【答案】A

【解析】在钢筋混凝土预制桩打桩施工中，仅适用于软弱土层的接桩方法是硫磺胶泥锚接。

31.【答案】C

【解析】静钻根植桩是采用单轴钻机进行钻孔、扩底，注入桩端和桩周水泥浆，然后将植入桩置于已成孔内形成的基桩。可用于素填土、淤泥、淤泥质土、黏性土、粉土、砂土、碎（砾）石土、全风化岩、强风化岩以及软质中风化岩，桩径不宜大于1400mm。

32.【答案】C

【解析】护壁成孔灌注桩施工流程如下：测量放线→定位埋设护筒→桩机就位成孔→一次清孔（废浆、废渣排放）→安装钢筋笼→安装导管→二次清孔→灌注混凝土→拔导管、护筒→养护。

33.【答案】AE

【解析】土桩和灰土桩挤密地基是由桩间挤密土和填夯的桩体组成的人工"复合地基"。适用于处理地下水位以上，深度5～15m的湿陷性黄土或人工填土地基。土桩主要适用于消除湿陷性黄土地基的湿陷性，灰土桩主要适用于提高人工填土地基的承载力。地下水位以下或含水量超过25%的土，不宜采用。

34.【答案】ABD

【解析】高压喷射注浆法所形成的固结体形状与喷射流移动方向有关，一般分为旋转喷射（简称旋喷）、定向喷射（简称定喷）和摆动喷射（简称摆喷）三种形式。

35.【答案】BCE

【解析】混凝土灌注桩是直接在桩位上就地成孔，然后在孔内安放钢筋笼（也有直接插筋或省却钢筋的），再灌注混凝土而成。根据成孔工艺不同，分为泥浆护壁成孔、干作业成孔、套管成孔和爆扩成孔等。

36.【答案】CDE

【解析】振动沉桩主要适用于砂土、砂质黏土、粉质黏土层。在含水砂层中的效果更为显著，但在沙砾层中采用此法时，尚需配以水冲法。振动沉桩法的优点是：设备构造简单，使用方便，效能高，所消耗的动力少。附属机具设备亦少。其缺点是适用范围较窄，不宜用于粘性土以及土层中夹有孤石的情况。

37.【答案】ABD

【解析】钻孔注浆桩的优点：①振动小，噪声低；②由于钻孔后的土柱和钻杆是被孔底的高压水泥浆置换后提出孔外的，所以能在流砂、淤泥、砂卵石、易塌孔和地下水的地质条件下，采用水泥浆护壁而顺利地成孔成桩；③由于高压注浆对周围的地层有明显的渗透、加固挤密作用，可解决断桩、缩颈、桩底虚土等问题，还有局部膨胀扩径现象，提高承载力。

④因不用泥浆护壁，就没有因大量泥浆制备和处理而带来的污染环境、影响施工速度和质量等弊端；⑤施工速度快、工期短；⑥单承载力较高。

◆ 4.1.3　主体结构工程施工技术

38.【答案】D

【解析】砌体水平灰缝和竖向灰缝的砂浆饱满度，按净面积计算不得低于 90%。

39.【答案】C

【解析】受力钢筋的弯钩和弯折应符合下列规定：①HPB235 级钢筋末端应做 180°弯钩，其弯弧内直径不应小于钢筋直径的 2.5 倍，弯钩的弯后平直部分长度不应小于钢筋直径的 3 倍。②当设计要求钢筋末端做 135°弯钩时，HRB335 级、HRB400 级钢筋的弯弧内直径不应小于钢筋直径的 4 倍，弯钩的弯后平直部分长度应符合设计要求。③钢筋做不大于 90°的弯折时，弯折处的弯弧内直径不应小于钢筋直径的 5 倍。

40.【答案】C

【解析】根据规范要求，石砌体每日砌筑高度不宜超过 1.2m，而非 1.0m，因此 C 选项是错误的说法。其他选项 A、B、D 均符合规范对不同砌体每日砌筑高度的规定。

41.【答案】C

【解析】钢筋闪光对焊工艺通常有连续闪光焊、预热闪光焊和闪光-预热-闪光焊。闪光对焊广泛应用于钢筋纵向连接及预应力钢筋与螺丝端杆的焊接。在非固定的专业预制厂（场）或钢筋加工厂（场）内，对直径大于或等于 22mm 的钢筋进行连接作业时，不得使用钢筋闪光对焊工艺。

42.【答案】B

【解析】电渣压力焊适用于现浇钢筋混凝土结构竖向或斜向钢筋的焊接接长。不得用于梁、板等构件中水平钢筋的连接。也不得用于焊接直径 20mm 及以上的钢筋，不得用于焊接直径 12mm 以下的钢筋。

43.【答案】B

【解析】台模是一种大型工具式模板，主要用于浇筑平板式或带边梁的楼板，一般是一个房间一块台模，有时甚至更大。利用台模施工楼板可省去模板的装拆时间，能降低劳动消耗和加速施工，但一次性投资较大。

44.【答案】C

【解析】爬升模板简称爬模，国外亦称跳模，是施工剪力墙体系和筒体体系的钢筋混凝土结构高层建筑的一种有效的模板体系。由于模板能自爬，不需起重运输机械吊运，减少了高层建筑施工中起重运输机械的吊运工作量，能避免大模板受大风影响而停止工作。由于自爬的模板上悬挂有脚手架，所以还省去了结构施工阶段的外脚手架，因为能减少起重机械的数量、加快施工速度而经济效益较好。爬模分有爬架爬模和无爬架爬模两类。

45.【答案】B

【解析】①柱、墙混凝土设计强度等级比梁、板混凝土设计强度等级高两个及以上等级时，应在交界区域采取分隔措施；分隔位置应在低强度等级的构件中，距离高强度等级构件边缘不应小于500mm，且不应小于1/2梁高。②宜先浇筑强度等级高的混凝土，后浇筑强度等级低的混凝土。为保证混凝土交界面工整清晰，可在高强度等级混凝土与低强度等级混凝土之间采用钢丝网板等分隔措施。钢丝网板两侧混凝土虽然分别浇筑，但应保证在一侧混凝土浇筑后的初凝前，完成另一侧混凝土的覆盖。因此分隔位置不是施工缝，而是临时隔断。

46.【答案】C

【解析】装配整体式结构的楼盖宜采用叠合楼盖。叠合板应按现行国家标准《混凝土结构设计标准（2024年版）》GB/T 50010—2010进行设计，并应符合下列规定：①叠合板的预制板厚度不宜小于60mm，后浇混凝土叠合层厚度不应小于60mm；②当叠合板的预制板采用空心板时，板端空腔应封堵；③跨度大于 3m 的叠合板，宜采用桁架钢筋混凝土叠合板；④跨度大于6m的叠合板，宜采用预应力混凝土预制板；⑤板厚大于180mm的叠合板，宜采用混凝土空心板。

47.【答案】B

【解析】混凝土可采用自然养护或湿热养护。但必须注意，当预应力混凝土构件进行湿热养护时，应采取正确的养护制度以减少由于温差引起的预应力损失。

48.【答案】C

【解析】在后张法中，张拉预应力筋时，构件混凝土的强度应按设计规定，如设计无规定，则不低于设计的混凝土立方体抗压强度标准值的75%。

49.【答案】B

【解析】灌浆孔的间距：对预埋金属螺旋管不宜大于 30m；对抽芯成形孔道不宜大于12m；张拉预应力筋时，构件混凝土的强度应按设计规定，如设计无规定，则不低于设计的混凝土立方体抗压强度标准值的75%。对后张法预应力梁和板，现浇结构混凝土的龄期分别不宜小于7d和5d。水泥浆拌合后至灌浆完毕的时间不宜超过30min。

50.【答案】C

【解析】如下图所示。

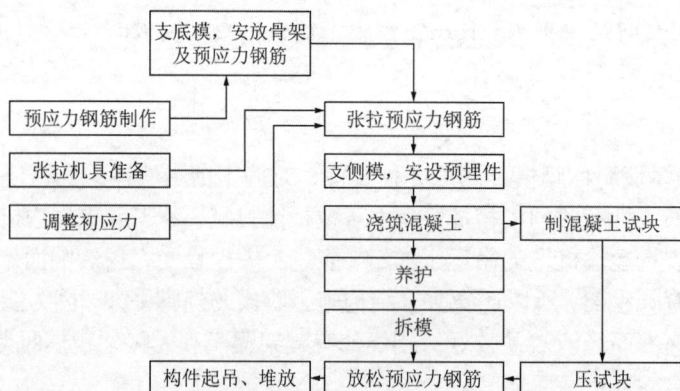

51.【答案】ACE

　　【解析】直径大于 40mm 钢筋的切断方法应采用锯床锯断、氧乙炔焰割切、电弧割切。

◆ **4.1.4　防水工程施工技术**

52.【答案】D

　　【解析】外贴法。外贴法是指在地下建筑墙体做好后，直接将卷材防水层铺贴墙上，然后砌筑保护墙；外贴法的优点是构筑物与保护墙有不均匀沉降时，对防水层影响较小；防水层做好后即可进行漏水试验，修补方便。其缺点是工期较长，占地面积较大；底板与墙身接头处卷材易受损。

53.【答案】BDE

　　【解析】防水混凝土应采用机械振捣，并保证振捣密实。防水混凝土应自然养护，养护时间不少于 14d。

54.【答案】BCE

　　【解析】目前，常用的防水混凝土有普通防水混凝土、外加剂或掺和料防水混凝土和膨胀水泥防水混凝土。防水混凝土采用预拌混凝土时，入泵坍落度宜控制在 120～140mm。防水混凝土浇筑时的自落高度不得大于 1.5m。防水混凝土结构的变形缝、施工缝、后浇带、穿墙管、埋设件等设置和构造必须符合设计要求。喷射混凝土终凝 2h 后应采取喷水养护，养护时间不得少于 14d；当气温低于 5℃时，不得喷水养护。

55.【答案】BCDE

　　【解析】垂直施工缝应避开地下水和裂隙水较多的地段，并宜与变形缝相结合，故 A 选项错误、B 选项正确。为保证地下建筑的防水要求，可在铁件上加焊一道或数道止水铁片，延长渗水路径、减小渗水压力，达到防水目的，故 C 选项正确。埋设件端部或预留孔、槽底部的混凝土厚度不得少于 250mm，故 D 选项正确。墙体水平施工缝不应留在剪力与弯矩最大处或底板与侧墙的交接处，故 E 选项正确。

56.【答案】BDE

　　【解析】外贴法。外贴法是指在地下建筑墙体做好后，直接将卷材防水层铺贴墙上，然后砌筑保护墙。外贴法的优点：构筑物与保护墙有不均匀沉降时，对防水层影响较小；防水层做好后即可进行漏水试验，修补方便。其缺点：工期较长，占地面积较大；底板与墙身接头处卷材易受损。

57.【答案】ABDE

　　【解析】卷材防水屋面铺贴方法的选择应根据屋面基层的结构类型、干湿程度等实际情况来确定。卷材防水层一般用满粘法、点粘法、条粘法和空铺法等来进行铺贴。当卷材防水层上有重物覆盖或基层变形较大时，应优先采用空铺法、点粘法、条粘法或机械固定法，但距屋面周边 800mm 内以及叠层铺贴的各层之间应满粘；当防水层采取满粘法施工时，找平层的分隔缝处宜空铺，空铺的宽度宜为 100mm。

◆ **4.1.5 节能工程施工技术**

58.【答案】ABDE

【解析】施工操作要点：①施工工艺流程一般分为基层处理、弹线、保温层铺设、质量验收。②当设计有隔汽层时，先施工隔汽层，然后再施工保温层。隔汽层四周应向上沿墙面连续铺设，并高出保温层表面不得小于150mm。③块状材料保温层施工时，相邻板块应错缝拼接，分层铺设的板块上下层接缝应相互错开，板间缝隙应采用同类材料嵌填密实。铺贴方法有干铺法、粘贴法和机械固定法。④纤维材料保温层施工时，应避免重压，并应采取防潮措施；屋面坡度较大时，宜采用机械固定法施工。⑤喷涂硬泡聚氨酯保温层施工时，喷嘴与基层的距离宜为800～1200mm；一个作业面应分遍喷涂完成，每遍喷涂厚度不宜大于15mm；当日施工作业面应连续施工完成；喷涂后20min严禁上人；作业时应采取防止污染的遮挡措施。⑥现浇泡沫混凝土保温层施工时，浇筑出口离基层的高度不宜超过1m，泵送时应采取低压泵送；泡沫混凝土应分层浇筑，一次浇筑厚度不宜超过200mm，保湿养护时间不得少于7d。⑦保温层施工环境温度要求：干铺的保温材料可在负温度下施工；用水泥砂浆粘贴的块状保温材料不宜低于5℃；喷涂硬泡聚氨酯宜为15～35℃，空气相对湿度宜小于85%，风速不宜大于三级；现浇泡沫混凝土宜为5～35℃；雨天、雪天、五级风以上的天气停止施工。

◆ **4.1.6 装饰工程施工技术**

59.【答案】B

【解析】单元式玻璃幕墙。（1）单元式玻璃幕墙主要特点有工厂化程度高、工期短、造型丰富、施工技术要求较高等。同时存在单方材料消耗量大、造价高，墙的接缝、封口和防渗漏技术要求高，施工有一定的难度等缺点。（2）单元式玻璃幕墙起吊和就位应满足下列要求：①吊点和挂点应符合设计要求，吊点不应少于2个，必要时可增设吊点加固措施并试吊；②起吊单元板块时，应使各吊点均匀受力，起吊过程应保持单元板块平稳；③吊装升降和平移应使单元板块不摆动、不撞击其他物体；④吊装过程应采取措施保证装饰面不受磨损和挤压；⑤单元板块就位时，应先将其挂到主体结构的挂点上，板块未固定前，吊具不得拆除。

4.2 道路、桥梁与涵洞工程施工技术

◆ **4.2.1 道路工程施工技术**

60. 路基基底原状土开挖换填的主要目的在于（　　）。

　　A. 便于导水　　B. 便于蓄水　　C. 提高稳定性　　D. 提高作业效率

61. 路堤填筑时应优先选用的填筑材料为（　　）。

　　A. 卵石　　B. 粉性土　　C. 重黏土　　D. 含砂粉土

62. 堤身较高或受地形限制时，填筑路堤的方法通常采用（　　）。

　　A. 水平分层填筑　　B. 竖向填筑　　C. 纵向分层填筑　　D. 混合填筑

63. 一级公路水泥稳定土路面基层施工，下列说法正确的是（　　）。

A. 厂拌法　　　　B. 路拌法　　　　C. 振动压实法　　　D. 人工拌合法

64. 关于软土路基施工中稳定剂处置法施工，说法正确的是（　　）。

A. 该方法主要用于排出土体中的富余水分

B. 该方法主要用于改善地基的压缩性和强度特征

C. 压实后均不需要养护

D. 稳定剂一般不用水泥作掺合料

65. 石方爆破施工作业正确的顺序是（　　）。

A. 钻孔→装药→敷设起爆网络→起爆

B. 钻孔→确定炮位→敷设起爆网络→装药→起爆

C. 确定炮位→敷设起爆网络→钻孔→装药→起爆

D. 设置警戒线→敷设起爆网络→确定炮位→装药→起爆

66. 路基石方开挖，在高作业面施工时为保证爆破岩石块度均匀，常采用的装药形式为（　　）。

A. 集中药包　　　　　　　　　B. 分散药包

C. 药壶药包　　　　　　　　　D. 坑道药包

67. 道路工程施工中，正确的路堤填筑方法有（　　）。

A. 不同性质的土应混填

B. 将弱透水性土置于透水性土之上

C. 不同性质的土有规则地水平分层填筑

D. 堤身较高时可采用混合填筑法

E. 竖向填筑时应选用高效能压实机械

68. 路基石方爆破中，同等爆破方量条件下，清方量较小的爆破方式为（　　）。

A. 光面爆破　　　B. 微差爆破　　　C. 预裂爆破

D. 定向爆破　　　E. 洞室爆破

69. 软土路基处治的换填法主要有（　　）。

A. 开挖换填法　　　B. 垂直排水固结法　　C. 抛石挤淤法

D. 稳定剂处置法　　E. 爆破排淤法

◆ 4.2.2　桥梁工程施工技术

70. 关于桥梁墩台施工的说法，正确的是（　　）

A. 简易活动脚手架适宜于 25m 以下的砌石墩台施工

B. 当墩台高度超过 30m 时宜采用固定模板施工

C. 墩台混凝土适宜采用固定模板施工

D. 6m 以下的墩台可采用悬吊脚手架施工

71. 采用顶推法进行桥梁承载结构的施工，说法正确的是（　　）。

A. 主梁分段预制，速度较快，但结构整体性差

B. 施工平稳无噪声，但施工费用高

C. 顶推法施工时，用钢量较大

D. 顶推法宜在变截面梁上使用

72. 对正常通车线路上的桥梁进行换梁时，适宜采用的施工方法是（   ）。

    A. 支架现浇法   B. 悬臂浇筑法   C. 顶推法施工   D. 横移法施工

73. 桥梁上部结构施工中，对通航和桥下交通有影响的是（   ）。

    A. 支架现浇法   B. 悬臂施工法   C. 转体施工法   D. 移动模架法

74. 大跨径连续梁上部结构悬臂浇筑法施工的特点有（   ）。

    A. 施工速度较快   B. 上下平行作业

    C. 一般不影响桥下交通   D. 施工较复杂

    E. 结构整体性较差

75. 桥梁承载结构采用移动模架逐孔施工，其主要特点有（   ）。

    A. 不影响通航和桥下交通   B. 模架可多次周转使用

    C. 施工准备和操作比较简单   D. 机械化、自动化程度高

    E. 可上下平行作业缩短工期

◆ 4.2.3　涵洞工程施工技术

76. 混凝土拱圈与砌块石拱圈，下列说法正确的是（   ）。

    A. 拱架放样，不需预留施工拱度

    B. 混凝土块砌体拱圈，灰缝宽度为 20mm

    C. 当拱涵用混凝土预制拱圈时，成品达到设计强度 100%时才允许搬运、安装

    D. 就地灌筑的混凝土拱圈沿拱圈辐射方向分层浇筑

参考答案及解析

◆ 4.2.1　道路工程施工技术

60.【答案】C

【解析】路堤的填筑，为保证路堤的强度和稳定性，在填筑路堤时，要处理好基底，选择良好的填料，保证必需的压实度及正确选择填筑方案。

61.【答案】A

【解析】一般情况下，碎石、卵石、砾石、粗砂等具有良好透水性，且强度高、稳定性好，因此可优先采用。

62.【答案】D

【解析】路堤的填筑方法有水平分层填筑法、纵向分层填筑法、竖向填筑法和混合填筑法四种。其中水平分层填筑法易于达到规定的压实度，易于保证质量，是填筑路堤的基本方法。纵向分层填筑法适宜于用推土机从路堑取料填筑距离较短的路堤，依纵坡方向分层，逐层向上填筑碾压密实，原地面纵坡陡于 12%的地段常采用。当地面纵坡大于 12%的深谷陡坡地段，可采用竖向填筑法施工，其特点是不易压实。如因地形限制或堤身较高时，可采用混合填筑法。

63.【答案】A

　　【解析】级配碎（砾）石基层施工。级配碎（砾）石料基层是将粒径不同的石料和砂（或石屑）组成良好级配的混合料，经碾压形成密实的基层结构。其施工方法有路拌法和厂拌法两种。级配碎（砾）石料基层的施工关键是保证级配拌合均匀，含水量适宜，摊铺均匀，压实度达到规定的要求。高速公路和一级公路的稳定土基层，应采用集中厂拌法施工。

64.【答案】B

　　【解析】稳定剂处置法是利用生石灰、熟石灰、水泥等稳定材料，掺入软弱的表层黏土中，以改善地基的压缩性和强度特征，保证机械作业条件，提高路堤填土稳定及压实效果。

65.【答案】A

　　【解析】爆破作业的施工程序为：对爆破人员进行技术学习和安全教育→对爆破器材进行检查→试验→清除表土→选择炮位→凿孔→装药→堵塞→敷设起爆网路→设置警戒线→起爆→清方等。

66.【答案】B

　　【解析】见下表。

集中药包	爆炸后对于工作面较高的岩石崩落效果较好，但不能保证岩石均匀碎
分散药包	适用于高作业面的开挖段。炸药沿孔深的高度分散安装，爆炸后可以使岩石均匀地破碎
药壶药包	适用于结构均匀致密的硬土、次坚石和坚石、量大而集中的石方施工。将炮孔底部打成芦形，集中埋置炸药，以提高爆破效果
坑道药包	适用于土石方大量集中、地势险要或工期紧迫的路段，以及一些特殊的爆破工程。药包安装在竖井或平硐底部的特制的储药室内，装药量大，属于大型爆破的装药方式

67.【答案】BCDE

　　【解析】不同性质的土有规则地分层填筑。

68.【答案】DE

　　【解析】定向爆破：利用爆能将大量土石方按照拟定的方向，搬移到一定的位置并堆积成路堤的一种爆破施工方法，称为定向爆破。洞室爆破：为使爆破设计断面内的岩体大量抛掷（抛明）出路基，减少爆破后的清方工作量，保证路基的稳定性，可根据地形和路基断面形式，采用抛掷爆破、定向爆破、松动爆破方法。

69.【答案】ACE

　　【解析】换填法有开挖换填法、抛石挤淤法、爆破排淤法。

◆ 4.2.2　桥梁工程施工技术

70.【答案】A

　　【解析】简易活动脚手架适用于 25m 以下的砌石墩台施工；当墩台高度大于或等于 30m 时常用滑动模板施工；墩台混凝土特别是实体墩台均为大体积混凝土，水泥应优先选用矿山渣水泥，火山灰水泥，采用普通水泥时强度等级不宜过高。

71.【答案】C

　　【解析】顶推法施工的特点：①顶推法可以使用简单的设备建造长大桥梁，施工费用低，施工平稳无噪声，可在水深、山谷和高桥墩上采用，也可在曲率相同的弯桥和坡桥上使用。②主梁分段预制，连续作业，结构整体性好；由于不需要大型起重设备，所以施工节段的长度一般可取用 10~20m。③桥梁节段固定在一个场地预制，便于施工管理，改善施工条件，避免高空作业。同时，模板、设备可多次周转使用，在正常情况下，节段的预制周期为 7~10d。④顶推施工时，用钢量较高。⑤顶推法宜在等截面梁上使用，当桥梁跨径过大时，选用等截面梁会造成材料用量的不经济，也增加施工难度，因此以中等跨径的桥梁为宜，桥梁的总长也以 500~600m 为宜。

72.【答案】D

　　【解析】横向位移施工多用于正常通车线路上的桥梁工程的换梁。为了尽量减少交通的中断时间，可在原桥位旁预制并横移施工。

73.【答案】A

　　【解析】架现浇法就地浇筑施工无须预制场地，而且不需要大型起吊、运输设备，梁体的主筋可不中断，桥梁整体性好。它的缺点主要是工期长，施工质量不容易控制；对预应力混凝土梁由于混凝土的收缩、徐变引起的应力损失比较大；施工中的支架、模板耗用量大，施工费用高；搭设支架影响排洪、通航，施工期间可能受到洪水和漂流物的威胁。

74.【答案】ABC

　　【解析】悬臂施工的主要特点：①悬臂施工宜在营运状态的结构受力与施工阶段的受力状态比较近的桥梁中选用，如预应力混凝土 T 形刚构桥、变截面连续梁桥和斜拉桥等。②非墩梁固接的预应力混凝土梁桥，采用悬臂施工时应采取措施，使墩、梁临时固结。③采用悬臂施工的机具设备种类较多，可根据实际情况选用。④悬臂浇筑施工简便，结构整体性好，施工中可不断调整位置，常在跨径大于 100m 的桥梁上选用；悬臂拼装法施工速度快，桥梁上下部结构可平行作业，但施工精度要求比较高，可在跨径 100m 以下的大桥中选用。⑤悬臂施工法可不用或少用支架，施工不影响通航或桥下交通。

75.【答案】ABDE

　　【解析】采用移动模架逐孔施工的主要特点：①移动模架法不需设置地面支架，不影响通航和交通。②有良好的施工环境，保证施工质量，一套模架可多次周转使用。③机械化、自动化程度高，节省劳力，降低劳动强度，上下部结构可以平行作业，缩短工期。④通常每一施工梁段的长度取用一孔梁长，接头位置一般可选在桥梁受力较小的部位。⑤移动模架设备投资大，施工准备和操作都较复杂。⑥移动模架逐孔施工宜在桥梁跨径小于 50m 的多跨长桥上使用。

◆ 4.2.3　涵洞工程施工技术

76.【答案】B

　　【解析】拱架放样时，需预留施工拱度。当拱圈为混凝土块砌体时，所用砂浆强度等级应按设计规定选用，灰缝宽度宜为 20mm。当拱涵用混凝土预制拱圈安装时，成品达到设计强度的 70%时才允许搬运、安装。就地灌筑的混凝土拱圈及端墙的施工，不宜按拱圈辐射方向分层。

4.3 地下工程施工技术

◆ 4.3.1 建筑工程深基坑施工技术

77. 冻结排桩法施工技术主要适用于（　　　）。
  A. 基岩比较坚硬、完整的深基坑施工
  B. 表土覆盖比较浅的一般基坑施工
  C. 地下水丰富的深基坑施工
  D. 岩土体自支撑能力较强的浅基坑施工

78. 关于水泥土桩墙的特点及适用条件，下列说法是错误的是（　　　）。
  A. 具有挡土和截水双重功能　　　　B. 适用于深度超过 8m 的深基坑工程
  C. 使用材料单一，造价较低　　　　D. 成墙速度快

79. 场地大空间大，土质好的深基坑，地下水位低的深基坑，采用的开挖方式为（　　　）。
  A. 水泥挡墙式　　B. 排桩与桩墙式　　C. 逆作墙式　　　D. 放坡开挖式

80. 关于盖挖法的优缺点，下列说法正确的有（　　　）。
  A. 对邻近建筑物和构筑物的保护有利
  B. 盖板上可以任意设置多个竖井方便出土
  C. 施工作业空间较大，施工效率高
  D. 施工受外界气候影响较小
  E. 与明挖法相比费用较高

81. 深基坑支护基本形式中，边坡稳定式适用条件的表述正确的是（　　　）。
  A. 基坑侧壁安全等级宜为二、三级非软土场地
  B. 土钉墙基坑深度不宜大于 12m
  C. 当地下水位高于基坑底面时，应采取降水或截水措施
  D. 悬臂式结构在软土场地中不宜大于 5m
  E. 基坑深度不宜大于 6m

82. 关于顺作法和逆作法的施工特点，下列说法正确的有（　　　）。
  A. 顺作法需要设置临时支撑并在后期拆除
  B. 逆作法可以节省基坑支护费用
  C. 顺作法施工速度通常比逆作法快
  D. 逆作法对周边环境影响较小
  E. 顺作法常用的支撑包括钢管支撑和型钢支撑

◆ 4.3.2 地下连续墙施工技术

83. 地下连续墙施工作业中，触变泥浆应（　　　）。

A. 由现场开挖土拌制而成　　　　　B. 满足墙面平整度要求

C. 满足墙体接头密实度要求　　　　D. 满足保护孔壁要求

84. 深基础施工中，现浇钢筋混凝土地下连续墙的优点有（　　　）。

A. 地下连续墙可作为建筑物的地下室外墙

B. 施工机械化程度高，具有多功能用途

C. 开挖基坑土方量小，对开挖的地层适应性强

D. 墙面光滑，性能均匀，整体性好

E. 施工过程中振动小，不会造成周围地基沉降

◆ 4.3.3　隧道工程施工技术

85. 适用深埋于岩体的长隧洞施工的方法是（　　　）。

A. 顶管法　　　　B. TMB法　　　　C. 盾构法　　　　D. 明挖法

86. 关于隧道工程喷射混凝土施工，说法正确的有（　　　）。

A. 喷射作业混凝土利用率高

B. 喷射作业区段宽度一般以1.5～2.0m为宜

C. 喷射顺序应先拱后墙

D. 为了确保喷射效果风压通常应大于水压

87. 下列设备中，专门用来开挖竖井或斜井的大型钻具是（　　　）。

A. 全断面掘进机　　B. 独臂钻机　　　C. 天井钻机　　　　D. TBM设备

88. 关于采用全断面掘进机进行岩石地下工程施工的说法，正确的是（　　　）。

A. 对通风要求较高，适宜于打短洞　　B. 开挖洞壁比较光滑

C. 对围岩破坏较大，不利于围岩稳定　　D. 超挖大，混凝土衬砌材料用量大

◆ 4.3.4　地下工程特殊施工技术

89. 下面说法正确的是（　　　）。

A. 开放盾构机分为泥水平衡式和土压平衡式

B. 盾尾是具有较强刚性的圆形结构

C. 盾构机由切口环、支承环、千斤顶组成

D. 拼装器常有的分为杠杆式拼装机和环式拼装机

90. 盾构壳体构造中，位于盾构最前端的部分是（　　　）。

A. 千斤顶　　　　B. 支承环　　　　C. 切口环　　　　D. 衬砌拼装系统

参考答案及解析

◆ 4.3.1　建筑工程深基坑施工技术

77.【答案】C

【解析】冻结排桩法适用于大体积深基础开挖施工、含水量高的地基基础和软土地基基

础以及地下水丰富的地基基础施工。

78.【答案】B

【解析】水泥土桩墙，是由水泥土桩相互搭接形成的格栅状、壁状等形式的连续重力式挡土止水墙体。特点是具有挡土、截水双重功能，施工机具设备相对较简单、成墙速度快、使用材料单一、造价较低等。其适用条件如下：基坑侧壁安全等级宜为二、三级；水泥土桩墙施工范围内地基承载力不宜大于 150kPa；基坑深度不宜大于 7m；基坑周围具备水泥土桩墙的施工宽度。

79.【答案】D

【解析】对土质较好，地下水位低，场地开阔的基坑采取规范允许的坡度放坡开挖。

80.【答案】ADE

【解析】盖挖法的优点是：对结构的水平位移小，能够有效控制周围土体的变形和地表沉降；有利于保护邻近建筑物和构筑物；基坑底部土体稳定，隆起小，施工安全；对地面影响小，只在短时间内封锁地面交通，施工受外界气候影响小。其缺点是：盖板上不允许留下过多的竖井，后续开挖土方需要采取水平运输，出土不方便；施工作业空间较小，施工速度较明挖法慢，工期较长；和基坑开挖、支挡开挖相比，费用较高。

81.【答案】ABC

【解析】边坡稳定式。系用土钉或预应力锚杆加固的基坑侧壁土体与喷射钢筋混凝土护面组成的支护结构。具有结构简单，承载力较高、可阻水、变形小、安全可靠、适应性强、施工机具简单、施工灵活、污染小、噪声低、对周边环境影响小、支护费用低等特点。其适用条件如下：基坑侧壁安全等级宜为二、三级非软土场地；土钉墙基坑深度不宜大于 12m；喷锚支护适用于无流沙、含水量不高、不是淤泥等流塑土层的基坑，开挖深度不大于 18m；当地下水位高于基坑底面时，应采取降水或截水措施。

82.【答案】ABDE

【解析】顺作法与逆作法两种方法的不同点在于：一是施工顺序不同。顺作法是在挡墙施工完毕后，对挡墙做必要的支撑，再着手开挖至设计标高，并开始浇筑基础底板，接着依次由下而上，一边浇筑地下结构主体，一边拆除临时支撑；而逆作法是上下同时施工或由上而下顺序施工。二是所采用的支撑不同。顺作法中常见的支撑有钢管支撑、钢筋混凝土支撑、型钢支撑及描杆支护；而逆作法中建筑物本体的梁和板，也就是逆作结构本身，就可以作为支撑，其特点是：快速覆盖、缩短中断交通的时间；自上而下的顶板、中隔板及水平支撑体系刚度大，可营造一个相对安全的作业环境；占地少、回填量小、可分层施工，也可分左右两幅施工，交通导改灵活；不受季节影响、无冬期施工要求，低噪声、扰民少；设备简单、不需大型设备，操作空间大、操作环境相对较好。

◆ 4.3.2　地下连续墙施工技术

83.【答案】D

【解析】泥浆的主要成分是膨润土、掺和物和水。泥浆的作用主要有：护壁、携砂、冷却和润滑，其中以护壁为主。用触变泥浆保护孔壁和止水，施工安全可靠，不会引起水位降低而造成周围地基沉降，保证施工质量。

84.【答案】ABCE

【解析】地下连续墙的优点主要表现在如下方面：①施工全盘机械化，速度快、精度高，并且振动小、噪声小，适用于城市密集建筑群夜间施工。②具有多功能用途，如防渗、截水、承重、挡土、防爆等，由于采用钢筋混凝土或素混凝土，强度可靠，承压力大。③对开挖的地层适应性强，在我国除溶岩地质外，可适用于各种地质条件，无论是软土地层或在重要建筑物附近的工程中，都能安全地施工。

◆ 4.3.3　隧道工程施工技术

85.【答案】B

【解析】全断面掘进机主要优点是：适宜于打长洞，因为它对通风要求较低；开挖洞壁比较光滑；对围岩破坏较小，所以对围岩稳定有利；超挖少，若用混凝土衬砌，则混凝土回填量大为减少。

86.【答案】B

【解析】A选项错误，喷射混凝土施工回弹比较严重，混凝土利用率不高；C选项错误，对水平坑道，其喷射顺序为先墙后拱、自上而下；D选项错误，喷嘴处的水压必须大于工作风压。

87.【答案】C

【解析】天井钻是专门用来开挖竖井或斜井的大型钻具。

88.【答案】B

【解析】全断面掘进机特点是：适宜于打长洞，因为它对通风要求较低；开挖洞壁比较光滑；对围岩破坏较小，所以对围岩稳定有利，超挖少，若用混凝土衬砌，则混凝土回填量大为减少。

◆ 4.3.4　地下工程特殊施工技术

89.【答案】D

【解析】泥水平衡式和土压平衡式属于封闭式。支承环位于切口环之后，是与后部的盾尾相连的中间部分，是盾构结构的主体，是具有较强刚性的圆环结构。盾构壳体一般由切口环、支承环和盾尾三部分组成。

90.【答案】C

【解析】盾构壳体一般由切口环、支承环和盾尾三部分组成。切口环部分位于盾构的最前端，施工时切入地层，并掩护作业，切口环前端制成刃口，以减少切口阻力和对地层的扰动。

第 5 章　工程计量

📋 **考情概述：** 本章主要考查的内容有：工程计量基本原理与方法、建筑工程建筑面积计算规范、工程量计算规范等相关知识，本章知识点较多，难度中等，在历年考试分值中占 30～38 分，性价比最高。这章的特点是内容与造价人员的日常工作紧密联系，所以本专业同学理解更容易，但是零基础同学不太容易理解，因为规则量和实际量之间有一定差异。建议考生在学习的过程中一定要明白清单规则量是按规范计算，不能按照自己的理解记忆，一定要按照规范的要求记忆知识点，分板块做题，吃透一个规则再学习下一个规则，精准记忆，尽量做到零失误，拿高分。

📋 **考点预测：**

核心考点	重要程度
工程量计算规范	★★★★
建筑面积计算规则与方法	★★★★★
工程量计算规范—土石方	★★★★★
工程计算规范—地基处理	★★★★
工程量计算规范—桩基础工程	★★★★★
工程量计算规范—砌筑工程	★★★★★
工程量计算规范—混凝土及钢筋混凝土工程	★★★★★
工程量计算规范—钢筋工程	★★★★★
工程量计算规范—屋面及防水工程	★★★★★
工程量计算规范—装饰装修等工程	★★★★★

5.1　工程计量的基本原理与方法

5.1.1　工程计量的有关概念

1. 关于工程量计算在工程计价中的作用和要求，下列说法正确的是（　　）。
   A. 工程量计算只需依据设计图纸，无须考虑施工组织设计等技术文件
   B. 同一工程项目采用不同计算规则会得出相同的工程量结果
   C. 工程计量是指按照工程量计算规则确定工程数量的活动
   D. 工程量计算结果的准确性主要取决于设计图纸的详细程度

2. 根据工程量计算的基本原则，下列说法正确的是（　　）。

A. 施工方案应作为工程计量的直接依据

B. 非设计要求的马凳筋工程量应单独列项计量

C. 防水层设计文件标注尺寸的附加层应计算工程量

D. 工程计量可不执行合同约定的计算规则

◆ 5.1.2　工程量计算的依据（略）

◆ 5.1.3　工程量计算标准和消耗量

3. 根据工程量清单编制规范，关于同一单项工程中多个单位工程的项目编码设置，下列说法正确的是（　　）。

A. 同一单项工程的不同单位工程中，项目特征相同的分部分项工程项目编码应完全一致

B. 两个单位工程中相同的实心砖墙项目，其项目编码应分别设置为010401002001、010401002002

C. 当工程量清单以单位工程为编制对象时，同一单项工程内项目编码可以重复

D. 同一单项工程中相同项目的工程量可以合并计算并使用同一项目编码

4. 以"t"为单位，应保留小数点后（　　）数。

A. 一位　　　　　B. 二位　　　　　C. 三位　　　　　D. 四位

5. 根据工程量清单编制规范，关于分部分项工程项目名称的确定，下列说法正确的是（　　）。

A. 项目名称必须严格采用工程量计算标准附录中的名称，不得修改

B. 项目名称应在标准附录基础上结合工程实际具体化，如将"屋架"细化为"木屋架"

C. 归并或综合性较大的项目应合并编码列项，以简化清单编制

D. 措施项目的名称可由编制人自行确定，无须参考计算标准

6. 下列计量单位中，既适合工程量清单项目又适合基础定额项目的是（　　）。

A. 100m　　　　　　　　　B. 基本物理计量单位

C. 100m³　　　　　　　　　D. 自然计量单位

7. 在同一合同段的工程量清单中，多个单位工程中具有相同项目特征的项目编码和计量单位时（　　）。

A. 项目编码不一致，计量单位不一致

B. 项目编码一致，计量单位一致

C. 项目编码不一致，计量单位一致

D. 项目编码一致，计量单位不一致

8. 根据工程量清单编制规范，关于项目特征描述的重要意义和要求，下列说法正确的有（　　）。

A. 项目特征是区分具体清单项目的本质标识依据

B. 项目特征描述的完整性直接影响综合单价的准确性

C. 项目特征描述可简化处理，主要依赖投标人自行理解

D. 项目特征是履行合同义务及工程验收的质量标准基础

E. 为避免歧义，特征描述应严格照抄设计文件原文

9. 根据《房屋建筑与装饰工程工程量计算标准》GB/T 50854—2024，关于工程量清单项目特征描述的重要意义，下列说法正确的有（　　　）。

A. 项目特征是投标人准确理解招标要求的核心依据

B. 项目特征描述是区分不同清单项目的关键标识

C. 项目特征是施工过程中质量验收的重要标准

D. 项目特征描述的完整性对综合单价确定没有影响

E. 项目特征描述可以简化处理，主要依靠投标人经验判断

10. 根据《房屋建筑与装饰工程工程量计算标准》GB/T 50854—2024，关于"项目特征"与"工作内容"的描述，下列说法正确的有（　　　）。

A. 项目特征是确定综合单价的核心依据，体现清单项目的质量标准

B. 工作内容应详细描述施工工艺流程，直接影响措施项目成本

C. "砖基础"中"砂浆强度等级"属于工作内容，"防潮层铺设"属于项目特征

D. 同一清单项目采用不同施工工艺时，工作内容应调整但项目特征保持不变

E. 招标人可根据施工方案简化工作内容描述，但项目特征必须完整准确

◆ 5.1.4　平法标准图集

11. 有梁楼盖平法施工图中标注的 XB2h = 120/80；B：Xcϕ8@150；Ycϕ8@200；T：Xϕ8@150 理解正确的是（　　　）。

A. XB2 表示"2 块楼面板"

B. "B：Xcϕ8@150"表示板下部配 X 向构造筋 ϕ8@150

C. "Ycϕ8@200"表示板上部配构造筋 ϕ8@200

D. "Xϕ8@150"表示竖向和 X 向配贯通纵筋 ϕ8@150

12.《国家建筑标准设计图集》22G101 混凝土结构施工平面图平面整体表示方法其优点在于（　　　）。

A. 适用于所有地区现浇混凝土结构施工图设计

B. 用图集表示了大量的标准构造详图

C. 适当增加图纸数量，表达更为详细

D. 识图简单一目了然

13. 在《国家建筑标准设计图集》22G101 梁平法施工图中，KL9（6A）表示的含义是（　　　）。

A. 9 跨屋面框架梁，间距为 6m，等截面梁

B. 9 跨框支梁，间距为 6m，主梁

C. 9 号楼层框架梁，6 跨，一端悬挑

D. 9 号框架梁，6 跨，两端悬挑

14.《国家建筑标准设计图集》22G101 平法施工图中，托柱转换梁的标注代号为（　　　）。

A. WKL　　　　　B. KZL　　　　　C. TZL　　　　　D. ZL

15. 根据《国家建筑标准设计图集》22G101 平法施工图注写方式，含义正确的有

（　　）。

A. LZ 表示梁上柱

B. 梁 300×700Y400×300 表示梁规格为 300×700，水平加腋长、宽分别为 400、300

C. XL300×600/400 表示根部和端部不同高的悬挑梁

D. φ10@120（4）/150（2）表示φ10 的钢筋加密区间距 120，4 肢箍，非加密区间距 150，2 肢箍

E. KL3（2A）400×600 表示 3 号楼层框架梁，2 跨，一端悬挑

5.1.5　工程量计算的方法

16. 计算单位工程工程量时，强调按照既定的顺序进行，其目的是（　　）。

A. 便于制订材料采购计划　　　　　B. 便于有序安排施工进度

C. 避免因人而异，口径不同　　　　D. 防止计算错误

参考答案及解析

5.1.1　工程计量的有关概念

1.【答案】C

【解析】A 选项错误，工程量计算除设计图纸外，必须考虑施工组织设计等技术文件。B 选项错误，不同计算规则必然导致工程量差异。D 选项错误，准确性取决于规则运用和计算过程，图纸仅是基础依据之一。

2.【答案】C

【解析】A 选项错误，施工方案不作为计量依据，但常规方案可作为计价考虑因素。B 选项错误，非设计要求的措施钢筋（如马凳筋）不予计量，应纳入综合单价（非设计要求不计原则）。D 选项错误，必须按合同约定规则计量。

5.1.3　工程量计算标准和消耗量

3.【答案】B

【解析】A 选项错误，项目特征相同的项目在不同单位工程中必须通过十至十二位编码区分。C 选项错误，十至十二位编码在同一单项工程内严禁重复。D 选项错误，不同单位工程的工程量必须分别列项，不得合并。

4.【答案】C

【解析】以"t"为单位，应保留小数点后三位数字，第四位小数四舍五入。

5.【答案】B

【解析】A 选项错误，规范明确要求结合工程实际对标准名称进行具体化（如"屋架→木屋架"）。C 选项错误，归并项目应区分名称并分别编码。D 选项错误，措施项目名称也需参

照计算标准确定。

6.【答案】D

【解析】工程量清单项目的计量单位一般采用基本的物理计量单位或自然计量单位，如 m^2、m^3、m、kg、t 等，消耗量定额中的计量单位一般为扩大的物理计量单位或自然计量单位，如 $100m^2$、$1000m^2$、100m 等。

7.【答案】C

【解析】消耗量定额中的项目编码与工程量计算规范项目编码基本保持一致。

8.【答案】ABD

【解析】C 选项错误，必须准确全面描述，不得简化。E 选项错误，需结合技术规范转化表述，非机械照抄。

9.【答案】ABC

【解析】D 选项错误，项目特征直接影响综合单价的确定。E 选项错误，必须准确全面描述，不能简化或依赖经验判断。

10.【答案】ABD

【解析】C 选项错误，"砂浆强度等级"是项目特征（质量要求），"防潮层铺设"是工作内容（施工工序）。E 选项错误，工作内容不得简化，需完整反映施工全过程，项目特征更需严格按设计规范描述。

◆ 5.1.4　平法标准图集

11.【答案】B

【解析】标注"XB2h = 120/80；Xcφ8@150；Ycφ8@200；T：Xφ8@150"表示 2 号悬挑板、板根部厚 150mm、端部厚 100mm；"B：Xcφ8@150"表示板下部配 X 向构造筋φ8@150；"Ycφ8@200"表示板下部配 Y 向构造筋φ8@200；"T：Xφ8@150"表示板上部配 X 向构造筋φ8@150。

12.【答案】B

【解析】所谓平法即混凝土结构施工图平面整体表示方法，实施平法的优点主要表现在：减少图纸数量；实现平面表示，整体标注。适用于抗震设防烈度为 6~9 度地区的现浇混凝土结构施工图的设计，不适用于非抗震结构和砌体结构。

13.【答案】C

【解析】KL9（6A）表示 9 号楼层框架梁，6 跨，一端悬挑。

14.【答案】C

【解析】梁的类型代号有楼层框架梁（KL），楼层框架扁梁（KBL），屋面框架梁（WKL），框支梁（KZL），托柱转换梁（TZL），非框架梁（L），悬挑梁（XL），井字梁（JZL）。

15.【答案】CDE

【解析】A 选项错误，（LZ 表示梁上柱）在 22G101 中已不再适用，属于 16G101 的旧规范。新图集统一使用 KZ 编号，并需额外文字说明柱的起止位置。B 选项错误，梁 300 × 700Y400 × 300 表示梁规格为 300 × 700，竖向加腋长、宽分别为 400、300。

◆ 5.1.5 工程量计算的方法

16.【答案】D

【解析】为了避免漏算或重算，提高计算的准确度，工程量的计算应按照一定的顺序进行。

5.2 建筑面积计算

◆ 5.2.1 建筑面积的概念

17. 依据国家标准《民用建筑通用规范》GB 55031—2022，关于建筑面积的计算规则，下列说法正确的是（   ）。

　　A. 建筑面积应按建筑自然层外围护结构内表面所围空间的水平投影面积计算

　　B. 功能单元建筑面积包含为本单元服务的通风道面积，但不包含阳台面积

　　C. 建筑物的建筑面积应包括各层外墙外表面围合空间的水平投影总面积

　　D. 功能单元墙体面积仅指承重墙水平投影面积，非承重墙不计入

18. 依据国家标准《民用建筑通用规范》GB 55031—2022，关于功能单元使用面积的计算，下列说法正确的是（   ）。

　　A. 功能空间使用面积应计算至墙体饰面层内表面

　　B. 住宅套内使用面积包含公共楼梯间的分摊面积

　　C. 过厅、储藏室等辅助空间面积不计入功能单元使用面积

　　D. 功能单元使用面积应按各功能空间墙体内基层表面围合面积之和计算

◆ 5.2.2 建筑面积的作用（略）

◆ 5.2.3 建筑面积计算规则与方法

19. 根据《民用建筑通用规范》GB 55031—2022，关于建筑物层高与室内净高的说法，正确的是（   ）。

　　A. 屋顶层层高应计算至平屋面结构面层或坡屋顶结构梁顶与外墙结构面延长线的交点

　　B. 坡屋顶的层高应计算至屋面板结构下表面

　　C. 层高应从楼板结构层表面计算至上层楼板结构层表面

　　D. 室内净高是指楼地面完成面至吊顶面层的垂直距离

20. 根据《民用建筑通用规范》GB 55031—2022，关于地下室与半地下室的界定标准，下列说法正确的是（   ）。

　　A. 室内楼（地）面低于室外地坪的高度 > 1/3 层高时，应认定为地下室

　　B. 半地下室是指室内陆面低于室外地坪的高度 > 1/3 且 ≤ 1/2 层高的空间

C. 地下室与半地下室的划分主要依据绝对埋深值，与层高无关

D. 当室内楼（地）面低于室外地坪的高度≤1/4层高时，仍按地下室考虑

21. 根据《民用建筑通用规范》GB 55031—2022，关于建筑面积计算规则，下列说法正确的是（　　）。

A. 无结构楼板的地面，建筑面积应计算至素土夯实层表面

B. 玻璃幕墙作为外围护结构时，应按幕墙龙骨外边线计算面积

C. 无结构楼板的地面，建筑面积应计算至混凝土找平层底面

D. 建筑面积应按外围护结构设计完成面外边线的水平投影面积计算

22. 根据《民用建筑通用规范》GB 55031—2022，关于地上与地下建筑面积的划分，下列说法正确的是（　　）。

A. 楼地面低于室外地坪高度>1/2层，顶部露出地面也应计入地下建筑面积

B. 坡地建筑的地下空间高度应按最低点的室外地坪标高计算

C. 建筑首层门厅部分地面低于室外地坪时，应计入地下建筑面积

D. 当室外设计地坪位于建筑空间中间时，楼地面低于室外地坪高度≤1/2层高的空间应计入地下建筑面积

23. 根据《民用建筑通用规范》GB 55031—2022，关于有围护结构的封闭建筑空间建筑面积计算，下列说法正确的是（　　）。

A. 展览建筑中荷载≤0.5kN/m²的房中房顶部空间，应全额计算建筑面积

B. 建筑内的设备层、避难层，层高>2.2m的应计算建筑面积

C. 封闭架空通道的建筑面积应按其顶盖水平投影面积的1/2计算

D. 有永久性顶盖的采光井，若深度超过5m则不应计算建筑面积

24. 根据《民用建筑通用规范》GB 55031—2022，下列建筑构件中不按自然层计算建筑面积的是（　　）。

A. 电梯井　　　　B. 通风排气竖井　　C. 设备管道夹层　　D. 烟道

25. 根据《民用建筑通用规范》GB 55031—2022，关于无围护结构、以柱围合或部分围护结构与柱共同围合的不封闭建筑空间，下列说法正确的是（　　）。

A. 应按其柱或围护结构内表面所围空间的水平投影面积计算

B. 应按其柱或外围护结构外表面所围空间的水平投影面积计算

C. 仅计算柱所围合部分的面积，围护结构部分不计入

D. 仅当空间完全封闭时，才计算建筑面积

26. 根据《民用建筑通用规范》GB 55031—2022，关于无围护结构、单排柱或独立柱支撑的不封闭建筑空间（如车棚、货棚、站台等），其建筑面积计算规则正确的是（　　）。

A. 按其顶盖水平投影面积的1/2计算

B. 按其柱外围水平投影面积的全面积计算

C. 仅计算柱的占地面积，顶盖部分不计入

D. 当高度≥2.2m时按全面积计算，否则不计算

27. 根据《民用建筑通用规范》GB 55031—2022，关于围护结构和围护设施的说法，正确的是（　　）。

A. 围护结构包括栏杆和栏板，围护设施包括门窗

B. 围护设施是指永久性围合结构，围护结构是指临时性围挡

C. 围护结构和围护设施都包括墙体、门窗和栏杆

D. 围护结构是指围合建筑空间的墙体、门、窗，围护设施是指栏杆、栏板等围挡

28. 根据《民用建筑通用规范》GB 55031—2022，关于阳台建筑面积计算的说法，正确的是（　　）。

A. 所有阳台均按其围护设施外表面所围空间水平投影面积的 1/2 计算

B. 无顶盖的阳台按其围护设施外表面所围空间水平投影面积的 1/2 计算

C. 封闭阳台按其外围护结构外表面所围空间水平投影面积计算，未封闭阳台按 1/2 计算

D. 阳台建筑面积均按其外围护结构外表面所围空间水平投影面积计算

29. 据《民用建筑通用规范》GB 55031—2022，下列空间与部位应该计算建筑面积的是（　　）。

A. 层高 1.8m 的设备管道夹层　　　B. 无顶盖的室外游泳池

C. 结构板顶高度 2.10m 的坡屋顶空间　　D. 层高 2.30m 的设备间

30. 根据《民用建筑通用规范》GB 55031—2022，附属在建筑外围护结构上的构（配）件指的是（　　）。

A. 建筑主体承重结构　　　　　　B. 突出墙面的阳台

C. 外墙装饰柱和空调机板　　　　D. 室内隔墙和吊顶

31. 根据《民用建筑通用规范》GB 55031—2022，下列空间与部位不计算建筑面积的是（　　）。

A. 建筑物内层高 2.3m 的设备管道夹层

B. 商业建筑的骑楼部分

C. 附属于建筑的永久性电梯井

D. 建筑物内的封闭阳台

32. 根据《民用建筑通用规范》GB 55031—2022，关于平屋顶建筑高度的计算规则，下列说法正确的是（　　）。

A. 应从室内地坪算至女儿墙顶部

B. 应同时计算至女儿墙和檐口的最高点

C. 应按室外设计地坪至女儿墙顶点的高度计算

D. 无女儿墙的建筑应按屋面檐口最低点的高度计算

33. 根据《民用建筑通用规范》GB 55031—2022，关于建筑高度计算中"室外设计地坪起算点"的定义，正确的是（　　）。

A. 建筑围护结构外表面与室外设计地坪交界的最高处

B. 包含局部下沉庭院的最低点

C. 建筑围护结构外表面与室外设计地坪交界的最低处（不含下沉庭院）

D. 建筑室内地坪与室外自然地坪的平均高度

34. 根据《民用建筑通用规范》GB 55031—2022，关于坡屋顶建筑的高度计算，下列说法正确的是（　　）。

A. 只需计算檐口高度，屋脊高度可不考虑

B. 檐口高度应按室外设计地坪至屋面檐口或坡屋面最低点的高度计算

C. 屋脊高度应按室内地坪至屋脊的高度计算

D. 檐口和屋脊高度都应从室内地坪起算

35. 根据《民用建筑通用规范》GB 55031—2022，关于建筑高度的计算，下列说法正确的是（　　）。

A. 当同一建筑有多种屋面形式时，仅计算其中最高屋面的高度

B. 坡地建筑的室外地坪起算点应取建筑围护结构外表面与室外设计地坪交界的最高处

C. 建筑高度应分别计算不同屋面形式和室外设计地坪的高度，并取其中的最大值

D. 坡地建筑的高度计算可忽略室外设计地坪的高差，统一按最低点计算

36. 据《民用建筑通用规范》GB 55031—2022，关于建筑室内净高的要求，下列说法正确的是（　　）。

A. 地下室有人员正常活动区域的最低净高不应小于 1.80m

B. 建筑避难区的局部位置净高可低于 2.00m

C. 公共走道有人员正常活动区域的最低净高不应小于 2.00m

D. 架空层仅需主要活动区域净高满足 2.00m 要求

37. 根据《民用建筑通用规范》GB 55031—2022，关于室内净高的计算，下列说法正确的是（　　）。

A. 室内净高应计算至结构楼板上表面

B. 当上部有结构梁时，无论是否影响使用空间，都应计算至梁下皮

C. 有吊顶时，室内净高应计算至吊顶下皮

D. 设备管线无论是否影响使用空间，都应计算至管线下皮

38. 根据《民用建筑通用规范》GB 55031—2022，以下按水平投影面积的 1/2 计算的有（　　）。

A. 无围护结构、有围护设施、无柱且不封闭建筑空间

B. 封闭式阳台

C. 未封闭的阳台

D. 有永久性顶盖的无柱雨篷（高度 ≥ 2.20m）

E. 层高 ≥ 2.20m 的设备管道夹层

39. 根据《民用建筑通用规范》GB 55031—2022，以下按自然层计算建筑面积的有（　　）。

A. 建筑内的楼梯间　　　　　　　　B. 电梯井

C. 通风排气竖井　　　　　　　　　D. 设备管道夹层

E. 管道井

40. 根据《民用建筑通用规范》GB 55031—2022，以下不计算建筑面积的有（　　）。

A. 结构层高 1.80m 的设备管道夹层　　B. 无顶盖的室外游泳池

C. 建筑物外墙的装饰性幕墙　　　　　D. 建筑出挑部分的底部架空空间

E. 层高 2.50m 的地下室

41. 根据《民用建筑通用规范》GB 55031—2022，以下不计算建筑面积的有（　　）。

A. 骑楼底层的开放公共通道　　　B. 无顶盖架空通廊

C. 突出外墙的空调室外机搁板　　D. 室外台阶、坡道

E. 有永久性顶盖的室外连廊

42. 根据《民用建筑通用规范》GB 55031—2022，以下建筑高度应按建筑物室外设计地坪至建（构）筑物最高点计算的有（　　）。

A. 机场航站楼　　B. 广播电视发射塔　C. 电信微波通信塔

D. 机场周边综合体　E. 气象观测站

参考答案及解析

◆ 5.2.1　建筑面积的概念

17.【答案】C

【解析】A 选项错误，建筑面积应计算至外围护结构外表面（非内表面）。B 选项错误，功能单元建筑面积明确包含阳台面积。D 选项错误，功能单元墙体面积包含所有墙体水平投影（无论是否承重）。

18.【答案】D

【解析】A 选项错误，应计算至墙体基层表面，不含饰面层。B 选项错误，功能单元面积不包含公共部位面积。C 选项错误，过厅、储藏室等应计入功能单元使用面积。

◆ 5.2.3　建筑面积计算规则与方法

19.【答案】A

【解析】B 选项错误，坡屋顶层高应算至结构梁顶与外墙延长线交点（非屋面板下表面）。C 选项错误，层高应按楼地面完成面计算（结构层表面为常见误解）。D 选项错误，室内净高指有效使用空间高度（吊顶装饰面不属于计算范围）。

20.【答案】B

【解析】A 选项错误，> 1/3 层高仅为半地下室下限，未达到地下室标准（需 > 1/2 层高）。C 选项错误，半地下室应为 > 1/3 且 ≤ 1/2 层高，1/4 层高为干扰数据。D 选项错误，划分依据是相对高度（与层高比值），非绝对标高。

21.【答案】D

【解析】A 选项错误，无结构楼板时应算至混凝土垫层顶面（非素土夯实层）。B 选项错误，幕墙建筑应按面板外边线计算（规范明确排除龙骨位置）。C 选项错误，没有结构楼板时应算至混凝土垫层顶面（非找平层底面）。

22.【答案】A

【解析】B 选项错误，坡地建筑应按平均高度计算。C 选项错误，室内外高差属于常规设计，不影响地上/地下属性判定（需以 1/2 层高为界）。D 选项错误，≤ 1/2 层高的空间应

计入地上建筑面积。

23.【答案】B

　　【解析】A 选项错误，荷载 ≤ 0.5kN/m² 的房中房顶部明确排除计算。C 选项错误，封闭架空通道应按外围护结构全算，非封闭的才按 1/2 计算。D 选项错误，采光井计算不受深度限制，有顶盖即应计算。

24.【答案】C

　　【解析】建筑内的楼梯（间）、电梯井、提物井、管道井、通风排气竖井、烟道应按建筑自然层计算建筑面积。设备管道夹层按围护结构外围计算。

25.【答案】B

　　【解析】根据规范要求，此类不封闭的建筑空间（如雨篷、架空层、室外连廊等）应按柱或外围护结构外表面所围空间的水平投影面积计算建筑面积。A 选项错误（应为外表面），C 和 D 选项不符合规范规定。

26.【答案】A

　　【解析】根据 GB 55031—2022 规定，无围护结构、仅由单排柱或独立柱支撑的不封闭空间（如车棚、站台等），应按其顶盖水平投影面积的 1/2 计算建筑面积。

27.【答案】D

　　【解析】围护结构是指围合建筑空间的永久性结构构件，包括墙体、门、窗等；围护设施是指为保障安全而设置的防护性构件，如栏杆、栏板等。

28.【答案】C

　　【解析】未封闭阳台：按围护设施外表面所围空间水平投影面积的 1/2 计算；封闭阳台：按外围护结构外表面所围空间水平投影面积计算；无顶盖的阳台按露台考虑，不计算建筑面积。

29.【答案】D

　　【解析】根据 GB 55031—2022 规定，不应计算建筑面积的情况包括：结构层高或斜面结构板顶高度 < 2.20m 的建筑空间（排除 A、C）；无顶盖的建筑空间（排除 B）。

30.【答案】C

　　【解析】附属在外围护结构的装饰、遮阳、设备平台等构（配）件，如附属在外墙的装饰柱、门窗线脚、勒脚、突出墙面的装饰线条、空调机板、遮阳板、建筑挑檐、无柱雨篷等非建筑外围护结构系统的构（配）件。

31.【答案】B

　　【解析】选项 B "商业建筑的骑楼部分"属于城市公共交通空间，不应计算建筑面积；选项 A、C、D 均属于应计算建筑面积的范围。

32.【答案】C

　　【解析】平屋顶建筑高度应自室外设计地坪起算（非室内地坪，排除 A）。有女儿墙的建筑算至女儿墙顶点（B 正确）。无女儿墙的建筑应算至屋面檐口顶点（非最低点，排除 D）。

33. 【答案】C

【解析】室外设计地坪起算点是指建筑围护结构外表面与室外设计地坪交界的最低处，但不包含局部的下沉庭院空间。

34. 【答案】B

【解析】坡屋顶建筑应分别计算檐口及屋脊高度，檐口高度应按室外设计地坪至屋面檐口或坡屋面最低点的高度计算，屋脊高度应按室外设计地坪至屋脊的高度计算。

35. 【答案】C

【解析】多种屋面形式或多个室外设计地坪时，应分别计算各部分的建筑高度，并取其中的最大值。坡地建筑的室外地坪起算点应为建筑围护结构外表面与室外设计地坪（地面面层）交界的最低处（非最高处，排除 B）。A 选项错误（需计算所有屋面形式的高度），D 选项错误（必须考虑室外设计地坪的高差）。

36. 【答案】C

【解析】建筑的室内净高应满足各类型功能场所空间净高的最低要求，地下室、局部夹层、公共走道、建筑避难区、架空层等有人员正常活动的场所最低处室内净高不应小于 2.00m。

37. 【答案】C

【解析】室内净高计算应从楼地面面层至上部构件下皮（排除 A）；有吊顶时应计算至吊顶下皮（C 正确）；结构梁或设备管线仅在其影响有效使用空间时才计算至其下皮（排除 B、D）；不影响使用空间的局部梁或管线仍应计算至楼板下皮。

38. 【答案】AC

【解析】B 选项错误，封闭阳台应按其外围护结构外表面所围空间的全面积计算；D 选项错误，GB 55031—2022 已取消无柱雨篷的建筑面积计算，无论高度如何均不计入。E 选项错误，层高 ≥2.20m 的设备管道夹层按全面积计算。

39. 【答案】ABCE

【解析】D 选项错误，设备管道夹层应单独计算建筑面积，不按自然层计算。

40. 【答案】ABCD

【解析】A 选项正确，结构层高 <2.20m 的建筑空间不计算建筑面积。B 选项正确，无顶盖的建筑空间（如室外游泳池）不计算建筑面积。C 选项正确，附属在外墙的装饰性幕墙不计算建筑面积。D 选项正确，建筑出挑部分的下部空间不计算建筑面积。E 选项错误，层高 ≥2.20m 的地下室应计算建筑面积。

41. 【答案】ABCD

【解析】A 选项正确，骑楼等城市街巷通行的公共交通空间不计算建筑面积。B 选项正确：无顶盖的架空通廊不计算建筑面积。C 选项正确，突出外墙的空调室外机搁板属于附属构件，不计算建筑面积。D 选项正确，结构净高 < 1.20m 的坡屋顶空间不计算建筑面积。E 选项错误，有永久性顶盖的室外连廊应按其结构类型计算建筑面积。

42.【答案】ABCE

【解析】 A、B、C、E 选项正确，属于机场、广播电视、电信、气象等特殊设施控制区内的建筑，应按最高点计算高度；D 选项错误，虽然位于机场周边，但商业综合体不属于技术作业控制区内的建筑，不适用该计算规则。

5.3 工程量计算规则与方法

◆ 5.3.1 土石方工程

43. 根据《房屋建筑与装饰工程工程量计算标准》GB/T 50854—2024，挖土方厚度 250mm 厚的项目编码按照（　　）。

    A. 基坑土方　　　　B. 沟槽土方　　　　C. 一般土方　　　　D. 平整场地

44. 根据《房屋建筑与装饰工程工程量计算标准》GB/T 50854—2024，关于沟槽与基坑的划分，下列说法正确的是（　　）。

    A. 底宽 ≤ 3m 且底长 ≥ 3 倍底宽的为沟槽，否则为基坑

    B. 底宽 ≤ 3m 且底长 > 3 倍底宽的为沟槽，否则为基坑

    C. 底宽 ≤ 7m 且底长 > 3 倍底宽的为沟槽，否则为基坑

    D. 底宽 ≤ 7m 且底长 ≥ 3 倍底宽的为沟槽，否则为基坑

45. 根据《房屋建筑与装饰工程工程量计算标准》GB/T 50854—2024，关于单独土石方回填的说法，正确的是（　　）。

    A. 单独土石方工作内容包括障碍物清除

    B. 挖单独土方和挖单独石方的工程量按设计图示尺寸以面积计算

    C. 单独土石方回填项目特征需描述土（岩石）类别

    D. 挖单独土（石）方的工作内容不包括场内运输

46. 根据《房屋建筑与装饰工程工程量计算标准》GB/T 50854—2024 的规定，关于土石方工程量计算，说法正确的是（　　）。

    A. 基础土方开挖深度自预设标高算至基础垫层顶标高

    B. 基础土方开挖深度自预设标高算至基础（含垫层）底标高，下有石方的算至土石
       分界线

    C. 管沟土方开挖深度应算至管底垫层顶标高

    D. 管沟土（石）方工程量计算时不考虑工作面

47. 根据《房屋建筑与装饰工程工程量计算标准》GB/T 50854—2024 的规定，关于土方工程，下列说法正确的是（　　）。

    A. 计算平整场地工程量时若地下室结构外边线超出首层外边线，突出部分面积应
       合并计算

    B. 余方弃置的工程量按挖方清单项目工程量减去可利用的回填清单项目工程量

计算

    C. 干土与湿土的划分以地质勘测资料的地下常水位为准，常水位以上为干土，以下为湿土

    D. 若地表水排出后，土的含水率≥25%，则应按湿土计算

    E. 平整场地项目特征需描述土石类别，但余方弃置项目特征无须描述土石类别

◆ 5.3.2 地基处理与边坡支护工程

48. 地基处理的换填垫层项目特征中，应说明材料种类及配比、压实系数和（   ）。

    A. 基坑深度   B. 基底土分类   C. 边坡支护形式   D. 掺加剂品种

49. 根据《房屋建筑与装饰工程工程量计算标准》GB/T 50854—2024，关于地基处理工程，下列说法不正确的是（   ）。

    A. 水泥土搅拌桩按体积计算   B. 旋喷桩按桩长计算

    C. 注浆加固按面积计算   D. 褥垫层按体积计算

50. 根据《房屋建筑与装饰工程工程量计算标准》GB/T 50854—2024 的规定，地下连续墙项目工程量计算，说法正确的是（   ）。

    A. 工程量按设计图示围护结构展开面积计算

    B. 工程量按连续墙中心线长度乘以高度以面积计算

    C. 钢筋网的制作及安装不另计算

    D. 按设计图示墙体尺寸以体积计算。

◆ 5.3.3 桩基础工程

51. 根据《房屋建筑与装饰工程工程量计算标准》GB/T 50854—2024，关于预制钢筋混凝土桩的项目特征描述，下列说法错误的是（   ）。

    A. 预制钢筋混凝土实心桩需描述桩截面形式、尺寸

    B. 预制钢筋混凝土空心桩需描述桩尖类型

    C. 实心桩和空心桩应按相同截面形式合并列项

    D. 混凝土强度等级可用标准图集代号描述

52. 根据《房屋建筑与装饰工程工程量计算标准》GB/T 50854—2024，关于桩基础工程中预制桩工程的计算规则，下列说法正确的是（   ）。

    A. 钢管桩按设计图示尺寸以桩长计算

    B. 静钻根植桩按设计图示尺寸以植入桩体积计算

    C. 截（凿）桩头按设计图示数量以根计算

    D. 钢管桩项目特征需描述混凝土强度等级

53. 根据《房屋建筑与装饰工程工程量计算标准》GB/T 50854—2024，关于桩基础工程的列项要求，下列说法正确的是（   ）。

    A. 打试验桩包属于打桩工作内容   B. 斜桩应在项目特征中注明斜率

    C. 预制桩的接桩应单独列项计算   D. 预制桩的送桩应单独列项计算

54. 根据《房屋建筑与装饰工程工程量计算标准》GB/T 50854—2024，关于灌注桩工程的工程量计算规则，下列说法正确的有（   ）。

A. 钻孔压灌桩按设计图示尺寸以桩长计算

B. 灌注桩后注浆按注浆体积计算

C. 声测管按桩长乘以管根数计算

D. 钻孔压灌桩需描述材料配比

E. 后注浆需描述单孔注浆量

◆ 5.3.4　砌筑工程

55. 根据《房屋建筑与装饰工程工程量计算标准》GB/T 50854—2024，关于砖基础工程量计算，下列说法错误的是（　　）。

A. 应扣除地梁、构造柱所占体积

B. 基础大放脚 T 形接头处的重叠部分应扣除

C. 单个面积≤0.3m² 的孔洞所占体积不予扣除

D. 附墙垛基础宽出部分体积应并入计算

56. 根据《房屋建筑与装饰工程工程量计算标准》GB/T 50854—2024，关于实心砖墙、多孔砖墙、空心砖墙的工程量计算，下列说法正确的是（　　）。

A. 应扣除墙内加固钢筋所占体积

B. 单个面积≤0.3m² 的孔洞所占体积应予扣除

C. 凸出墙面的墙垛体积应并入墙体计算

D. 门窗套凸出墙面部分的体积应并入墙体计算

57. 根据《房屋建筑与装饰工程工程量计算标准》GB/T 50854—2024，关于砌筑工程的工程量计算规则，下列说法错误的有（　　）。

A. 砖砌台阶、花池、栏板等按"零星砌砖"列项，以体积计算

B. 砖散水、地坪按水平投影面积计算，包含垫层铺设和面层抹灰

C. 砖地沟按中心线长度计算，但不包括垫层和底板混凝土的施工内容

D. 贴砌砖墙（如地下室外墙防水保护层）按体积计算，单独列项

E. 砖砌腰线、门窗套凸出部分按"零星砌砖"列项，以面积计算

58. 根据《房屋建筑与装饰工程工程量计算标准》GB/T 50854—2024，关于石砌体工程的工程量计算规则，下列说法错误的有（　　）。

A. 石台阶按设计图示尺寸以水平投影面积计算

B. 石梯膀按石挡土墙项目编码列项

C. 石砌体工作内容中不包括勾缝，应单独列项计算

D. 石基础中靠墙暖气沟的挑檐并入基础体积计算

E. 石地沟、明沟，设计图示以中心线长度计算

◆ 5.3.5　混凝土及钢筋混凝土工程

59. 根据《房屋建筑与装饰工程工程量计算标准》GB/T 50854—2024，关于混凝土基础工程量计算，下列说法正确的是（　　）。

A. 独立基础工程量计算时应扣除伸入承台的桩头体积

B. 与筏形基础分开浇筑的柱墩体积应并入筏形基础工程量

C. 设备基础项目特征需描述灌浆材料及强度等级

D. 基础联系梁应按延长米计算长度

60. 根据《房屋建筑与装饰工程工程量计算标准》GB/T 50854—2024，关于钢筋混凝土梁工程量计算，下列说法正确的是（　　）。

A. 劲性钢筋混凝土梁计算体积时应扣除劲性钢骨架所占体积

B. 伸入砌体墙内的梁头、梁垫不并入梁体积计算

C. 次梁与主梁相交时，主梁长度应计算至次梁侧面

D. 梁底部与板相交时，梁高应扣除板厚计算

61. 根据《房屋建筑与装饰工程工程量计算标准》GB/T 50854—2024，关于楼板工程量计算，下列说法正确的是（　　）。

A. 实心楼板计算体积时应扣除单个面积 $\leq 0.3m^2$ 的孔洞

B. 空心楼板体积计算需扣除内置筒芯、箱体所占体积

C. 板下柱帽在实心楼板和空心楼板中均不并入板体积计算

D. 空心板内置箱体按设计图示尺寸以体积计算

62. 根据《房屋建筑与装饰工程工程量计算标准》GB/T 50854—2024，关于构造柱、圈梁和过梁的工程量计算，下列说法正确的有（　　）。

A. 构造柱与砌体嵌接的马牙槎体积应并入柱工程量

B. 通长构造柱高度应自基础底面算至柱顶标高

C. 圈梁遇洞口变截面时，变截面部分应单独列项计算

D. 过梁长度设计无规定时，按洞口宽度每侧增加 250mm 计算

E. 圈梁与构造柱连接时，梁长应计算至构造柱主断面侧面（不含马牙槎）

63. 根据《房屋建筑与装饰工程工程量计算标准》GB/T 50854—2024，关于钢筋工程量的计算规则，下列说法正确的有（　　）。

A. 叠合预制构件伸入后浇部分的钢筋应单独计算

B. 砌体工程内配钢筋，设计标明的搭接和锚固长度应并入计算

C. 屋面刚性层内配钢筋应按设计图示钢筋外皮长度计算

D. 相邻现浇构件伸入后浇部分的预留钢筋应并入叠合构件计算

E. 装饰工程内配钢筋与屋面刚性层内配钢筋一致

◆ 5.3.6　金属结构工程

64. 根据《房屋建筑与装饰工程工程量计算标准》GB/T 50854—2024，关于钢网架、钢网壳工程量计算及项目特征描述，下列说法正确的是（　　）。

A. 钢网架工程量计算时，焊条和螺栓的质量应单独列项计算

B. 钢网壳的"结构形式"应描述为焊接空心球节点或螺栓球节点

C. 钢网架工程量按设计图示尺寸以质量计算，不扣除孔眼质量

D. 节点钢材品种只需在项目特征中简要说明，无须明确规格

65. 根据《房屋建筑与装饰工程工程量计算标准》GB/T 50854—2024，金属结构钢管柱清单工程量计算时，不予计量的是（　　）。

A. 节点板　　　　B. 螺栓　　　　C. 加强环　　　　D. 牛腿

66. 根据《房屋建筑与装饰工程工程量计算标准》GB/T 50854—2024，关于钢屋架工程量计算及项目特征描述，下列说法正确的是（　　）。

　　A. 钢屋架工程量计算时不扣除螺栓孔所占质量

　　B. 焊条和铆钉的质量应单独列项计算

　　C. 项目特征中需注明屋架起拱高度但无须说明跨度

　　D. 钢屋架工程量按设计图示尺寸以质量计算，不扣除孔眼质量

　　E. 以榀计量，按设计图示数量计算

◆ 5.3.7　木结构工程

67. 根据《房屋建筑与装饰工程工程量计算标准》GB/T 50854—2024，关于木结构工程量计算规则，下列说法正确的是（　　）。

　　A. 木屋架工程量应按设计图示尺寸以体积计算

　　B. 木楼梯的水平投影面积计算时应扣除宽度≤300mm 的楼梯井

　　C. 屋面木基层的斜面积计算需增加小气窗出檐部分面积

　　D. 装配式木楼梯不扣除线盒所占面积

◆ 5.3.8　门窗工程

68. 根据《房屋建筑与装饰工程工程量计算标准》GB/T 50854—2024，关于木门工程量计算规则，下列说法正确的是（　　）。

　　A. 木质门带套的工程量应分别计算门和门套的面积

　　B. 木门框按框外围长度计算工程量

　　C. 木质防火门的项目特征需描述防火等级

　　D. 门锁安装的工程量按门洞面积计算

69. 根据《房屋建筑与装饰工程工程量计算标准》GB/T 50854—2024，关于厂库房大门及特种门的工程量计算规则，下列说法正确的是（　　）。

　　A. 全钢板大门的工程量应按门扇尺寸计算

　　B. 无门框的金属格栅门应按扇面积计算

　　C. 特种门的工程量计算不考虑洞口尺寸

　　D. 防护铁丝门的工程量应按门框外围尺寸计算

◆ 5.3.9　屋面及防水工程

70. 根据《房屋建筑与装饰工程工程量计算标准》GB/T 50854—2024，关于瓦屋面工程量计算及项目特征描述，下列说法正确的是（　　）。

　　A. 瓦屋面斜面积计算时应扣除风帽底座所占面积

　　B. 小气窗出檐部分的瓦搭接面积应另行增加

　　C. 挂瓦设计时需描述顺水条、挂瓦条规格

　　D. 钢筋混凝土基层作为持钉层时必须详细描述持钉层厚度

71. 根据《房屋建筑与装饰工程工程量计算标准》GB/T 50854—2024，关于特殊屋面工程量计算规则，下列说法正确的是（　　）。

A. 阳光板屋面的支承结构应并入屋面面积计算

B. 膜结构屋面按需要覆盖的水平投影面积计算

C. 玻璃采光顶的工程量计算需扣除 ≤0.3m² 的孔洞

D. 成品天沟按沟外边缘长度计算

72. 根据《房屋建筑与装饰工程工程量计算标准》GB/T 50854—2024，关于基础防水及止水带工程量计算规则，下列说法正确的有（　　　）。

A. 基础卷材防水不扣除单个面积 ≤0.3m² 的孔洞所占面积

B. 与筏形基础相连的电梯井坑防水应单独列项计算

C. 止水带工程量计算时，转角部位应按实际展开长度计算

D. 桩头所占面积在基础涂膜防水工程量中不予扣除

E. 基础防水层与地下室外墙防水层的搭接部分应另行增加面积

◆ 5.3.10　保温、隔热、防腐工程

73. 根据《房屋建筑与装饰工程工程量计算标准》GB/T 50854—2024，关于保温隔热工程量计算规则，下列说法正确的是（　　　）。

A. 保温隔热屋面应扣除所有孔洞所占面积

B. 顶棚保温工程量包含相连梁的展开面积

C. 墙面保温需扣除门窗洞口侧壁面积

D. 独立柱保温按断面外围周长计算

74. 根据《房屋建筑与装饰工程工程量计算标准》GB/T 50854—2024，关于防腐面层工程量计算规则，下列说法正确的是（　　　）。

A. 平面防腐面层应扣除所有柱、垛所占面积

B. 立面防腐面层需扣除门窗洞口侧壁面积

C. 单个面积 ≤0.3m² 的设备基础可不扣除

D. 门洞开口部分应另行增加面积

◆ 5.3.11　楼地面装饰工程

75. 根据《房屋建筑与装饰工程工程量计算标准》GB/T 50854—2024，关于楼梯面层工程量计算规则，下列说法正确的是（　　　）。

A. 无明确宽度的最上一级踏步按 300mm 计算

B. 楼梯面层按水平投影面积计算

C. 楼梯与楼地面相连部分应计入楼地面工程量

D. 地毯楼梯需扣除踏步立板面积

◆ 5.3.12　墙、柱面装饰与隔断、幕墙工程

76. 根据《房屋建筑与装饰工程工程量计算标准》GB/T 50854—2024，关于墙、柱面抹灰工程量计算规则，下列说法正确的是（　　　）。

A. 扣除所有门窗洞口及孔洞面积

B. 附墙柱侧壁抹灰应单独列项计算

C. 单个面积 ≤ 0.3m² 的孔洞不扣除

D. 门窗洞口侧壁需增加面积

77. 根据《房屋建筑与装饰工程工程量计算标准》GB/T 50854—2024，关于轻质隔墙与成品隔断的工程量计算规则，下列说法正确的是（　　）。

A. 轻质隔墙应扣除浴厕门所占面积

B. 成品隔断按净面积计算，扣除所有孔洞

C. 轻质隔墙的骨架安装需单独列项计算

D. 同材质的浴厕门面积应并入轻质隔墙工程量

◆ 5.3.13　顶棚工程

78. 根据《房屋建筑与装饰工程工程量计算标准》GB/T 50854—2024，关于装饰构件工程量计算规则，下列说法正确的是（　　）。

A. 成品装饰带按外边缘长度计算

B. 挡烟垂壁按垂直投影面积计算

C. 块料梁面按梁结构表面积计算

D. 装饰板梁面按饰面外围尺寸计算

◆ 5.3.14　油漆、涂料、裱糊工程

79. 根据《房屋建筑与装饰工程工程量计算标准》GB/T 50854—2024，关于油漆工程工程量计算规则，下列说法正确的是（　　）。

A. 金属窗油漆按窗扇面积计算

B. 金属构件除锈按构件表面积计算

C. 抹灰线条油漆按中心线长度计算

D. 木门油漆、木窗油漆按"樘"计算

80. 根据《房屋建筑与装饰工程工程量计算标准》GB/T 50854—2024，关于喷刷涂料工程量计算规则，下列说法正确的是（　　）。

A. 金属构件防火涂料按构件质量计算

B. 栏杆刷涂料需计算双面面积

C. 顶棚涂料按水平投影面积计算

D. 墙面喷刷涂料洞口侧壁面积不计算

◆ 5.3.15　其他装饰工程

81. 根据《房屋建筑与装饰工程工程量计算标准》GB/T 50854—2024，关于装饰构件工程量计算规则，下列说法正确的是（　　）。

A. 装饰柜按展开面积计算

B. 成品装饰线条按外边缘长度计算

C. 洗漱台扣除所有孔洞面积

D. 装饰架按正投影面积计算

◆ 5.3.16 措施项目

82.根据《房屋建筑与装饰工程工程量计算标准》GB/T 50854—2024，关于脚手架工程量计算规则，下列说法正确的是（   ）。

  A. 外脚手架按建筑物外围垂直投影面积计算

  B. 满堂脚手架按搭设水平投影面积计算

  C. 所有脚手架项目均按"项"计量

  D. 里脚手架按实际搭设天数计算

参考答案及解析

◆ 5.3.1 土石方工程

43.【答案】D

  【解析】平整场地是指基础土石方施工前，对建筑物所在场地标高土 300mm 之间的就地挖、填、运及平整。

44.【答案】B

  【解析】沟槽、基坑土石方的划分：沟槽、基坑土石方的划分，基础土石方中，底宽 ≤ 3m 且底长 > 3 倍底宽的为沟槽，超出上述范围的为基坑。底宽、底长均不包含工作面尺寸。

45.【答案】A

  【解析】挖单独土（石）方、单独土石方回填，按原始地貌与预设标高之间的挖填尺寸，以体积计算。挖单独土（石）方项目特征需描述土（岩石）类别，工作内容包括：开挖、装车、场内运输、障碍物清除。单独土石方回填项目特征需描述材料品种、密实度。

46.【答案】B

  【解析】基础土方的开挖深度，自预设标高算至基础（含垫层）底标高，下有石方的算至土石分界线。基础石方开挖深度，按石方开挖前标高至基础（含垫层）底标高计算。

  挖沟槽土（石）方。①基础沟槽土（石）方，按照设计图示基础（含垫层）底面积另加工作面面积，乘以挖土（石）深度，以体积计算。②管沟土（石）方，按设计图示管底基础（含垫层）底面积另加工作面面积，乘以挖土（石）深度，以体积计算；无管底基础及垫层时，按管外径的水平投影面积另加工作面面积，乘以挖土（石）深度，以体积计算。

47.【答案】ABCD

  【解析】①平整场地，按设计图示尺寸以建筑物首层建筑面积计算。建筑物地下室结构外边线突出首层结构外边线时，其突出部分的建筑面积合并计算。项目特征需描述土石类别。②余方弃置，按挖方清单项目工程量减回填清单项目工程量（可利用），以体积计算。③干土、湿土的划分，以地质勘测资料的地下常水位为准，地下常水位以上为干土，以下为湿土。地表水排出后，土的含水率 ≥ 25% 时为湿土。

◆ 5.3.2　地基处理与边坡支护工程

48.【答案】D

【解析】换填垫层是指挖去浅层软弱土层和不均匀土层，回填坚硬、较粗粒径的材料，并夯压密实形成的垫层。项目特征需描述：材料种类及配比、换填方式及压实系数、掺加剂（料）品种。

49.【答案】C

【解析】①水泥土搅拌桩复合地基，按设计图示桩体尺寸以体积计算。项目特征中"做法"可描述为单轴、双轴和三轴等；"搅拌要求"可描述为浆液搅拌法（即湿法）、粉体搅拌法（即干法）。②旋喷桩复合地基，按设计图示尺寸以桩长计算。③注浆加固地基，按设计加固地基尺寸以体积计算。故 C 选项按面积计算的说法错误。④褥垫层，按设计图示尺寸以体积计算。

50.【答案】D

【解析】地下连续墙，按设计图示墙体尺寸以体积计算。

◆ 5.3.3　桩基础工程

51.【答案】C

【解析】①预制钢筋混凝土实心（空心）桩，按设计图示尺寸以桩长计算。预制钢筋混凝土实心桩项目特征需描述：地层类别；送桩深度、桩长；桩截面形式、尺寸；混凝土强度等级。②预制钢筋混凝土空心桩项目特征需描述：地层类别；送桩深度、桩长；桩截面形式、尺寸；桩尖类型；混凝土强度等级。③预制钢筋混凝土实心桩、预制钢筋混凝土空心桩应按相应截面形式分别编码列项，故 C 选项合并列项的说法错误，其项目特征中的"桩截面形式""混凝土强度等级""桩尖类型"等可直接用标准图集的相关代号或设计桩型描述。

52.【答案】C

【解析】①钢管桩，按设计图示尺寸以质量计算。钢管桩应按质量计算，而非桩长；项目特征需描述：地层类别；送桩深度、桩长；材质；管径、壁厚。②静钻根植桩，按设计图示尺寸以植入桩桩长计算。静钻根植桩是采用单轴钻机进行钻孔、扩底，注入桩端和桩周水泥浆，然后将植入桩置于已成孔内形成的基桩。③截（凿）桩头，按设计图示数量计算（单位：根）。④钢管桩为钢构件，项目特征需描述材质、管径、壁厚等，不涉及混凝土强度等级。

53.【答案】B

【解析】①打试验桩和打斜桩应按相应项目单独编码列项，并应在项目特征中注明试验桩或斜桩（斜率）。②预制桩的工作内容中包括了接桩和送桩，不需要单独列项，应在综合单价中考虑。

54.【答案】ACDE

【解析】①钻孔压灌桩，按设计图示尺寸以桩长计算。项目特征需描述：地层类别；空钻长度、桩长；钻孔直径；材料种类、配比、强度等级。②灌注桩后注浆，按设计图示以注浆孔数计算（单位：孔）。项目特征需描述：注浆导管材料、规格；注浆导管长度；单孔注浆量；水泥强度等级。③声测管，按设计图示桩长乘以管根数计算。项目特征需描述：材质、规格；连接要求。

◆ 5.3.4 砌筑工程

55.【答案】B

　　【解析】砖基础，按设计图示尺寸以体积计算。扣除地梁（圈梁）、构造柱所占体积，不扣除基础大放脚 T 形接头处的重叠部分及嵌入基础内的钢筋、铁件、管道、基础砂浆防潮层和单个面积 ≤ 0.3m² 的孔洞所占体积。附墙垛基础宽出部分体积并入计算，靠墙暖气沟的挑檐不增加体积。项目特征需描述：砖品种、规格、强度等级；基础类型；砂浆强度等级；防潮层材料种类。防潮层在综合单价中考虑，不单独列项计算工程量。

56.【答案】C

　　【解析】实心砖墙、多孔砖墙、空心砖墙，按设计图示尺寸以体积计算。扣除门窗洞口、嵌入墙内的柱、梁、板及凹进墙内的壁龛、管槽、暖气槽、消火栓箱所占体积，不扣除单个面积 ≤ 0.3m² 的孔洞及墙内檩头、垫木、木楞头、沿缘木、木砖、门窗走头、加固钢筋、木筋、铁件、管道所占的体积。凸出墙面的墙垛并入计算。腰线、挑檐、压顶、窗台线、虎头砖、门窗套凸出墙面部分的体积不并入计算。同材质围墙柱及围墙压顶并入围墙体积内计算。

57.【答案】CE

　　【解析】①零星砌砖，按设计图示尺寸以体积计算。砖砌台阶、台阶挡墙、梯带、花台、花池、栏板；砖砌锅台、炉灶、蹲台、池槽、池槽腿、地垄墙；砖砌腰线、挑檐、压顶、窗台线、虎头砖、门窗套凸出墙面的部分及单个面积 ≤ 0.3m² 时的孔洞填塞等按"零星砌砖"编码列项。②砖散水、地坪，按设计图示水平投影面积计算。工作内容中综合了地基找平夯实、铺设垫层、抹砂浆面层等。③砖地沟、明沟，按设计图示以中心线长度计算。工作内容中综合了铺设垫层、底板混凝土、刮缝抹灰等。④贴砌砖墙，按设计图示尺寸以体积计算。依附构件或者依附墙体砌筑的贴砌砖（如地下室外墙防水层的保护砖墙），按"贴砌砖墙"项目编码列项。

58.【答案】ACD

　　【解析】A 选项错误，石台阶设计图示尺寸以体积计算。C 选项错误，石砌体中工作内容包括了勾缝。D 选项错误，石基础靠墙暖气沟的挑檐不增加。

◆ 5.3.5 混凝土及钢筋混凝土工程

59.【答案】C

　　【解析】A 选项错误，规范明确规定不扣除伸入承台的桩头体积。B 选项错误，只有与筏形基础一起浇筑的凸出构件才并入计算，分开浇筑的应单独列项。D 选项错误，基础联系梁应按截面面积乘以梁长以体积计算。

60.【答案】A

【解析】B 选项错误，伸入墙内的梁头、梁垫应并入梁体积计算。C 选项错误，次梁长度算至主梁侧面，而非主梁算至次梁侧面。D 选项错误，梁高中部、底部与板相交时不扣板厚。

61.【答案】B

【解析】A 选项错误，实心楼板不扣除单个面积 ≤ 0.3m² 的孔洞。C 选项错误，板下柱帽在实心楼板和空心楼板中均应并入板体积计算。D 选项错误，空心板内置箱体按数量（个）计算，而非体积。

62.【答案】ADE

【解析】B 选项错误，通长构造柱高度从生根构件上表面起算，非基础底面。C 选项错误，洞口变截面部分应并入圈梁体积，而非单独列项。

63.【答案】BE

【解析】A 选项错误，叠合预制构件伸入后浇部分的钢筋不计算。C 选项错误，屋面刚性层钢筋应按中心线长度计算。D 选项错误，相邻现浇构件预留钢筋不并入计算。

◆ 5.3.6 金属结构工程

64.【答案】C

【解析】A 选项错误，焊条、螺钉等不另增加质量。B 选项错误，焊接空心球节点等属于节点形式，非结构形式。D 选项错误，节点钢材品种和规格均需完整描述（项目特征要求）。

65.【答案】B

【解析】钢管柱，工程最按设计图示尺寸以质量计算。不扣除孔眼的质量，焊条、铆钉、普通螺栓等不另增加质量，钢柱上的节点板、加强环、内衬管、牛腿及悬臂梁等并入钢柱工程量内。

66.【答案】AD

【解析】A、D 选项正确，完全符合标准"按图示尺寸以质量计算，不扣除孔眼"的规定。B 选项错误，焊条、铆钉等不另增加质量。C 选项错误，屋架跨度和起拱高度均需描述。E 选项错误，2024 新清单中取消了钢屋架以"榀"计量。

◆ 5.3.7 木结构工程

67.【答案】D

【解析】A 选项错误，木屋架应按数量以榀计算，非体积计算。B 选项错误，木楼梯不扣除 ≤ 300mm 的楼梯井。C 选项错误，小气窗出檐部分不增加面积。

◆ 5.3.8 门窗工程

68.【答案】C

【解析】A 选项错误，木质门带套综合计算，门套不另列项。B 选项错误，木门框按中心线长度计算，非外围长度。D 选项错误，门锁安装按数量（套）计算。

69. 【答案】B

【解析】A 选项错误，全钢板大门应按洞口尺寸计算。C 选项错误，特种门必须按洞口尺寸计算。D 选项错误，防护铁丝门按门框尺寸计算，无框时才按扇面积。

◆ 5.3.9 屋面及防水工程

70. 【答案】C

【解析】A 选项错误，瓦屋面，按设计图示尺寸以斜面积计算。不扣除房上烟囱、风帽底座、风道、小气窗、斜沟等所占面积。B 选项错误，小气窗出檐及瓦搭接不增加面积。D 选项错误，钢筋混凝土基层为持钉层时可不描述。

71. 【答案】B

【解析】A 选项错误，阳光板屋面的屋架、屋檩等支承结构单独列项。C 选项错误，玻璃采光顶按外表面积全算，不扣除孔洞。D 选项错误，成品天沟按中心线长度计算。

72. 【答案】AD

【解析】选 B 项错误，电梯井坑防水应展开并入主防水层，不得单独列项。C 选项错误，止水带按中心线长度计算，转角部位不展开。E 选项错误，防水层搭接部分不另增加，已包含在定额中。

◆ 5.3.10 保温、隔热、防腐工程

73. 【答案】B

【解析】A 选项错误，屋面保温不扣除 ≤ 0.3m² 孔洞。C 选项错误，门窗洞口侧壁应并入墙面保温。D 选项错误，独立柱保温按中心线展开长度计算。

74. 【答案】C

【解析】A 选项错误，平面防腐不扣除单个 ≤ 0.3m² 的柱、垛。B 选项错误，立面防腐应将门窗洞口侧壁并入计算。D 选项错误，门洞开口部分不增加面积。

◆ 5.3.11 楼地面装饰工程

75. 【答案】A

【解析】B 选项错误，楼梯面层应按展开面积计算。C 选项错误，相连部分应计入楼梯面层。D 选项错误，地毯楼梯不扣除踏步立板。

◆ 5.3.12 墙、柱面装饰与隔断、幕墙工程

76. 【答案】C

【解析】A 选项错误，≤ 0.3m² 的孔洞不扣除。B 选项错误，附墙柱侧壁应并入墙面抹灰。D 选项错误，门窗洞口侧壁不增加面积。

77. 【答案】D

【解析】A 选项错误，同材质的浴厕门面积应并入计算。B 选项错误，成品隔断按框外围尺寸全面积计算。C 选项错误，骨架及边框安装已包含在隔墙项目中。

◆ 5.3.13　顶棚工程

78.【答案】 D

　　【解析】 A 选项错误，成品装饰带按中心线长度计算。B 选项错误，挡烟垂壁按设计图示面积计算。C 选项错误，块料梁面按镶贴后表面积计算。

◆ 5.3.14　油漆、涂料、裱糊工程

79.【答案】 C

　　【解析】 A 选项错误，金属窗油漆按洞口尺寸计算。B 选项错误，金属构件除锈按构件质量计算。D 选项错误，木门油漆、木窗油漆按设计图示洞口尺寸以面积计算。

80.【答案】 A

　　【解析】 B 选项错误，栏杆刷涂料按单面外围面积计算。C 选项错误，顶棚涂料按展开面积计算。选项 D 错误，面喷刷涂料、顶棚喷刷涂料，按设计图示尺寸以展开面积计算。洞口侧壁面积并入相应喷刷部位中计算。

◆ 5.3.15　其他装饰工程

81.【答案】 D

　　【解析】 A 选项错误，装饰柜按正投影面积计算。B 选项错误，成品装饰线条按中心线长度计算。C 选项错误，洗漱台不扣除孔洞、挖弯等面积。

◆ 5.3.16　措施项目

82.【答案】 C

　　【解析】 脚手架工程全部按"项"计量，取消原面积/体积等计量方式，实行综合计价。

第 4 篇

建设工程造价案例分析

第1章　建设项目投资估算与财务分析

📋 **考情概述：**本章主要考查的内容有：总投资估算、增值税、总成本费用、各种利润、财务报表以及不确定分析、有无对比分析等，对应案例分析试卷的第一题，满分20分，是案例分析中考点最多，远离日常工作的章节。

📋 **考点预测：**

核心考点	重要程度
静态投资估算	★★★
建设期利息	★★★★★
流动资金	★★★
增值税	★★★★★
还本付息	★★★★★
总成本费用	★★★★★
息税前利润、利润总额与净利润	★★★★★
投资现金流量表	★★★★★
资本金现金流量表	★★★★★
利润与利润分配表	★★★
财务计划现金流量表	★★★★
财务分析指标	★★★★★
盈亏平衡分析	★★★★★
敏感性分析	★★★★★
"有无对比"分析增量题型	★★★★★

试题一：【背景资料】

　　某单位拟建工业项目，拟建项目占地面积30亩，建筑面积11000m²，其项目设计标准、规模与该企业2年前在另一城市的同类项目相同。已建同类项目的单位建筑工程费用为1600元/m²，建筑工程的综合用工量为4.5工日/m²，综合工日单价为80元/工日，建筑工程费用中的材料费占比为 50%，机械使用费占比为 8%，考虑地区和交易时间差拟建项目的综合工日单价为 100 元/工日，材料费修正系数为 1.1，机械使用费的修正数为 1.05，人、材、机以外的其他费用修正系数为 1.08。

根据市场询价，该拟建项目设备投资估算为 2000 万元，设备安装工程费用为设备投资的 15%。项目土地相关费用按 20 万元/亩计算，除土地外的工程建设其他费用为项目建筑安装工程费用的 15%，项目的基本预备费率为 5%，价差预备费 500 万元。

财务评级时，若项目建设投资为 6500 万元（含 500 万元可抵扣进项税），项目建设期为 1 年，运营期为 6 年，建设投资借款为 2000 万元，建设期年利率为 10%，运营期等额还本付息。固定资产残值率为 4%，折旧年限 10 年，固定资产余值在项目运营期末收回。

运营期第 1 年投入流动资金 500 万元，全部为自有资金，流动资金在计算期末全部收回。

产品不含税价格 60 元/件，增值税税率 9%。在运营期间，正常年份每年的设计生产能力 50 万件，经营成本（不含进项税额）为 800 万元，单位产品进项税额为 1 元/件，增值税附加税率为 10%，所得税税率 25%。

投产第 1 年生产能力达到设计生产能力的 80%，经营成本为正常年份的 80%，以后各年均达到设计生产能力。

【问题】

1. 试计算拟建项目的建设投资。

2. 列式计算建设期贷款利息，运营期第 1 年还本付息额。

3. 计算年固定资产折旧费、回收固定资产余值。

4. 列式计算每年应缴纳的增值税和增值税附加。

5. 列式计算计算期第 2 年、第 7 年（第 7 年应计利息为 43.83）资本金现金流量表所得税后净现金流量。（计算结果有小数的保留两位小数）

【参考答案】

问题 1：

（1）建筑工程费：

已建：$11000 \times 1600 = 1760$（万元）

人工费占比：$4.5 \times 80/1600 = 22.5\%$

其他费占比：$1 - 22.5\% - 50\% - 8\% = 19.5\%$

拟建工程建筑工程费：

$1760 \times (22.5\% \times 100/80 + 50\% \times 1.1 + 8\% \times 1.05 + 19.5\% \times 1.08) = 1981.50$（万元）

（2）设备及安装工程费：

设备购置费：2000 万元　安装工程费：$2000 \times 15\% = 300.00$（万元）

工程费用合计：$1981.50 + 2000 + 300 = 4281.50$（万元）

（3）工程建设其他费：$20 \times 30 + (1981.5 + 300) \times 15\% = 942.23$（万元）

（4）基本预备费：$(4281.5 + 942.23) \times 5\% = 261.19$（万元）

预备费 $= 261.19 + 500 = 761.19$（万元）

建设投资：4281.5 + 942.23 + 761.19 = 5984.92（万元）

问题2：

（1）建设期利息：2000/2 × 10% = 100（万元）

（2）每年偿还本息和 = (2000 + 100) × 10% × (1 + 10%)^6/[(1 + 10%)^6 − 1] = 482.18（万元）

运营期第1年偿还利息：2100 × 10% = 210（万元），偿还本金：482.18 − 210 = 272.18（万元）

问题3：

（1）固定资产原值 = 6500 + 100 − 500 = 6100（万元）

（2）折旧费 = 6100 × (1 − 4%)/10 = 585.60（万元）

（3）回收固定资产余值 = 6100 × 4% + (10 − 6) × 585.60 = 2586.40（万元）

问题4：

（1）计算期第2年：

60 × 50 × 80% × 9% − 50 × 80% × 1 − 500 = −324 < 0，故计算期第2年应纳增值税和增值税附加均为0元。

（2）计算期第3年：

60 × 50 × 9% − 50 × 1 − 324 = −104 < 0，故计算期第3年应纳增值税和增值税附加均为0元。

（3）计算期第4年：

应纳增值税：60 × 50 × 9% − 50 × 1 − 104 = 116（万元）

应纳增值税附加：116 × 10% = 11.60（万元）

（4）计算期第5～7年：

应纳增值税：60 × 50 × 9% − 50 × 1 = 220（万元）

应纳增值税附加：220 × 10% = 22万元

问题5：

（1）计算期第2年：

现金流入 = 60 × 50 × 80% × (1 + 9%) = 2616（万元）

利润总额 = 60 × 50 × 80% − 800 × 80% − 585.6 − 210 = 964.40（万元）

应纳所得税 = 964.4 × 25% = 241.10（万元）

现金流出 = 500 + 482.18 + 800 × 80% + 50 × 80% × 1 + 241.1 = 1903.28（万元）

净现金流量 = 2616 − 1903.28 = 712.72（万元）

（2）计算期第7年：

现金流入 = 60 × 50 × (1 + 9%) + 2586.4 + 500 = 6356.40（万元）

利润总额 = 60 × 50 − 800 − 585.6 − 43.83 − 22 = 1548.57（万元）

应纳所得税 = 1548.57 × 25% = 387.14（万元）

现金流出 = 482.18 + 800 + 50 × 1 + 220 + 22 + 387.14 = 1961.32（万元）

净现金流量 = 6356.4 − 1961.32 = 4395.08（万元）

试题二：【背景资料】

某企业投资新建一项目，生产一种市场需求较大的产品。项目资金投入、收益及成本表见表 1-1。项目的基础数据如下：

1. 该企业拟建一个年产 10 万件产品的项目。已建类似年产 8 万件产品项目的工程费用为 1000 万元，生产能力指数为 0.7，由于时间、地点因素引起的综合调整系数为 1.1。

2. 假设该项目建设投资估算为 1600 万元（含可抵扣进项税 112 万元），建设期 1 年，运营期 8 年。

建设投资（不含可抵扣进项税）全部形成固定资产，固定资产使用年限 8 年，残值率 4%，按直线法折旧。

3. 项目流动资金估算为 200 万元，运营期第 1 年年初投入，在项目的运营期末全部回收。

4. 项目资金来源为自有资金和贷款，建设投资贷款利率为 8%（按年计息），流动资金贷款利率为 5%（按年计息）。建设投资贷款的还款方式为运营期前 4 年等额还本、利息照付方式。

5. 项目正常年份的设计产能为 10 万件/年，运营期第 1 年的产能为正常年份产能的 70%。目前市场同类产品的不含税销售价格为 65～75 元/件。

6. 项目资金投入、收益及成本等基础测算数据见表 1-1。

7. 该项目产品适用的增值税税率为 13%，增值税附加综合税率为 10%，所得税税率为 25%。

项目资金投入、收益及成本表（单位：万元）　　　　　　　　表 1-1

序号	项目年份	1	2	3	4	5	6～9
1	建设投资 其中：自有资金 贷款本金	1600 600 1000					
2	流动资金 其中：自有资金 贷款本金			200 100 100			
3	年产销量（万件）			7	10	10	10
4	年经营成本 其中：可抵扣进项税			210 14	300 20	300 20	330 25

【问题】

1. 列式计算工程费用。

2. 列式计算项目的建设期贷款利息及年固定资产折旧额。

3. 若产品的不含税销售单价确定为 65 元/件，列式计算项目运营期第 1 年的增值税、税前利润、所得税、税后利润。

4. 若企业希望项目运营期第 1 年不借助其他资金来源能够满足建设投资贷款还款要求，产品的不含税销售单价至少应确定为多少？

5.项目运营后期（建设期贷款偿还完成后），考虑到市场成熟后产品价格可能下降，产品单价拟在 65 元的基础上下调 10%，列式计算运营后期正常年份的资本金净利润率、总投资收益率。

（注：计算过程和结果数据有小数的，保留两位小数）

【参考答案】

问题 1：

工程费用：$C_2 = 1000 \times (10/8)^{0.7} \times 1.1 = 1285.97$（万元）

问题 2：

建设期利息：$1000/2 \times 8\% = 40.00$（万元）

固定资产折旧：$(1600 - 112 + 40) \times (1 - 4\%)/8 = 183.36$（万元）

问题 3：

（1）应纳增值税：$65 \times 10 \times 0.7 \times 0.13 - 14 - 112 = -66.85$（万元）

所以运营期第 1 年应纳增值税：0 元，应纳增值税附加：0 元。

（2）

1）长期贷款利息

每年应计本金 $= (1000 + 40)/4 = 260$（万元）

运营期第 1 年应计利息 $= (1000 + 40) \times 8\% = 83.20$（万元）

2）流动资金贷款利息

运营期第 1 年应计利息 $= 100 \times 5\% = 5$（万元）

3）总成本费用（不含进项税）$= (210 - 14) + 183.36 + (83.20 + 5) = 467.56$（万元）

税前利润 = 营业收入 − 总成本费用 − 增值税附加 $= 65 \times 10 \times 0.7 - 467.56 - 0$

$\qquad = -12.56$（万元）

所得税：0 元

税后利润：-12.56 万元

问题 4：

运营期第 1 年不借助其他资金来源能够满足建设投资贷款还款要求，净利润：

$1040/4 - 183.36 = 76.64$（万元）

利润总额：$76.64/(1 - 25\%) = 102.19$（万元）

设产品的不含税销售单价为 y

$10 \times 70\% \times y - (210 - 14) - 183.36 - 1040 \times 8\% - 100 \times 5\% = 102.19$

$y = [102.19 + (210 - 14) + 183.36 + 1040 \times 8\% + 100 \times 5\%]/7 = 81.39$（元）

问题 5：

运营后期第 6～9 年考虑：

增值税：$65 \times 0.9 \times 10 \times 0.13 - 25 = 51.05$（万元）

增值税附加：$51.05 \times 10\% = 5.11$（万元）

利润总额：$65 \times 0.9 \times 10 - (330 - 25) - 183.36 - 100 \times 5\% - 5.11 = 86.53$（万元）

净利润：86.53 ×（1 − 25%）= 64.90（万元）

资本金净利润率：64.90/(600 + 100) = 9.27%

总投资收益率：(86.53 + 5)/(1600 + 40 + 200) = 4.97%

试题三：【背景资料】

某企业投资建设一个工业项目，该项目可行性研究报告中相关资料和基础数据如下：

1. 项目工程费用为 2000 万元，工程建设其他费为 500 万元（其中形成无形资产费为 200 万元），基本预备费 8%，预计未来 3 年的年均投资价格上涨率为 5%。

2. 项目建设前期年限为 1 年，建设期为 2 年，生产运营期为 8 年。

3. 项目建设期第 1 年完成项目静态投资的 40%，第 2 年完成静态投资的 60%，项目生产运营期第 1 年投入流动资金 240 万元。

4. 项目建设投资、流动资金均由资本金投入。

5. 除形成无形资产外，项目建设投资全部形成固定资产，无形资产按生产运营期平均摊销；固定资产使用年限为 8 年，残值率为 5%，采用直线法折旧。

6. 项目正常年份的产品设计生产能力为 10000 件/年，正常年份年总成本费用为 950 万元（含税），其中项目单位产品的可变成本为 550 元（含进项税额 60 元），其余为固定成本，项目产品预计售价为 1400 元/件（含销项税额 180 元），增值税附加税税率为 9%，企业适用的所得税税率为 25%。

7. 项目生产运营期第 1 年的生产能力为正常年份设计生产能力的 70%，第 2 年及以后各年的生产能力达到设计生产能力的 100%。

（除资本金净利润率之外，前 3 个问题计算结果以万元为单位，产量盈亏平衡点计算结果取整，其他计算结果保留两位小数）

【问题】

1. 分别列式计算项目建设期第 1 年、第 2 年价差预备费和项目建设投资。

2. 分别列式计算项目生产运营期的年固定资产折旧额和正常年份可变成本、固定成本、经营成本。

3. 分别列式计算项目生产运营期正常年份的所得税和项目资金净利润率。

4. 列式计算项目正常年份产量盈亏平衡点。

【参考答案】

问题 1：

基本预备费 = (2000 + 500) × 8% = 200（万元）

静态投资额 = 2000 + 500 + 200 = 2700（万元）

第 1 年价差预备费 = 2700 × 40% × [(1 + 5%)^{1.5} − 1] = 82.00（万元）

第 2 年价差预备费 = 2700 × 60% × [(1 + 5%)^{2.5} − 1] = 210.16（万元）

合计：292.16 万元

建设投资额 = 2700 + 292.16 = 2992.16（万元）

问题2：

固定资产折旧 = (2992.16 + 0 − 200 − 0 − 0) × (1 − 5%)/8 = 331.57（万元）

正常年份的可变成本（不含税）= 10000 × (550 − 60)/10000 = 490.00（万元）

固定成本 = 950 − 60 − 490 = 400（万元）

摊销 = 200/8 = 25.00（万元）

经营成本（不含税）= 950 − 60 − 331.57 − 25 − 0 = 533.43（万元）

问题3：

营业收入（不含税）= 10000 × (1400 − 180)/10000 = 1220.00（万元）

增值税 = (180 − 60) × 10000/10000 = 120.00（万元）

增值税附加 = 120 × 9% = 10.80（万元）

利润总额 = 1220 − (950 − 60 × 10000/10000) − 10.80 = 319.20（万元）

所得税率 = 319.2 × 25% = 79.80（万元）

净利润 = 319.2 − 79.80 = 239.40（万元）

资本金净利润率 = 239.4/(2992.16 + 240) = 7.41%

问题4：

设：产量盈亏平衡点产量Q件，则

(1400 − 180)Q − (550 − 60)Q − (180 − 60)Q × 9% − 400 × 10000 = 0

Q = 400 × 10000/[(1400 − 180) − (550 − 60) − 120 × 9%] = 5562（件）

试题四：【背景资料】

某企业投资建设的一个工业项目，生产运营期10年，于5年前投产。该项目固定资产投资总额5000万元（不含可抵扣进项税）全部形成固定资产，固定资产使用限10年，残值率5%，直线法折旧。目前，项目处于正常生产年份。正常生产年份的不含税销售收入为2100万元，不含可抵扣进项税的经营成本为1200万元，可抵扣进项税为72万元。

为了调整产品结构，提升产品市场竞争力，该企业拟对项目进行改建，方案如下：

1.改建工程建设投资1100万元（含可抵扣进项税100万元），由企业自有资金投入，全部形成新增固定资产。新增固定资产使用年限同原固定资产剩余使用年限，残值率折旧方式和原固定资产相同。

2.改建工程在项目运营期第6年年初开工，用时两个月改建完成，投入使用。

3.改建后，项目产品正常年份的产量规模不变，但原产量中50%的产品升级为新型号，产品单价较原单价提高50%（原产量中另外50%的产品的型号和单价不变）。

4.改建后，正常生产年份的不含可抵扣进项税的年经营成本比改建前提高10%，年可抵扣进项税达到110万元。项目生产所需流动资金保持不变。

5.改建当年项目原产品、新品的产量为改建后正常年份产量的80%，相应的经营成本及其可抵扣进项税亦为正常年份的 80%。

6.项目产品适用的增值税税率为 13%，增值税附加税税率为 12%，企业所得税税率为 25%。

【问题】

1.列式计算改建工程实施后项目的年折旧额。

2.列式计算改建工程实施当年应缴纳的增值税。

3.列式计算改建当年和改建后正常年份的总成本费用、税前利润、所得税。

4.遵循"有无对比"原则，列式计算改建工程的净现值（折现至改建工程开工时点，财务基准收益率为 12%），判断改建项目的可行性。（改建工程建设投资按改建当年年初一次性投入考虑。改建当年固定资产折旧按整年考虑。相关资金时间价值系数见表 1-2，计算结果保留两位小数）。

资金时间价值系数表　　　　　　　　　　　　　　　表 1-2

系数	n									
	1	2	3	4	5	6	7	8	9	10
$(P/F,12\%,n)$	0.8929	0.7972	0.7118	0.6355	0.5674	0.5066	0.4523	0.4039	0.3606	0.3220
$(P/A,12\%,n)$	0.8929	1.6901	2.4018	3.0373	3.6048	4.1114	4.5638	4.9676	5.3282	5.6502

【参考答案】

问题 1：

改建后项目年折旧额：

（1）原折旧额 $= 5000 \times (1 - 5\%)/10 = 475.00$（万元）

（2）新折旧额 $= (1100 - 100) \times (1 - 5\%)/5 = 190.00$（万元）

合计 $= 475 + 190 = 665.00$（万元）

问题 2：

改建当年不含税营业收入 $= (2100 \times 1/2 + 2100 \times 1/2 \times 1.5) \times 0.8 = 2100.00$（万元）

改建当年的销项税 $= 2100 \times 0.13 = 273.00$（万元）

改建当年的可抵扣进项税额 $= 110 \times 0.8 + 100 = 188.00$（万元）

改建当年应纳增值税 $= 273 - 188 = 85.00$（万元）

问题 3：

（1）改建当年：总成本 $= 1200 \times 1.1 \times 0.8 + 665 = 1721.00$（万元）

税前利润 $= 2100 - 85 \times 0.12 - 1721 = 368.80$（万元）

所得税 $= 368.8 \times 25\% = 92.20$（万元）

（2）改建后正常年份：总成本 $= 1200 \times 1.1 + 665 = 1985.00$（万元）

不含税营业收入 $= 2100 \times 1/2 + 2100 \times 1/2 \times 1.5 = 2625.00$（万元）

应纳增值税 $= 2625 \times 0.13 - 110 = 231.25$（万元）

税前利润 $= 2625 - 231.25 \times 0.12 - 1985 = 612.25$（万元）

所得税 = 612.25 × 25% = 153.06（万元）

问题 4：

（1）遵循"有无对比"原则，改建后各年净现金流量：

改建第 1 年：

(2100 × 1.13 − 2100 × 1.13) − {[(1200 × 1.1 × 0.8 + 110 × 0.8) − (1200 + 72)] + (85 − 201) + (10.2 − 24.12) + (92.2 − 100.22)} = 265.94（万元）

改建第 2、3、4 年：

(2625 × 1.13 − 2100 × 1.13) − [(1320 + 110) − (1200 + 72) + (231.25 − 201) + (27.75 − 24.12) + (153.06 − 100.22)] = 348.53（万元）

改建第 5 年：

(2625 × 1.13 − 2100 × 1.13 + 50) − {(1320 + 110) − (1200 + 72)] + (231.25 − 201) + (27.75 − 24.12) + (153.06 − 100.22)} = 398.53（万元）

（2）将改建前后净现金流量差额进行折现：

− 1100 + 265.94 × 0.8929 + 348.53 × 0.7972 + 348.53 × 0.7118 + 348.53 × 0.6355 + 398.53 × 0.5674 = 111.01 万元 > 0，故改建项目可行。

试题五：【背景资料】

某拟建工业项目的基础数据如下：

1. 固定资产投资估算总额为 5263.90 万元（其中包括无形资产 600 万元）。建设期 2 年，运营期 8 年。

2. 本项目固定资产投资来源为自有资金和贷款。自有资金在建设期内均衡投入；贷款总额为 2000 万元，在建设期内每年贷入 1000 万元。贷款年利率 10%（按年计息）。贷款合同规定的还款方式为：运营期的前 4 年等额还本付息。无形资产在运营期 8 年中均匀摊入成本。固定资产残值 300 万元，按直线法折旧，折旧年限 12 年。

3. 企业适用的增值税税率为 13%，增值税附加税税率为 12%，企业所得税税率为 25%。

4. 项目流动资金全部为自有资金。

5. 股东会约定正常年份按可供投资者分配利润 50% 比例，提取应付投资者各方的股利。运营期的头两年，按正常年份的 70% 和 90% 比例计算。

6. 项目的资金投入、收益、成本费用，见表 1-3。

7. 假定建设投资中无可抵扣固定资产进项税额。

建设项目资金投入、收益、成本费用表（单位：万元）　　　　表 1-3

序号	项目	1	2	3	4	5	6	7	8~9
1	建设投资 其中：资本金 贷款本金	1529.45 1000.00	1529.45 1000.00						
2	营业收入（不含销项税）			3300	4250	4700	4700	4700	4700

续表

序号	项目	1	2	3	4	5	6	7	8～9
3	经营成本（不含进项税）			2490.84	3202.51	3558.34	3558.34	3558.34	3558.34
4	经营成本中的进项税			230	290	320	320	320	320
5	流动资产（现金＋应收账款＋预付账款＋存货）			532.00	684.00	760.00	760.00	760.00	760.00
6	流动负债（应付账款＋预收账款）			89.83	115.50	128.33	128.33	128.33	128.33
7	流动资金〔（5）～（6）〕			442.17	568.50	631.67	631.67	631.67	631.67

【问题】

1. 计算建设期贷款利息和运营期年固定资产折旧费、年无形资产摊销费。

2. 编制项目的借款还本付息计划表，填写至答题卡表 1-4；编制总成本费用估算表，填写至答题卡表 1-5 以及编制利润与利润分配表，填写至答题卡表 1-6。

3. 编制项目的财务计划现金流量表，通过填写答题卡表 1-7 中数据计算各年累计盈余资金。

（计算结果保留两位小数）

【参考答案】

问题1：

（1）建设期第 1 年利息 $= (0 + 1000/2) \times 10\% = 50.00$（万元）

建设期第 2 年利息 $= [(1000 + 50) + 1000/2] \times 10\% = 155.00$（万元）

建设期利息总计 $= 50 + 155 = 205.00$（万元）

（2）运营期固定资产折旧费 $= 5263.9 - 600 - 300 = 4363.90$（万元）

固定资产年折旧费 $= 4363.90/12 = 363.66$（万元）

（3）年无形资产摊销费 $= 600/8 = 75.00$（万元）

问题2：

（1）建设投资借款还本付息计划表（单位：万元）　　　　表 1-4

序号	项目	计算期					
		1	2	3	4	5	6
1	建设投资借款						
2	期初借款余额		1050.00	2205.00	1729.89	1207.27	632.39
3	当期还本付息			695.61	695.61	695.61	695.63
4	其中：还本			475.11	522.62	574.88	632.39
5	付息			220.50	172.99	120.73	63.24
6	期末借款余额	1050.00	2205.00	1729.89	1207.27	632.39	

（2）总成本费用估算表（单位：万元）　　　　　　　表 1-5

序号	项目	运营期							
		1	2	3	4	5	6	7	8
1	经营成本（不含进项税）	2490.84	3202.51	3558.34	3558.34	3558.34	3558.34	3558.34	3558.34
2	折旧费	363.66	363.66	363.66	363.66	363.66	363.66	363.66	363.66
3	摊销费	75.00	75.00	75.00	75.00	75.00	75.00	75.00	75.00
4	利息支出	220.50	172.99	120.73	63.24				
5	总成本费用（不含进项税）	3150.00	3814.16	4117.73	4060.24	3997.00	3997.00	3997.00	3997.00
6	经营成本中的进项税	230.00	290.00	320.00	320.00	320.00	320.00	320.00	320.00
7	总成本费用（含进项税）	3380.00	4104.16	4437.73	4380.24	4317.00	4317.00	4317.00	4317.00

（3）利润与利润分配表（单位：万元）　　　　　　　表 1-6

序号	项目	运营期							
		1	2	3	4	5	6	7	8
1	营业收入（含税）	3729.00	4802.50	5311.00	5311.00	5311.00	5311.00	5311.00	5311.00
2	总成本费用（含税）	3380.00	4104.16	4437.73	4380.24	4317.00	4317.00	4317.00	4317.00
3	增值税	199.00	262.50	291.00	291.00	291.00	291.00	291.00	291.00
4	增值税附加	23.88	31.50	34.92	34.92	34.92	34.92	34.92	34.92
5	补贴收入								
6	利润总额	126.12	404.34	547.35	604.84	668.08	668.08	668.08	668.08
7	弥补上一年度亏损								
8	应纳税所得额	126.12	404.34	547.35	604.84	668.08	668.08	668.08	668.08
9	所得税	31.53	101.09	136.84	151.21	167.02	167.02	167.02	167.02
10	净利润	94.59	303.26	410.51	453.63	501.06	501.06	501.06	501.06
11	期初未分配利润		18.88	76.54	86.78	53.79	252.37	351.66	401.31
12	可供分配利润	94.59	322.14	487.05	540.41	554.85	753.43	852.72	902.37
13	法定盈余公积金	9.46	30.33	41.05	45.36	50.11	50.11	50.11	50.11
14	可供投资者分配利润	85.13	291.81	446.00	495.05	504.75	703.33	802.62	852.26
15	应付各方股利	29.80	131.31	223.00	247.52	252.37	351.66	401.31	426.13
16	未分配利润	55.33	160.50	223.00	247.52	252.37	351.66	401.31	426.13
16.1	可用于还款利润	36.45	83.96	136.22	193.73				
16.2	剩余利润	18.88	76.54	86.78	53.79	252.37	351.66	401.31	426.13
17	息税前利润	346.62	577.33	668.08	668.08	668.08	668.08	668.08	668.08

问题 3：

财务计划现金流量表（单位：万元）　　　　　　表 1-7

序号	项目	1	2	3	4	5	6	7	8	9	10
1	经营活动净现金流量			753.75	914.91	969.90	955.53	939.72	939.72	939.72	939.72
1.1	现金流入			3729.00	4802.50	5311.00	5311.00	5311.00	5311.00	5311.00	5311.00
1.1.1	营业收入			3300.00	4250.00	4700.00	4700.00	4700.00	4700.00	4700.00	4700.00
1.1.2	增值税销项税额			429.00	552.50	611.00	611.00	611.00	611.00	611.00	611.00
1.2	现金流出			2975.25	3887.60	4341.10	4355.47	4347.28	4347.28	4347.28	4347.28
1.2.1	经营成本			2490.84	3202.51	3558.34	3558.34	3558.34	3558.34	3558.34	3558.34
1.2.2	增值税进项税额			230.00	290.00	320.00	320.00	320.00	320.00	320.00	320.00
1.2.3	增值税			199.00	262.50	291.00	291.00	291.00	291.00	291.00	291.00
1.2.4	增值税附加税			23.88	31.50	34.92	34.92	34.92	34.92	34.92	34.92
1.2.5	所得税			31.53	101.09	136.84	151.21	167.02	167.02	167.02	167.02
2	投资活动净现金流量表	−2529.45	−2529.45	−442.17	−126.33	−63.17					
2.1	现金流入										
2.2	现金流出	2529.45	2529.45								
2.2.1	建设投资	2529.45	2529.45								
2.2.2	流动资金			442.17	126.33	63.17					
3	筹资活动净现金流量	2529.45	2529.45	−283.24	−700.59	−855.45	−943.14	−252.37	−351.66	−401.31	−426.13
3.1	现金流入	2529.45	2529.45	442.17	126.33	63.17					
3.1.1	项目资本金投入	1529.45	1529.45	442.17	126.33	63.17					
3.1.2	建设投资借款	1000.00	1000.00								
3.1.3	流动资金借款										
3.2	现金流出			725.41	826.92	918.62	943.14	252.37	351.66	401.31	426.13
3.2.1	各种利息支出			220.50	172.99	120.73	63.24				
3.2.2	偿还债务本金			475.11	522.62	574.89	632.38				
3.2.3	应付利润			29.90	131.31	223.00	247.52	252.37	351.66	401.31	426.13
4	净现金流量	0.00	0.00	28.34	87.98	51.28	12.39	687.35	588.06	538.41	513.59
5	累计盈余资金	0.00	0.00	28.34	116.32	167.60	179.99	867.34	1455.40	1993.81	2507.40

试题六：【背景资料】

1. 某拟建项目建设期 2 年，运营期 6 年。建设投资预计形成无形资产 540 万元，无形资产在运营期 6 年中，均匀摊入成本。固定资产使用年限 10 年，残值率为 4%。

2. 项目的投资、收益、成本等基础测算数据见表 1-8。

项目基础测算数据表（单位：万元）　　　　　　　　　表 1-8

序号	资金项目名称	1	2	3	4	5～8
1	建设投资 其中：资本金 借款本金	1200	340 2000			
2	流动资金 其中：资本金 借款本金			300 100	400	
3	年销售量（万件）			60	120	120
4	年经营成本（不含税） 可抵扣进项税			1682 218	3230 418	3230 418

3. 建设投资借款合同规定：借款年利率为 6%，还款方式为运营期的前 4 年等额还本、利息照付。

4. 流动资金借款年利率为 4%，流动资金在项目的运营期末一次收回。

5. 设计生产能力为年产量 120 万件某产品，产品不含税售价为 36 元/件，增值税税率为 16%，增值税附加综合税税率为 12%，所得税税率为 25%。

6. 行业平均总投资收益率为 10%，资本金净利润率为 15%。

7. 应付投资者各方股利按股东会事先约定计取：运营期前两年按可供投资者分配利润 10% 计取，以后各年均按 30% 计取，亏损年份不计取。年初未分配利润作为当年可供分配利润的组成部分。

【问题】

1. 计算固定资产投资额、固定资产原值、固定资产年折旧费、固定资产余值和无形资产摊销费。

2. 在答题卡表 1-9 中填写利润与利润分配表中各项数据。

3. 计算项目总投资收益率和资本金净利润率，并分析判定项目的财务可行性。

【参考答案】

问题 1：

（1）固定资产投资额：$2000/2 \times 0.06 + (1200 + 340 + 2000) = 3600.00$（万元）

（2）固定资产原值：$3600 - 540 = 3060.00$（万元）

或 $(1200 + 340 + 2000 - 540) + 60 = 3060.00$（万元）

（3）固定资产年折旧费：$3060 \times (1 - 0.04)/10 = 293.76$（万元）

（4）固定资产余值：$293.76 \times (10 - 6) + 3060 \times 0.04 = 1297.44$（万元）

（5）无形资产摊销费：540/6 ＝ 90.00（万元）

问题 2：

表 1-9

序号	项目	运营期					
		1	2	3	4	5	6
1	营业收入（不含税）	2160.00	4320.00	4320.00	4320.00	4320.00	4320.00
2	总成本费用（不含税）	2193.36	3733.66	3695.56	3664.66	3633.76	3633.76
3	增值税	127.60	273.20	273.20	273.20	273.20	273.20
3.1	销项税	345.60	691.20	691.20	691.20	691.20	691.20
3.2	进项税	218.00	418.00	418.00	418.00	418.00	418.00
4	增值税附加	15.31	32.78	32.78	32.78	32.78	32.78
5	补贴收入						
6	利润总额	− 48.67	553.56	591.66	622.56	653.46	653.46
7	弥补上一年度亏损		48.67				
8	应纳税所得额	0.00	504.89	591.66	622.56	653.46	653.46
9	所得税	0.00	126.22	147.92	155.64	163.37	163.37
10	净利润	− 48.67	427.34	443.74	466.92	490.09	490.09
11	期初未分配利润		0.00	35.00	172.82	283.89	507.48
12	可供分配利润	0.00	427.34	478.74	639.74	773.98	997.57
13	法定盈余公积金	0.00	42.73	44.37	46.69	49.01	49.01
14	可供投资者分配利润	0.00	384.61	434.37	593.05	724.97	948.56
15	投资各方股利	0.00	38.46	130.31	177.92	217.49	284.57
16	未分配利润	0.00	346.15	304.06	415.13	507.48	663.99
16.1	可用于还款利润	0.00	311.15	131.24	131.24		
16.2	剩余利润	0.00	35.00	172.82	283.89	507.48	663.99
17	息税前利润	78.93	673.46	673.46	673.46	673.46	673.46

问题 3：（1）总投资收益率

1）息税前利润 ＝ 4320 − (4320 × 0.16 − 418) × 0.12 − 3220 − 293.76 − 90 ＝ 683.46
（万元）

2）总投资 ＝ 1200 + 340 + 2000 + 60 + 300 + 100 + 400 ＝ 4400.00（万元）

总投资收益率：683.46/4400 ＝ 15.53% ＞ 10%，即说明该项目总投资收益率大于行业平均总投资收益率，盈利能力较强，项目可行。

（2）资本金净利润率

1）净利润平均值 ＝ (− 48.67 + 427.34 + 443.74 + 466.92 + 490.09 + 490.09)/6 ＝ 378.25
（万元）

2）资本金：1200 + 340 + 300 ＝ 1840（万元）

资本金净利润率：378.25/1840 ＝ 20.56% ＞ 15%，即该项目的资本金净利润大于行业平均资本金净利润率，盈利能力较强，项目具有可行性。

第2章　工程设计、施工方案、技术经济分析

考情概述： 本章主要考查的内容有：决策树、价值工程优选方案、完成总量、工期费用压缩及资金时间价值优选方案等，对应案例分析试卷的第二题，满分20分，其与管理科目的关联是最大的，是案例分析中考点最少、最为简单的章节。

考点预测：

核心考点	重要程度
决策树	★★★★★
价值工程	★★★★★
工期费用压缩	★★★★★
资金时间价值	★★★★★

试题一：【背景资料】

某地区由于经济发展，拟建一座电厂，有自然风力发电站、火力发电站、热能风力发电站三个方案可供选择。基础数据如表2-1所示，折现率取10%。

基础数据　　　　表2-1

	自然风力发电站	火力发电站	热能风力发电站
装机容量/万kW	20	25	24
一次投资/亿元	15	8	10
年发电量/亿度	5	14	12
运营成本/（元/度）	0.08	0.2	0.06
销售价格/（元/度）	0.6	0.4	0.4
环境治理/（亿元/年）	0	1	0.5
经济拉动/（亿元/年）	0	1	1
经济寿命/年	20	30	25
残值率（以投资为基数）	5%	0	0
大修周期/年	8	8	8
一次大修理费用/亿元	2	1	1
能源消耗	自然风力	电煤	生活垃圾

专家决定从运营成本、一次投资、能源消耗、环境治理、供电稳定性、年发电量六个方面对三个方案进行评价，评价结果见表2-2。

评价结果 表2-2

	权重	自然风力发电站	火力发电站	热能风力发电站
一次投资		7	10	9
年发电量		6	10	8
运营成本		8	5	10
环境治理		10	6	8
供电稳定性		7	10	9
能源消耗		10	6	9

【问题】

1. 专家采用综合评分法进行方案选优，确定评价指标为运营成本、一次投资、能源消耗、环境治理、供电稳定性、年发电量，用0～1评分法确定权重和应选择的方案，部分得分见表2-3，完成打分，并选择最佳方案。

表2-3

	一次投资	年发电量	运营成本	环境治理	供电稳定性	能源消耗	得分	修正得分	权重
一次投资	×	1	0	1	1	1			
年发电量		×	0	0	0	0			
运营成本			×	1	1	1			
环境治理				×	1	0			
供电稳定性					×	0			
能源消耗						×			
总分									

2. 计算三个方案年度费用（不考虑建设期影响）。

3. 利用费用效率选择方案。

4. 火力发电站一次投资是上升10%时，年发电量与一次投资成线性关系，其他不变，运营成本每度电降低多少元时才采用火力发电方案。

（计算结果保留三位小数）

【参考答案】

问题1：见表2-4、表2-5。

表2-4

	一次投资	年发电量	运营成本	环境治理	稳定性	能源消耗	得分	修正得分	权重
一次投资	×	1	0	1	1	1	4	5	0.238
年发电量	0	×	0	0	0	0	0	1	0.048

续表

	一次投资	年发电量	运营成本	环境治理	稳定性	能源消耗	得分	修正得分	权重
运营成本	1	1	×	1	1	1	5	6	0.286
环境治理	0	1	0	×	1	0	2	3	0.143
供电稳定性	0	1	0	0	×	0	1	2	0.095
能源消耗	0	1	0	1	1	×	3	4	0.190
总分							15	21	1

表 2-5

	权重	自然风力发电站	火力发电站	热能风力发电站
一次投资	0.238	7	10	9
年发电量	0.048	6	10	8
运营成本	0.286	8	5	10
环境治理	0.143	10	6	8
供电稳定性	0.095	7	10	9
能源消耗	0.190	10	6	9

自然风力发电站综合得分：

$0.238 \times 7 + 0.048 \times 6 + 0.286 \times 8 + 0.143 \times 10 + 0.095 \times 7 + 0.190 \times 10 = 8.237$

火力发电站综合得分：

$0.238 \times 10 + 0.048 \times 10 + 0.286 \times 5 + 0.143 \times 6 + 0.095 \times 10 + 0.190 \times 6 = 7.238$

热能风力发电站综合得分：

$0.238 \times 9 + 0.048 \times 8 + 0.286 \times 10 + 0.143 \times 8 + 0.095 \times 9 + 0.190 \times 9 = 9.095$

选择热能风力发电站

问题 2：

$(A/P,10\%,20) = 0.1175$

$(A/P,10\%,25) = 0.1102$

$(A/P,10\%,30) = 0.1061$

$(P/F,10\%,8) = 0.4665$

$(P/F,10\%,16) = 0.2176$

$(P/F,10\%,20) = 0.1486$

$(P/F,10\%,24) = 0.1015$

自然风力发电站年费用：

$\{15 + 2 \times [(P/F,10\%,8) + (P/F,10\%,16)] - 15 \times 5\% \times (P/F,10\%,20)\} \times (A/P,10\%,20) + 5 \times 0.08 = [15 + 2 \times (0.4665 + 0.2176) - 15 \times 5\% \times 0.1486] \times 0.1175 + 5 \times 0.08 = 2.310$（亿元）

火力发电站年费用：

$\{8 + 1 \times [(P/F,10\%,8) + (P/F,10\%,16) + (P/F,10\%,24)]\} \times (A/P,10\%,30) + 14 \times 0.2 +$

1 = (8 + 0.4665 + 0.2176 + 0.1015) × 0.1061 + 14 × 0.2 + 1 = 4.732（亿元）

热能风力发电站年费用：

{10 + 1 × [(P/F,10%,8) + (P/F,10%,16) + (P/F,10%,24)]} × (A/P,10%,25)

12 × 0.06 + 0.5 = (10 + 0.4665 + 0.2176 + 0.1015) × 0.1102 + 12 × 0.06 + 0.5 = 2.409（亿元）

问题3：

自然风力发电站：

效益：5 × 0.6 = 3（亿元）

费用效率：3/2.310 = 1.299

火力发电站：

效益：14 × 0.4 + 1 = 6.6（亿元）

费用效率：6.6/4.732 = 1.395

热能风力发电站：

效益：12 × 0.4 + 1 = 5.8（亿元）

费用效率：5.8/2.409 = 2.408

选择热能风力发电站

问题4：

假设降低后运营成本为 y 元/度

{8 × 1.1 + 1 × [(P/F,10%,8) + (P/F,10%,16) + (P/F,10%,24)]} × (A/P,10%,30) + 14 × 1.1 × y + 1 = (8 × 1.1 + 0.4665 + 0.2176 + 0.1015) × 0.1061 + 14 × 1.1 × y + 1 = 2.017 + 15.4y

收益：14 × 1.1 × 0.4 + 1 = 7.16（亿元）

令：7.16/(2.017 + 15.4y) = 2.408

求 y = 0.062（元/度）

降低额：0.2 − 0.062 = 0.138（元/度）

试题二：【背景资料】

某设计院承担了长约 1.8km 的高速公路隧道工程项目的设计任务。为控制工程成本，拟对选定的设计方案进行价值工程分析。专家组选取了四个主要功能项目，7 名专家进行了功能项目评价，其打分结果见表 2-6。经测算，该四个功能项目的目前成本见表 2-7，其目标总成本拟限定在 18700 万元。

功能项目评价得分表　　　　　　表 2-6

专家	功能项目						
	A	B	C	D	E	F	G
石质隧道挖掘工程	10	9	8	10	10	9	9

续表

专家	功能项目						
	A	B	C	D	E	F	G
钢筋混凝土内衬工程	5	6	4	6	7	5	7
路基及路面工程	8	8	6	8	7	8	6
通风照明监控工程	6	5	4	6	4	4	5

各功能项目目前成本表（单位：万元） 表2-7

功能项目	成本			
	石质隧道挖掘工程	钢筋混凝土内衬工程	路基及路面工程	通风照明监控工程
目前成本	6500	3940	5280	3360

【问题】

1. 根据价值工程基本原理，简述提高产品价值的途径。

2. 计算该设计方案中各功能项目得分，将计算结果填写在答题卡表2-8中。

表2-8

专家	功能项目							功能得分
	A	B	C	D	E	F	G	
石质隧道挖掘工程	10	9	8	10	10	9	9	
钢筋混凝土内衬工程	5	6	4	6	7	5	7	
路基及路面工程	8	8	6	8	7	8	6	
通风照明监控工程	6	5	4	6	4	4	5	

3. 计算该设计方案中各功能项目的价值指数、目标成本和目标成本降低额，将计算结果填写在答题卡表2-9中。

表2-9

功能项目	功能评分	功能指数	目前成本/万元	成本指数	价值指数	目标成本/万元	成本降低额/万元
石质隧道挖掘工程							
钢筋混凝土内衬工程							
路基及路面工程							
通风照明监控工程							

4. 确定功能改进的前两项功能项目。（计算结果有小数的保留三位小数）

【参考答案】

问题1：

提高产品价值的途径包括：①在提高产品功能的同时，又降低产品成本；②在产品成本不变的条件下，通过提高产品的功能，提高利用资源的效果或效用，达到提高产品价值的目的；③在保持产品功能不变的前提下，通过降低产品的寿命周期成本，达到提高产品价值的目的；④产品功能有较大幅度提高，产品成本有较少提高；⑤在产品功能略有下降、产品成本大幅度降低的情况下，也可以达到提高产品价值的目的。

问题 2： 见表 2-10。

表 2-10

专家	功能项目							
	A	B	C	D	E	F	G	功能得分
石质隧道挖掘工程	10	9	8	10	10	9	9	9.286
钢筋混凝土内衬工程	5	6	4	6	7	5	7	5.714
路基及路面工程	8	8	6	8	7	8	6	7.286
通风照明监控工程	6	5	4	6	4	4	5	4.857

问题 3： 见表 2-11。

表 2-11

功能项目	功能评分	功能指数	目前成本/万元	成本指数	价值指数	目标成本/万元	成本降低额/万元
石质隧道挖掘工程	9.286	0.342	6500	0.341	1.003	6395.400	104.600
钢筋混凝土内衬工程	5.714	0.211	3940	0.206	1.024	3945.700	−5.700
路基及路面工程	7.286	0.268	5280	0.277	0.968	5011.600	268.400
通风照明监控工程	4.857	0.179	3360	0.176	1.017	3347.300	12.700
合计	27.143	1	19080	1		18700	380

问题 4：

成本降低额从大到小排序为路基及路面工程、石质隧道挖掘工程、通风照明监控工程、钢筋混凝土内衬工程。所以功能改进的前两项分别为路基及路面工程、石质隧道挖掘工程。

试题三：【背景资料】

某施工单位承担了某项目的地下室施工任务，合同工期为 170d。施工单位在开工前编制了该工程网络进度计划，如图 2-1 所示。箭线上方括号外字母表示工作名称，括号内数字表示压缩一天所需的赶工费用（单位：元）；箭线下方括号外数字表示该工作的持续时间（单位：d），括号内数字表示可压缩时间（单位：d）。

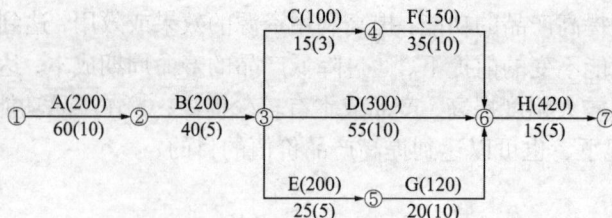

图 2-1　网络进度计划

当工程进行到第 75 天进度检查时发现：工作 A 已全部完成，工作 B 刚刚开始。

【问题】

1. 该项目地下室工程网络图的计划工期是多少？满足合同要求吗？关键工作是哪几项？

2. 根据第 75 天的检查结果分析该工程的合同工期是否会受影响？如有影响，影响多少天？

3. 若施工单位仍想按原工期完成，那么应如何调整网络计划，既经济又保证工作能在合同工期内完成，列出详细调整过程，并计算所需投入的赶工费用。

【参考答案】

问题 1：

关键线路为①—②—③—⑥—⑦或者 A—B—D—H，计划工期为 170d，满足合同要求。关键工作为 A、B、D、H。

问题 2：

会有影响，因为在关键线路上，所以如后续工作不采取措施，则会导致总工期延长 15d 完成。

问题 3：

（1）目前总工期拖后 15d，此时的关键线路为 B—D—H。

其中工作 B 赶工费率最低，故先对工作 B 持续时间进行压缩。

工作 B 压缩 5d，因此增加费用为 $5 \times 200 = 1000$（元）

总工期：$185 - 5 = 180$（d）

关键线路：B—D—H

（2）剩余关键工作中，工作 D 赶工费率最低，故应对工作 D 持续时间进行压缩。

工作 D 压缩的同时，应考虑与之平等的各线路，以各线路工作正常进展均不影响总工期为限。故工作 D 只能压缩 5d，因此增加费用为 $5 \times 300 = 1500$（元）

总工期为：$180 - 5 = 175$（d）

关键线路：B—D—H 和 B—C—F—H 两条。

（3）剩余关键工作中，存在三种压缩方式：①同时压缩工作 C、工作 D；②同时压缩工作 F、工作 D；③压缩工作 H。

同时压缩工作 C 和工作 D 的赶工费率最低，故应对工作 C 和工作 D 同时进行压缩。

工作 C 最大可压缩天数 3d，故本次调整只能压缩 3d，因此增加费用为 $3 \times 100 + 3 \times$

300 = 1200（元）

总工期为：175 - 3 = 172（d）

关键线路：B—D—H 和 B—C—F—H 两条。

（4）剩下关键工作中，压缩工作 H 赶工费率最低，故应对工作 H 进行压缩。

工作 H 压缩 2d，因此增加费用为 2 × 420 = 840（元）

总工期为：172 - 2 = 170（d）

（5）通过以上工期调整，工程仍能按原计划的 170d 完成。

所需投入的赶工费为：1000 + 1500 + 1200 + 840 = 4540（元）。

试题四：【背景资料】

某隧洞工程，施工单位与项目业主签订了 120000 万元的施工总承包合同，合同约定：每延长（或缩短）1 天工期，处罚（或奖励）金额 3 万元。

施工过程中发生了以下事件：

事件 1：施工前，施工单位拟定了三种隧洞开挖施工方案，并测算了各方案的施工成本，见表 2-12。

各施工方案施工成本（单位：万元）　　　　　表 2-12

施工方案	施工准备工作成本	不同地质下的施工成本	
		地质较好	地质不好
先拱后墙法	4300	101000	102000
台阶法	4500	99000	106000
全断面法	6800	93000	

当采用全断面法施工时，在地质条件不好的情况下，须改用其他施工方法，如果改用先拱后墙法施工需再投入 3300 万元的施工准备工作成本；如果改用台阶法施工，需再投入 1100 万元的施工准备工作成本。根据对地质勘探资料的分析评估，地质情况较好的可能性为 0.6。

事件 2：实际开工前发现地质情况不好，经综合考虑施工方案采用台阶法，造价工程师测算了按计划工期施工的施工成本；间接成本为 2 万元/天；直接成本每压缩工期 5 天增加 30 万元，每延长工期 5 天减少 20 万元。

【问题】

1. 绘制事件 1 中施工单位施工方案的决策树。

2. 列式计算事件 1 中施工方案选择的决策过程，并按成本最低原则确定最佳施工方案。

3. 事件 2 中，从经济的角度考虑，施工单位应压缩工期、延长工期还是按计划工期施工？说明理由。

4. 事件 2 中，施工单位按计划工期施工的产值利润率为多少万元？若施工单位希望实现 10% 的产值利润率，应降低成本多少万元？

【参考答案】

问题1：

绘制决策树，如图2-2所示：

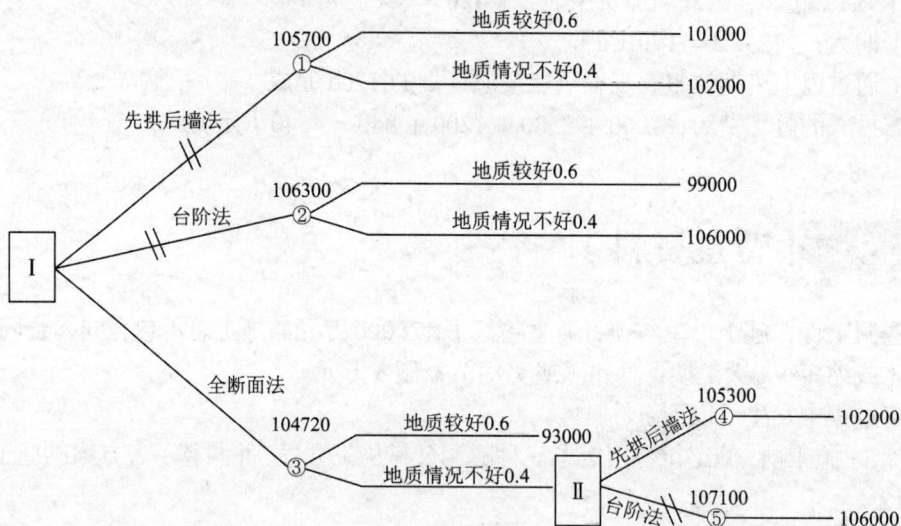

图2-2　决策树

问题2：

（1）计算二级决策点期望值：

先拱后墙法＝102000＋3300＝105300（万元）

台阶法＝106000＋1100＝107100（万元）

由于先拱后墙法的成本期望值低，所以地质不好时，应选用先拱后墙法。

（2）计算一级决策点期望值

机会点①期望值＝$101000 \times 0.6 + 102000 \times 0.4 + 4300 = 105700$（万元）

机会点②期望值＝$99000 \times 0.6 + 106000 \times 0.4 + 4500 = 106300$（万元）

机会点③期望值＝$93000 \times 0.6 + 105300 \times 0.4 + 6800 = 104720$（万元）

由于机会点③的成本期望值低，应选用全断面法。

问题3：

压缩工期每天增加费用：$30 \div 5 - 2 - 3 = 1$（万元）

延长工期每天增加费用：$2 + 3 - 20 \div 5 = 1$（万元）

由于不论压缩或延长工期，均要增加每天1万元的费用，所以应按原计划施工。

问题4：

（1）产值利润率＝$[120000 - (106000 + 4500)] \div 120000 \times 100\% = 7.92\%$

（2）设实际成本为X万元

$(120000 - X)/120000 = 10\%$，$X = 108000$（万元）

成本降低额：$110500 - 108000 = 2500$（万元）。

试题五：【背景资料】

某国有企业投资兴建一幢大厦，通过公开招标方式进行施工招标，选定了某承包商，土建工程的合同价格为 20300 万元（不含税），其中利润为 800 万元。该土建工程由地基基础工程（A）、主体结构工程（B）、装饰工程（C）、屋面工程（D）、节能工程（E）五个分部工程组成，中标后该承包商经过认真测算、分析，各分部工程的功能得分和成本所占比例见表 2-13。

各分部工程功能得分和成本所占比例表　　　　　表 2-13

分部工程	A	B	C	D	E
各分部工程功能评分	26	35	22	9	16
各分部工程成本占比例	0.24	0.33	0.20	0.08	0.15

建设单位要求设计单位提供楼宇智能化方案供选择，设计单位提供了两个能够满足建设单位要求的方案，本项目的造价咨询单位对两个方案的相关费用和收入进行了测算，有关数据见表 2-14。建设期为 1 年，不考虑期末残值，购置、安装费及所有收支费用均发生在年末，年复利率为 8%，现值系数见表 2-15。

两个方案的基数数据表　　　　　表 2-14

方案	项目					
	购置、安装费/万元	大修理周期/年	每次大修理费/万元	使用年限/年	年运行收入/万元	年运行维护费/万元
方案一	1500	15	160	45	250	80
方案二	1800	10	100	40	280	75

现值系数表　　　　　表 2-15

	1	10	15	20	30	40	41	45	46
$(P/A,8\%,n)$	0.926	6.710	8.559	9.818	11.258	11.925	11.967	12.109	12.137
$(P/F,8\%,n)$	0.926	0.463	0.315	0.215	0.099	0.046	0.043	0.031	0.029

【问题】

1. 承包商以分部工程为对象进行价值工程分析，计算各分部工程的功能指数及目前成本。

2. 承包商制定了强化成本管理方案，计划将目标成本额控制在 18500 万元，计算各分部工程的目标成本及其可能降低额度，并据此确定各分部工程成本管控的优先顺序。

3. 若承包商的成本管理方案能够得到可靠实施，但施工过程中占工程成本 50%的材料费仍有可能上涨，经预测上涨 10%的概率为 0.6，上涨 5%的概率为 0.3，则承包商在该工程的期望成本利润率应为多少？

4. 对楼宇智能化方案采用净年值法计算分析，建设单位应选择哪个方案？

（注：计算过程和结果均保留三位小数）

【参考答案】

问题1：

（1）功能指数：

$26 + 35 + 22 + 9 + 16 = 108.000$

$F_A = 26/108 = 0.241$，$F_B = 35/108 = 0.324$，$F_C = 22/108 = 0.204$，$F_D = 9/108 = 0.083$，$F_E = 16/108 = 0.148$，

（2）目前总成本 $= 20300 - 800 = 19500.000$ 万元

A：$19500 \times 0.24 = 4680.000$（万元），B：$19500 \times 0.33 = 6435.000$（万元），

C：$19500 \times 0.20 - 3900.000$（万元），D：$19500 \times 0.08 = 1560.000$（万元），

E：$19500 \times 0.15 = 2925.000$（万元）。

问题2：

（1）目标成本

A：$18500 \times 0.241 = 4458.500$（万元），B：$18500 \times 0.324 = 5994.000$（万元），C：$18500 \times 0.204 = 3774.000$（万元），D：$18500 \times 0.083 = 1535.500$（万元），E：$18500 \times 0.148 = 2738.000$（万元）

（2）成本降低额：

A：$4680 - 4458.5 = 221.500$（万元）

B：$6435 - 5994 = 441.000$（万元）

C：$3900 - 3774 = 126.000$（万元）

D：$1560 - 1535.5 = 24.500$（万元）

E：$2925 - 2738 = 187.000$（万元）

优先顺序为 B、A、E、C、D。

问题3：

材料费：$18500 \times 50\% = 9250.000$（万元）

期望材料费增加额：$9250 \times 0.1 \times 0.6 + 9250 \times 0.05 \times 0.3 = 693.750$（万元）

期望利润：$20300 - (18500 + 693.75) = 1106.250$（万元）

期望成本：$18500 + 693.75 = 19193.750$（万元）

期望成本利润率：$1106.25/19193.75 = 5.764\%$

问题4：

方案一：$[-1500 - 160 \times (P/F,8\%,15) - 160 \times (P/F,8\%,30) + (250 - 80) \times (P/A,8\%,45)] \times (P,8\%,1) \times (A/P,8\%,46) = (-1500 - 160 \times 0.315 - 160 \times 0.099 + 170 \times 12.109) \times 0.926/12.137 - 37.560$（万元）

方案二：$[-1800 - 100 \times (P/F,8\%,10) - 100 \times (P/F,8\%,20) - 100 \times (P/F,8\%,30) + (280 - 75) \times (P/A,8\%,40)] \times (P/F,8\%,1) \times (A/P,8\%,41) = (-1800 - 100 \times 0.463 - 100 \times 0.215 - 100 \times 0.099 + 205 \times 11.925) \times 0.926/11.967 = 43.868$（万元）

因方案二的净年值最大，故应选方案二。

第 3 章　工程计量与计价

考情概述： 本章主要考查的内容有：《房屋建筑与装饰工程工程量计算标准》GB/T 50854—2024 中的地基处理与边坡支护工程、桩基工程、混凝土及钢筋混凝土工程、装饰装修工程等，也会涉及《构筑物工程工程量计算标准》GB/T 50860—2024 相关构筑物工程的识图、算量及相关清单内容编制等，对应案例分析试卷的第五题，满分 40 分，是案例分析通过与否的关键，与《土建计量》第 5 章关联很大，近年出题算量内容较为简单，但图纸较为复杂，容易让考生算量错、合价错。

考点预测：

核心考点	重要程度
土石方工程	★★
地基处理与边坡支护工程	★★★★★
桩基工程	★★★★★
砌筑工程	★★
混凝土及钢筋混凝土工程	★★★★★
装饰装修工程	★★★

试题一：【背景资料】

某旅游客运索道工程的中间支架基础施工图和相关参数如图 3-1～图 3-4 所示。根据招标方以招标图纸确定的工程量清单，承包方中标的"中间支架基础土建分部分项工程和单价措施项目清单与计价表"如表 3-1 所示。该工程施工合同约定，施工图设计完成后，对该工程实体工程工程量按施工图重新计量调整，工程主要材料二次搬运费按现场实际情况及合理运输方案计算，土石方工程不做调整。

中间支架基础土建分部分项工程和单价措施项目清单与计价表　　　　表 3-1

序号	项目编码	项目名称	项目特征	计量单位	工程量	金额/元	
						综合单价	合价
一			分部分项工程				
1	010101006001	开挖土万	挖运 1km 内	m³	96.00	16.86	1618.56

序号	项目编码	项目名称	项目特征	计量单位	工程量	金额/元 综合单价	金额/元 合价
一				分部分项工程			
2	010102007001	开挖石方	挖运 1km 内	m³	546.00	21.22	11586.12
3	010103007001	夯填土石方	夯填	m³	550.00	28.50	15675.00
4	010501007001	混凝土垫层	C15 混凝土	m³	7.50	612.39	4592.93
5	010501002001	混凝土筏板基础	C30 混凝土	m³	72.00	697.30	50205.60
6	010501006001	混凝土基础柱	C30 混凝土	m³	11.00	746.78	8214.58
7	010507007001	混凝土基础连梁	C30 混凝土	m³	3.50	720.45	2521.58
8	010506001001	基础及基础连梁钢筋	三级钢筋，8～20	t	5.70	7200.00	41040.00
9	010506002001	基础柱钢筋	三级钢筋，8～20	t	1.80	7100.00	12780.00
10	010506024001	地脚螺栓	M42	套	4.00	100.00	400.00
	分部分项工程合计			元			148634.37

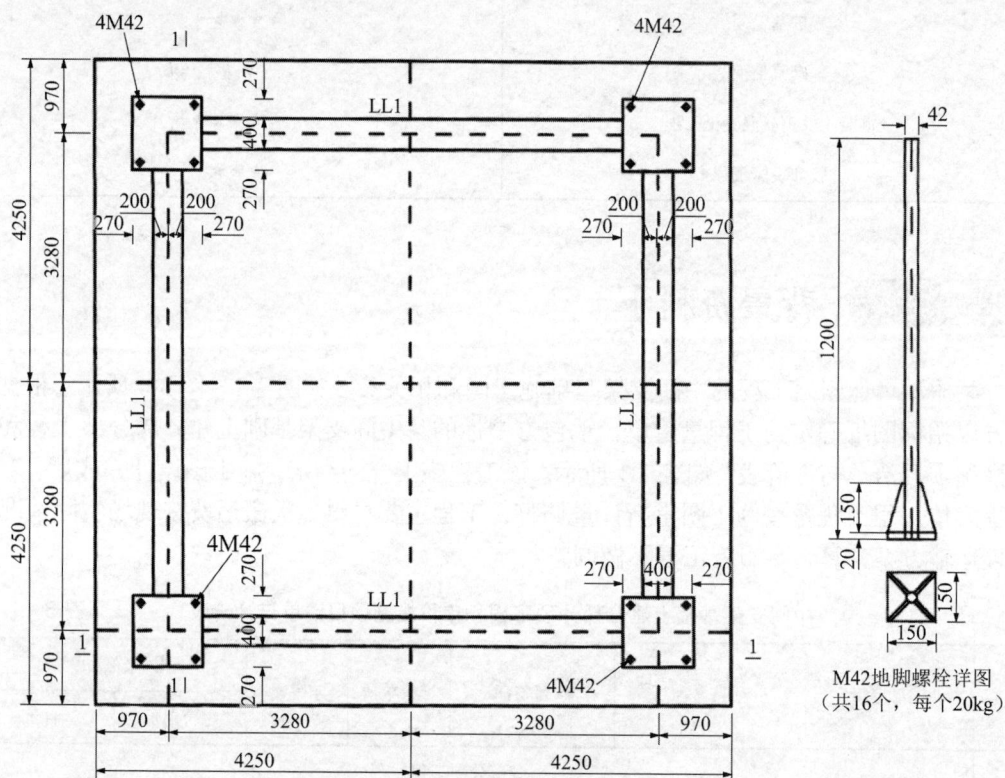

图 3-1　支架基础平面图

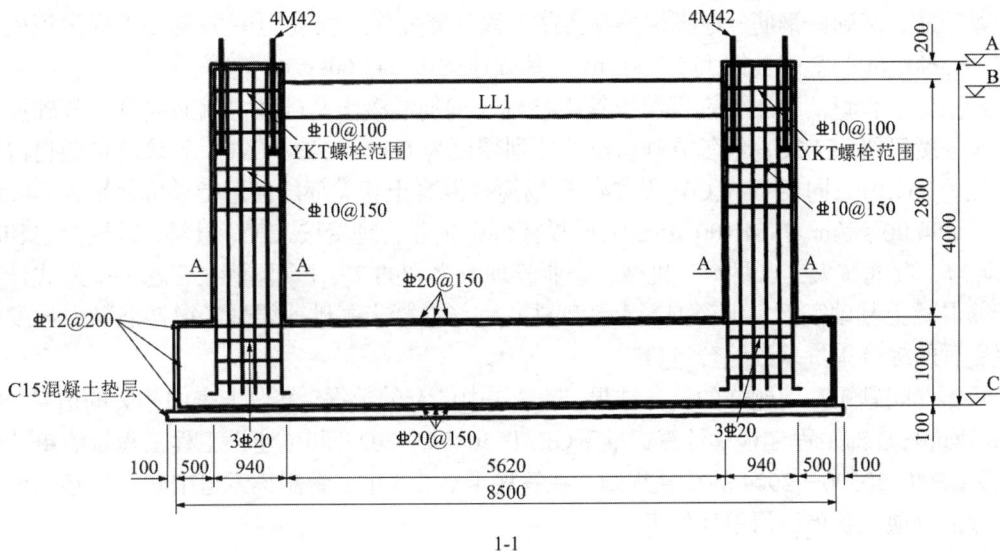

图 3-2　1-1 剖面图

说明:

1. 基础底部应坐落在强风化花岗岩上。

2. 基础采用 C30 混凝土,钢筋采用 HRB400(C),地脚螺栓采用 Q345B 钢。

3. 基础下设 100mm 厚 C15 混凝土垫层,各边宽出基础 100mm。

4. 基础应一次浇筑完毕,不得留施工缝,施工完毕后应及时对肥槽回填至整平地面标高。

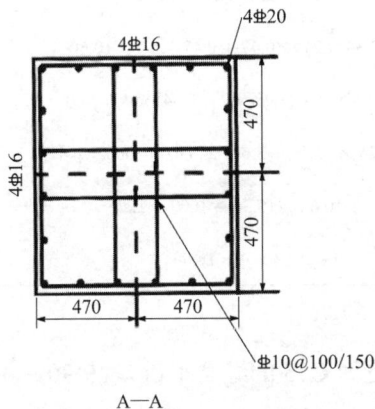

图 3-3　A—A 剖面图

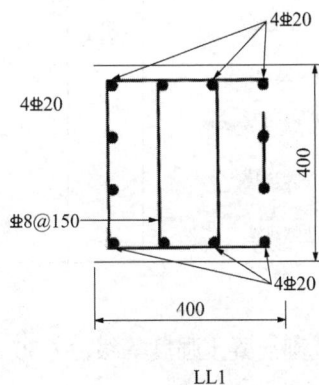

图 3-4　配筋图

【问题】

1. 根据施工图 3-1 和图 3-2 中所示内容及相关数据,按《房屋建筑与装饰工程工程量计算标准》GB/T 50854—2024 的计算规则,请在答题卡表 3-2 中,列式计算该中间支架基础的混凝土垫层、钢筋混凝土基础筏板、钢筋混凝土基础柱、钢筋混凝土基础连梁、基础及基础连梁钢筋、基础柱钢筋、地脚螺栓等实体工程分部分项工程量。（注：钢筋工程量筏板基础按 76.56kg/m³、基础柱按 115.36kg/m³、基础连梁按 243.60kg/m³ 计算。）

2. 招标工程量清单中钢筋混凝土筏板基础、钢筋混凝土基础柱、钢筋混凝土基础连梁混凝土强度等级为 C30，经各方确认设计分别变更为 C35、C40、C40，若该清单项目混凝土消耗量为 1.015；同期 C30、C35 及 C40 现场搅拌混凝土相关部门信息指导价分别为 446.00 元/m³、490.00 元/m³ 和 540.00 元/m³；原投标价中企业管理费按人工、材料、机械费之和的 10% 计取，利润按人工、材料、机械、企业管理费之和的 7% 计取。请在答题卡中列式计算该钢筋混凝土基础筏板、钢筋混凝土基础柱、钢筋混凝土基础连梁现场搅拌混凝土强度等级变更后的综合单价差和综合单价。

3. 根据问题 1 和问题 2 的计算结果、表 3-2 中已有的数据、答题卡表中相关的信息，按《房屋建筑与装饰工程工程量计算标准》GB/T 50854—2024 和《建设工程工程量清单计价标准》GB/T 50500—2024 的计算规则，在答题卡表 3-3 中，编制该索道中间支架基础土建部分分部分项工程项目清单计价表。

（无特殊说明的，费用计算时均为不含税价格；计算结果均保留两位小数）

【参考答案】

问题 1：

工程量计算表　　　　　　　　　　　　　　　表 3-2

序号	项目名称	单位	计算过程	计算结果
1	混凝土垫层	m³	$0.1 \times (4.25 \times 2 + 0.1 \times 2)^2 = 7.57$	7.57
2	混凝土筏板基础	m³	$1 \times (4.25 \times 2)^2 = 72.25$	72.25
3	混凝土基础柱	m³	$(2.84 \times 2) \times (0.47 + 0.47)^2 \times 4 = 10.60$	10.60
4	混凝土基础连梁	m³	$0.4 \times 0.4 \times (3.28 \times 2 - 0.94) \times 4 = 3.60$	3.60
5	基础及基础连梁钢筋	t	$(72.25 \times 76.56 + 3.6 \times 243.6) \div 1000 = 6.41$	6.41
6	基础柱钢筋	t	$10.6 \times 115.36 \div 1000 = 1.22$	1.22
7	地脚螺栓	套	$4 \times 4 = 16.00$	16.00

问题 2：

（1）筏板基础混凝土强度等级由 C30 变更为 C35 的综合单价差：$(490 - 446) \times 1.015 \times 1.1 \times 1.07 = 52.56$（元/m³）

（2）基础柱、基础连梁混凝土强度等级由 C30 变更为 C40 的综合单价差：$(540 - 446) \times 1.015 \times 1.1 \times 1.07 = 112.30$（元/m³）

（3）变更后钢筋混凝土基础筏板综合单价：$52.56 + 697.30 = 749.86$（元/m³）

（4）变更后钢筋混凝土基础柱综合单价：$112.30 + 746.78 = 859.08$（元/m³）

（5）变更后钢筋混凝土基础连梁综合单价：$112.30 + 720.45 = 832.75$（元/m³）

问题 3：

中间支架基础土建部分分部分项工程项目清单计价表　　表 3-3

序号	项目编码	项目名称	项目特征	计量单位	工程量	金额（元）	
						综合单价	合价
1	010102001001	开挖土方	挖运 1km 内	m³	96.00	16.86	1618.56
2	010102005001	开挖石方	挖运 1km 内	m³	546.00	21.22	11586.12
3	010102007001	夯填土石方	夯填	m³	550.00	28.50	15675.00
4	010501001001	混凝土垫层	C15 混凝土	m³	7.57	612.39	4635.79
5	010502003001	混凝土筏板基础	C30 混凝土	m³	72.25	749.86	54177.39
6	010502006001	混凝土基础柱	C30 混凝土	m³	10.60	859.08	9106.25
7	010502005001	混凝土基础连梁	C30 混凝土	m³	3.60	832.75	2997.90
8	010506001001	基础及基础连梁钢筋	三级钢筋，8～20	t	6.41	7200.00	46152.00
9	010506002001	基础柱钢筋	三级钢筋，8～20	t	1.22	7100.00	8662.00
10	010506024001	地脚螺栓	M42	套	16.00	100.00	1600.00
分部分项工程合计				元			156211.01

试题二：【背景资料】

某企业已建成 1500m³ 生活用高位水池，开始办理工程竣工结算事宜，承建该工程的施工企业根据施工招标工程量清单中标的"高位水池土建分部分项工程和单价措施项目清单与计价表"（表 3-4）、该工程的竣工图及相关参数（图 3-5～图 3-7）编制工程结算。

高位水池土建分部分项工程和单价措施项目清单与计价表　　表 3-4

序号	项目编码	项目名称	项目特征	计量单位	工程量	金额/元	
						综合单价	合价
一			分部分项工作				
1	010101002001	开挖土方	挖运 1km 内	m³	1172.00	14.94	17509.68
2	010101002001	开挖石方	风化岩挖运 1k 内	m³	4688.00	17.72	83071.36
3	010103001001	回填土方	夯填	m³	1050.00	30.26	31773.00
4	010501001001	混凝土垫层	C15 混凝土	m³	36.00	588.84	21198.24
5	070101001001	混凝土池底板	C30 抗渗混凝土	m³	210.00	761.76	159969.60
6	070101002001	混凝土池壁板	C30 抗渗混凝土	m³	180.00	798.77	143778.60

续表

序号	项目编码	项目名称	项目特征	计量单位	工程量	综合单价	合价
一			分部分项工作				
7	070101003001	混凝土池顶板	C30 混凝土	m³	40.00	719.69	28787.60
8	070101004001	混凝土池内柱	C30 混凝土	m³	5.00	718.07	3590.35
9	010515001001	钢筋	制作绑扎	t	36.00	8688.86	312798.96
10	010606008001	钢爬梯	制作安装	t	0.20	9402.10	1880.42
	分部分项工程小计			元			804357.81
二			单价措施项目				
1	—	模板、脚手架、垂直运输、大型机械	—				131800.00
	单价措施项目小计			元			131800.00
	分部分项工程和单价措施项目合计			元			936157.81

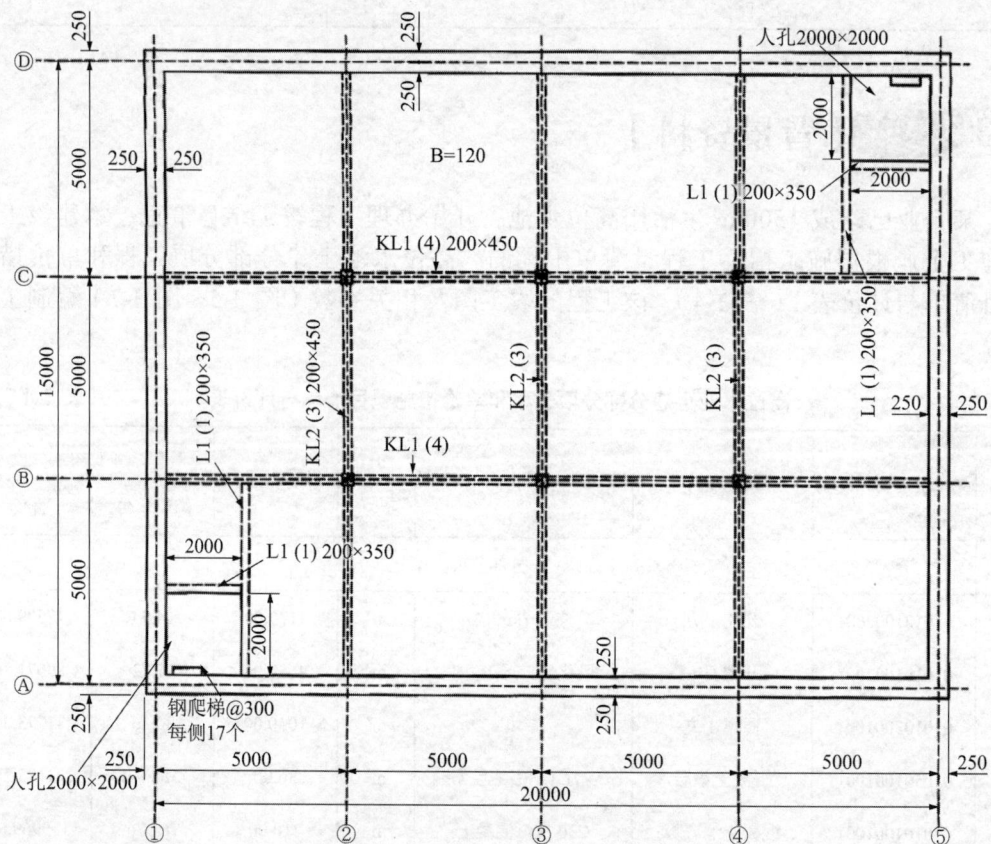

图 3-5 梁板平面图

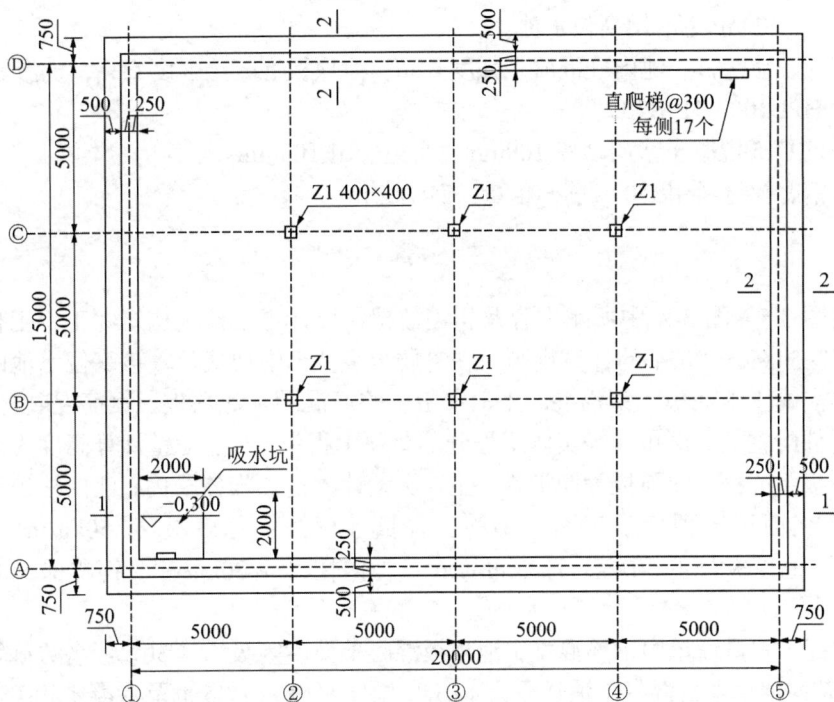

图 3-6　底板平面图

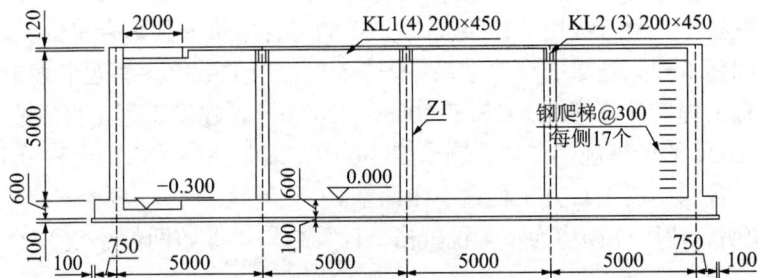

1-1 剖面图

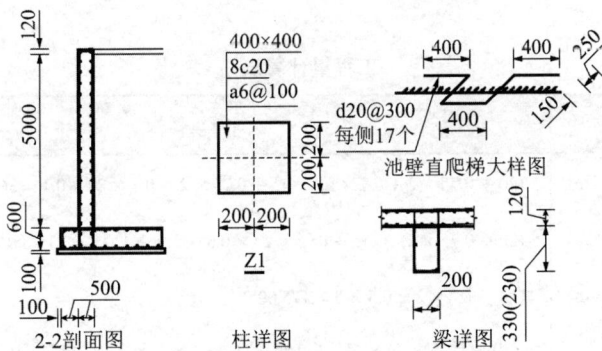

图 3-7　高位水池剖面图及构件详图

说明：

1. 设计为 1500m³ 生活用高位水池。

2. 池底板、池壁板、池内柱混凝土强度 C30，池顶板混凝土强度 C35，抗渗等级 P6，钢筋分别为 HPB300、HPB400。

3. 池底设 C15 混凝土垫层，厚 100mm，每边伸出 100mm。

4. 池壁钢爬梯材料用 $\phi 20$ 钢筋，重量：2.47kg/m。

【问题】

1. 根据图 3-5～图 3-7 中所示内容及相关数据，按计算规范《构筑物工程工程量计算标准》GB/T 50860—2024 的计算规则，在答题卡表 3-5 中列式计算该高位水池的混凝土垫层、钢筋混凝土池底板、钢筋混凝土池壁板、钢筋混凝土池顶板、钢筋混凝土池内柱、各混凝土构件的钢筋、钢爬梯等实体工程分部分项工程量（注：池壁计算高度为池底板上表面至池顶板下表面，池顶板为肋形板，主、次梁计入池顶板体积内；池内柱的计算高度为池底板上表面至池顶板下表面，钢筋工程量计算按：池底板 66.50kg/m³，池壁板 89.65kg/m³，池顶板及主、次梁 123.80kg/m³，池内柱 148.20kg/m³，钢爬梯 $\phi 20$ 钢筋按 2.47kg/m 计算）

2. 原招标工程量清单中钢筋混凝土池顶板混凝土强度等级为 C30，经各方确认设计变更为 C35，若该清单项目混凝土消耗量为 1.015，同期 C30 及 C35 商品混凝土相关部门指导价分别为 488 元/m³ 和 530 元/m³；原投标价中企业管理费按人工、材料、机械费之和的 10% 计取，利润按人工、材料、机械、企业管理费之和的 7% 计取。在答题卡中列式计算该钢筋混凝土池顶板混凝土强度等级由 C30 变更为 C35 的综合单价差和综合单价。

3. 请根据问题 1 和问题 2 的计算结果，表 3-5 中已有的数据、答题卡表中相关的信息，按《构筑物工程工程量计算标准》GB/T 50860—2024 及《建设工程工程量清单计价标准》GB/T 50500—2024 的计算规则，在答题卡表 3-6 中，编制该高位水池土建分部分项工程项目清单计价表。合同约定土石方工程量不做调整。

（无特殊说明，费用计算均为不含税价格，计算结果均保留两位小数）

【参考答案】

问题 1：

工程量计算表   表 3-5

序号	项目名称	单位	计算过程	工程量
1	混凝土垫层	m³	$(20 + 0.75 \times 2 + 0.1 \times 2) \times (15 + 0.75 \times 2 + 0.1 \times 2) \times 0.1 = 36.24$	36.24
2	钢筋混凝土池底板	m³	$(20 + 0.75 \times 2) \times (15 + 0.75 \times 2) \times 0.6 - 2 \times 2 \times 0.3 = 211.65$	211.65
3	钢筋混凝土池壁板	m³	$(20 + 15) \times 2 \times 0.5 \times 5 = 175.00$	175.00
4	钢筋混凝土池顶板	m³	$[(20 + 0.25 \times 2) \times (15 + 0.25 \times 2) - 2 \times 2 \times 2] \times 0.12 + [(20 - 0.25 \times 2 - 0.4 \times 3) \times 2 + (15 - 0.25 \times 2 - 0.4 \times 2) \times 3] \times 0.2 \times (0.45 - 0.12) + [(5 - 0.1 - 0.25) + 2] \times 2 \times 0.2 \times (0.35 - 0.12) = 42.91$	42.91

续表

序号	项目名称	单位	计算过程	工程量
5	钢筋混凝土池内柱	m³	$0.4 \times 0.4 \times 5 \times 6 = 4.80$	4.80
6	池底板钢筋	t	$211.65 \times 66.5 \div 1000 = 14.07$	14.07
7	池壁板钢筋	t	$175.00 \times 89.65 \div 1000 = 15.69$	15.69
8	池顶板钢筋	t	$42.91 \times 123.8 \div 1000 = 5.31$	5.31
9	池内柱钢筋	t	$4.80 \times 148.2 \div 1000 = 0.71$	0.71
10	钢爬梯	t	$17 \times 2 \times 2 \times 2.47 \div 1000 = 0.17$	0.17

问题2：

（1）综合单价差：$(530 - 488) \times 1.015 \times 1.1 \times 1.07 = 50.18$（元/m³）

（2）综合单价：$719.69 + 50.18 = 769.87$（元/m³）

问题3：

分部分项工程项目清单计价表　　　　表3-6

序号	项目名称	特征	计量单位	工程量	金额（元）	
					综合单价	合计
1	开挖土方	挖运1km内	m³	1172.00	14.94	17509.68
2	开挖石方	风化岩挖运1km内	m³	4688.00	17.72	83071.36
3	回填土石方	夯填	m³	1050.00	30.26	31773.00
4	混凝土垫层	C15混凝土	m³	36.24	588.84	21339.56
5	混凝土池底板	C30抗渗混凝土	m³	211.65	761.76	161226.50
6	混凝土池壁板	C30抗渗混凝土	m³	175.00	798.77	139784.75
7	混凝土池顶板	C35抗渗混凝土	m³	42.91	769.87	33035.12
8	混凝土池内柱	C30抗渗混凝土	m³	4.80	718.07	3446.74
9	池底板钢筋	三级钢筋，8～20mm	t	14.07	8300.00	116781.00
10	池壁板钢筋	三级钢筋，8～20mm	t	15.69	8400.00	131796.00
11	池顶板钢筋	三级钢筋，8～20mm	t	5.31	8200.00	43542.00
12	池内柱钢筋	三级钢筋，8～20mm	t	0.71	8350.00	5928.50
13	钢爬梯	制作安装	t	0.17	9402.10	1598.36
	分部分项工程合计		元			790832.57

试题三：【背景资料】

　　某城市生活垃圾焚烧发电厂钢筋混凝土多管式（钢内筒）80m 高烟囱基础，如图 3-8 "钢内筒烟囱基础平面布置图"、图 3-9 "旋挖钻孔灌注桩基础图" 所示。已建成类似工程钢筋用量参考指标见表 3-7 "单位钢筋混凝土钢筋参考用量表"。

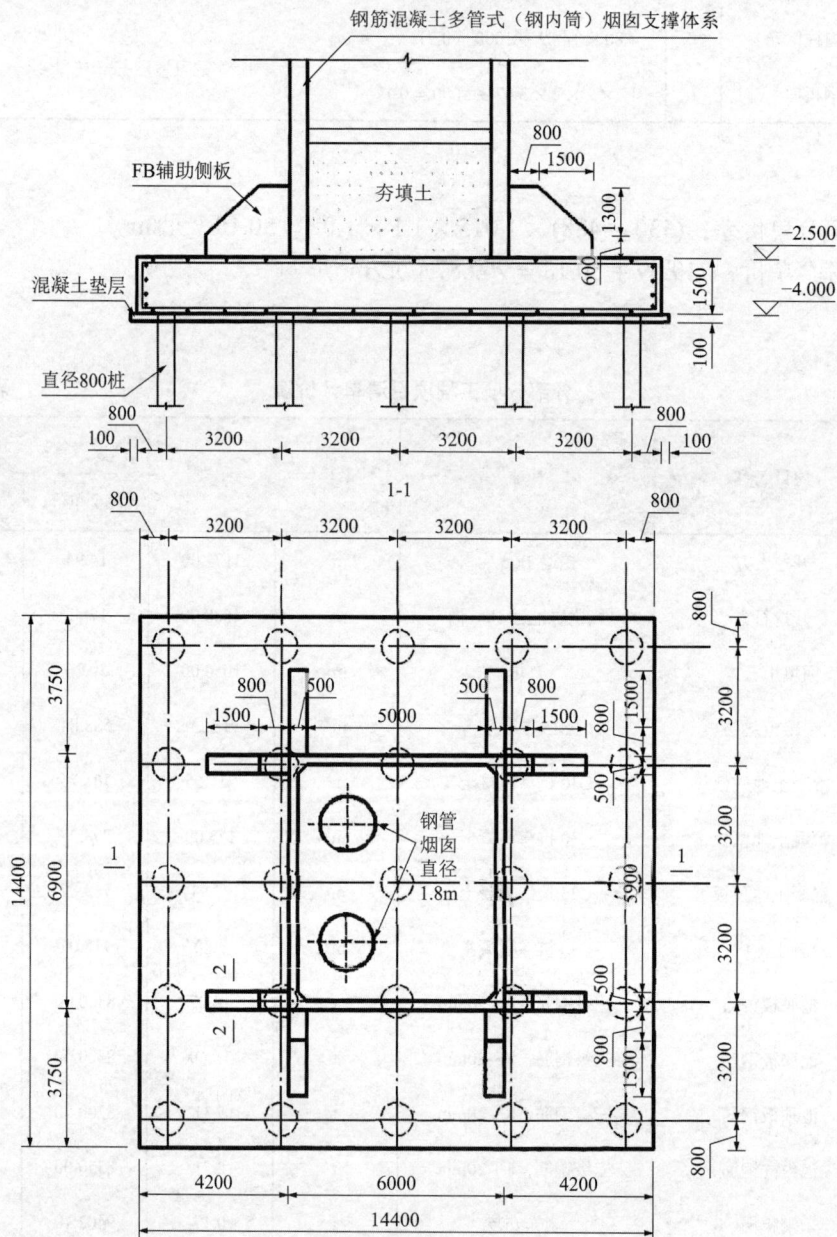

图 3-8　钢内筒烟囱基础平面布置图

钢筋混凝土筏板基础

垫层

岩层

1500
100
12000
10700
1200
800

500
−2.500
−4.000
FB辅助侧板
竖向筋 ⊥16@200
横向筋 ⊥16@200

−2.500
1500
−4.000
100
⊥16@200
2-2

螺旋箍筋
−2.500
−4.000
DN800
3-3

说明：
1. 本基础是为多管式（钢内筒）烟囱设计的。
2. FB辅助侧板为基础的一部分。
3. 灌注桩、筏板基础、辅助侧板混凝土均采用C30，基础垫层混凝土为C15，钢筋采用HRB400（⊥）。
4. 基础垫层厚度为100mm，每边宽出100mm。
5. 旋挖钻孔灌注桩直径800mm，桩长12m，共25根。
6. 图中标注尺寸标高以m计，其他均以mm计。

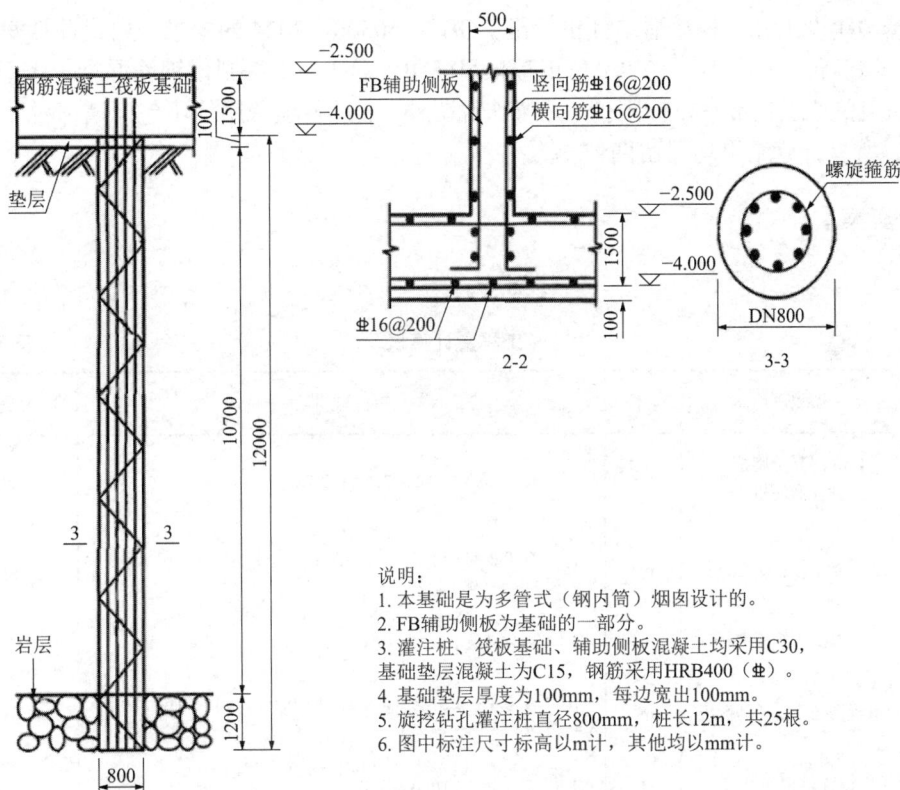

图 3-9　旋挖钻孔灌注桩基础图

单位钢筋混凝土钢筋参考用量表　　　　　表 3-7

序号	钢筋混凝土项目名称	参考钢筋含量（kg/m³）
1	钻孔灌注桩	49.28
2	筏板基础	63.50
3	FB 辅助侧板	82.66

【问题】

1. 根据该多管式（钢内筒）烟囱基础施工图纸、技术参数及参考资料，及表 3-7 中给定的信息，按《房屋建筑与装饰工程工程量计算标准》GB/T 50854—2024 的计算规则，在表 3-8 "工程量计算表" 中，列式计算该烟囱基础分部分项工程量（筏板上 8 块 FB 辅助侧板的斜面在混凝土浇捣时必须安装模板）。

2. 根据问题 1 的计算结果及表 3-9 中给定的信息，按照《建设工程工程量清单计价标准》GB/T 50500—2024 的要求，在表 3-9 "分部分项工程项目清单计价表" 中，编制该烟囱钢筋混凝土基础分部分项工程项目清单计价表。

3. 假定该整体烟囱分部分项工程费为 2000000.00 元，措施项目仅考虑安全生产措施费，安全生产措施费按分部分项工程费的 3.5% 计取，其他项目考虑基础基坑开挖的土方、护坡、降水专业工程暂估价为 110000.00 元（含税），总承包服务费为 5000 元，增值税税率按 9%

计取。按《建设工程工程量清单计价标准》GB/T 50500—2024 的要求，列式计算安全生产措施费、增值税，并在表 3-10 "单位工程项目清单汇总表"中编制该钢筋混凝土多管式（钢内筒）烟囱单位工程最高投标限价（无特殊说明外，上述各项费用均不包含增值税可抵扣进项税额，所有计算结果均保留两位小数）。

【参考答案】

问题 1：

工程量计算表   表 3-8

序号	项目名称	单位	计算过程	工程量
1	C30 混凝土旋挖钻孔灌注桩	m³	$3.14 \times (0.8/2)^2 \times 12 \times 25 = 150.72$	150.72
2	C15 混凝土筏板基础垫层	m³	$[(0.8 + 0.8 + 1.5) \times 0.5 \times 1.3 + (0.8 + 1.5) \times 0.6] \times 0.5 \times 8 = 13.58$	13.58
3	C30 混凝土筏板基础	m³	$14.4 \times 14.4 \times 1.5 = 311.04$	311.04
4	C30 混凝土 FB 辅助侧板	m³	$[(0.8 + 0.8 + 1.5) \times 0.5 \times 1.3 + (0.8 + 1.5) \times 0.6] \times 0.5 \times 8 = 13.58$	13.58
5	灌注桩钢筋笼	t	$150.72 \times 49.28/1000 = 7.43$	7.43
6	筏板基础钢筋	t	$311.04 \times 63.50/1000 = 19.75$	19.75
7	FB 辅助侧板钢筋	t	$13.58 \times 82.66/1000 = 1.12$	1.12
8	混凝土垫层模板	m²	$(14.4 + 0.1 \times 2) \times 4 \times 0.1 = 5.84$	5.84
9	筏板基础模板	m²	$14.4 \times 4 \times 1.5 = 86.40$	86.40
10	FB 辅助侧板模板	m²	①$[(0.8 + 0.8 + 1.5) \times 0.5 \times 1.3 + (0.8 + 1.5) \times 0.6] \times 2 = 6.79$ ②$\sqrt{1.3^2 + 1.5^2} \times 0.5 + 0.6 \times 0.5 = 1.29$ ③$(6.79 + 1.293) \times 8 = 64.66$	64.66

问题 2：

分部分项工程项目清单计价表   表 3-9

序号	项目名称	项目特征	计量单位	工程量	金额（元）	
					综合单价	合价
1	C30 混凝土旋挖钻孔灌注桩	C30，成孔、混凝土浇筑	m³	150.72	1120.00	168806.40
2	C15 混凝土筏板基础垫层	C15，混凝土浇筑	m³	21.32	490.00	10446.80
3	C30 混凝土筏板基础	C30，混凝土浇筑	m³	311.04	680.00	211507.20

续表

序号	项目名称	项目特征	计量单位	工程量	金额（元）	
					综合单价	合价
4	C30 混凝土 FB 辅助侧板	C30，混凝土浇筑	m³	13.58	695.00	9438.10
5	灌注桩钢筋笼	HRB400	t	7.43	5800.00	43094.00
6	筏板基础钢筋	HRB400	t	19.75	5750.00	113562.50
7	FB 辅助侧板钢筋	HRB400	t	1.12	5750.00	6440.00
8	混凝土垫层模板	垫板模板	m²	5.84	28.00	163.52
9	筏板基础模板	筏板模板	m²	86.40	49.00	4233.60
10	FB 辅助侧板模板	FB 辅助侧板模板	m²	64.66	44.00	2845.04
	分部分项工程合计		元			570537.16

问题 3：

（1）安全生产措施费：$2000000.00 \times 3.5\% = 70000.00$（元）

（2）增值税：$(2000000.00 + 70000.00 + 5000.00) \times 9\% = 186750.00$（元）

单位工程项目清单汇总表 表 3-10

序号	汇总内容	金额（元）
1	分部分项工程	2000000.00
2	措施项目	70000.00
(2.1)	其中：安全生产措施费	70000.00
3	其他项目费	115000.00
(3.1)	其中：专业工程暂估价	110000.00
(3.2)	其中：总承包服务费	5000.00
4	增值税	186750.00
	合计	2371750.00

试题四：【背景资料】

某城市 188m 大跨度预应力拱形桥架结构体育馆，下部钢筋混凝土基础平面布置图及基础详图设计如图 3-10 "基础平面布置图"、图 3-11 "基础详图"所示。中标该项目的施工企业，考虑为大体积混凝土施工，为加强成本核算和清晰掌握该分部分项工程实际成本，拟采用实物量法计算该分部分项工程费用目标管理控制价。该施工企业内部相关单位工程量人、材、机消耗定额及实际掌握项目所在地除税价格见表 3-11 "企业内部单位工程量人、材、机消耗定额"。

企业内部单位工程量人、材、机消耗定额　　　　　表 3-11

项目名称		单位	除税价/元	分部分项工程内容			
				C15 基础垫层/m³	C30 独立基础/m³	C30 矩形柱/m³	钢筋/t
人材机	工日（综合）	工日	110.00	0.40	0.60	0.70	6.00
	C15 商品混凝土	m³	400.00	1.02			
	C30 商品混凝土	m³	460.00		1.02	1.02	
	钢筋（综合）	t	3600.00				1.03
	其他辅助材料费	元	—	8.00	12.00	13.00	117.00
	机械使用费（综合）	元	—	1.60	3.90	4.20	115.00

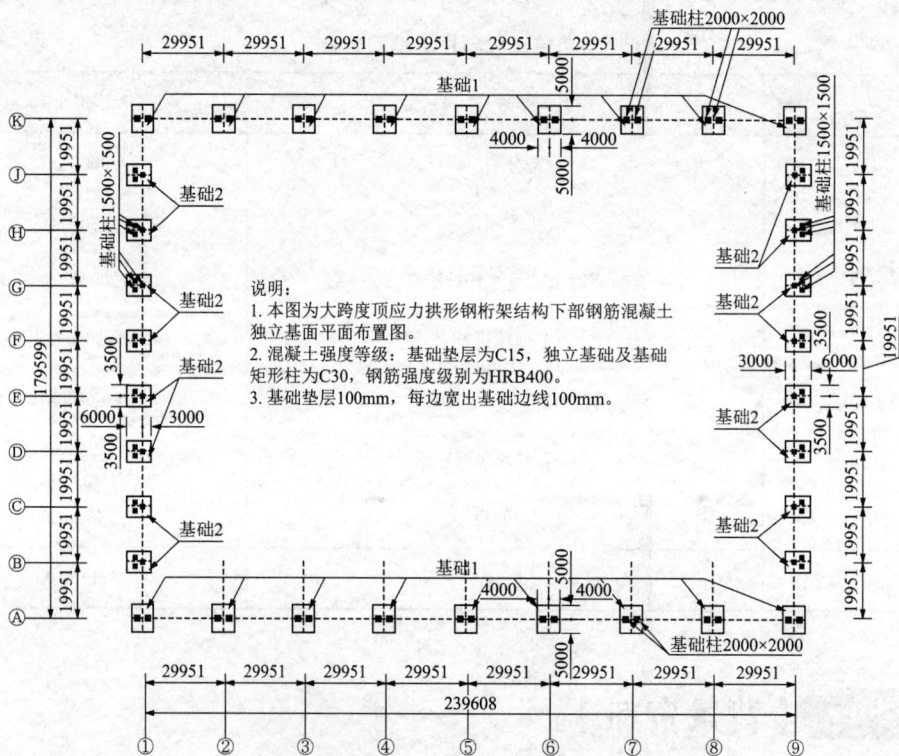

图 3-10　基础平面布置图

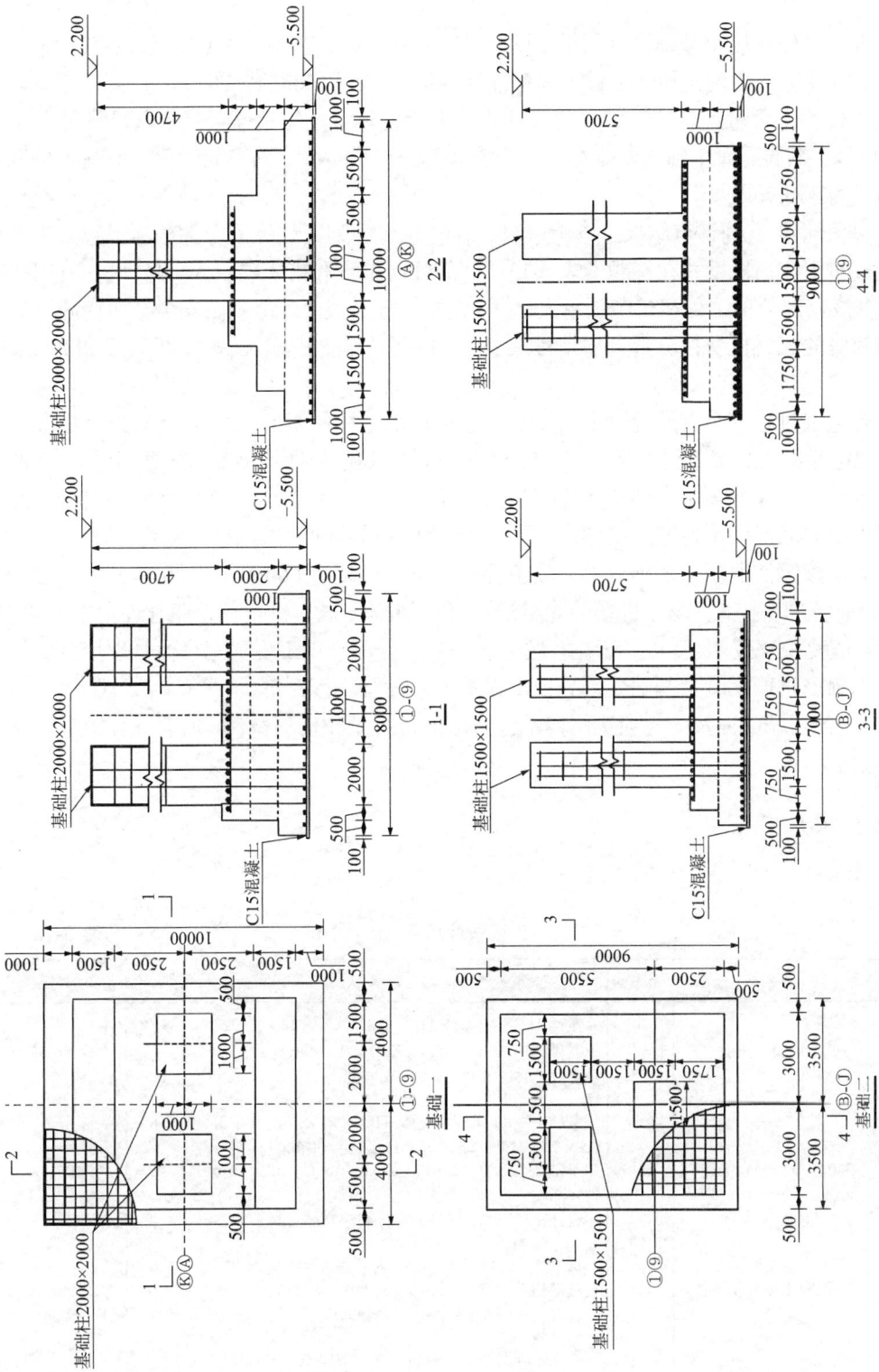

图 3-11　基础详图

【问题】

1. 根据该体育场馆基础设计图纸、技术参数，及答题卡表 3-12 "工程量计算表"中给定的信息。按《房屋建筑与装饰工程工程量计算标准》GB/T 50854—2024 的计算规则，在答题卡表 3-12 "工程量计算表"中，列式计算该大跨度体育场馆钢筋混凝土基础分部分项工程量。已知：钢筋混凝土独立基础综合钢筋含量为 72.50kg/m³，钢筋混凝土矩形基础柱综合钢筋含量为 118.70kg/m³。

2. 根据问题 1 的计算结果，参考资料，在答题卡中列式计算该分部分项工程人工、材料、机械使用费消耗量并在答题卡表 3-13 "分部分项工程和措施项目人、材、机费计算表"中，计算该分部分项工程和措施项目人、材、机费，施工企业内部规定安全文明措施及其他总价措施费的人材机费按分部分项工程人、材、机费及单价措施人、材、机费之和的 2.50% 计算。

3. 若施工过程中，钢筋混凝土独立基础和矩形基础柱使用的 C30 混凝土变为 C40 混凝土（消耗定额同 C30 混凝土，除税价 480.00 元/m³），其他条件均不变，根据问题 1、2 的条件和计算结果，在答题卡中列式计算 C40 商品混凝土消耗量、C40 与 C30 商品混凝土除税价差、由于商品混凝土价差产生的该分部分项工程和措施项目人、材、机增加费。

4. 假定该钢筋混凝土基础分部分项工程人、材、机费为 6600000.00 元，其中人工费占 13%；企业管理费按人、材、机费的 6% 计算，利润按人、材、机费和企业管理费之和的 5% 计算，增值税税率按 9% 计取。请在答题卡表 3-14 "分部分项工程费用目标管理控制价计算表"中编制该钢筋混凝土基础分部分项工程费用目标管理控制价。

（上述各问题中提及的各项费用均不包含增值税可抵扣进项税额。所有计算结果均保留两位小数）

【参考答案】

问题 1：

工程量计算表 　　　　　　　　　　　　　　　　　　　　　　　　　　　　表 3-12

序号	项目名称	单位	计算过程	计算结果
1	C15 混凝土垫层	m³	基础 1：$(8+0.2)\times(10+0.2)\times0.1\times18=150.55$ 基础 2：$(7+0.2)\times(9+0.2)\times0.1\times16=105.98$ 合计：$150.55+105.98=256.53$	256.53
2	C30 混凝土独立基础	m³	基础 1：$[8\times10\times1+(8-0.5\times2)\times(10-1\times2)\times1+(8-0.5\times2)\times(10-2.5\times2)\times1]\times18=3078.00$ 基础 2：$[7\times9\times1+(7-0.5\times2)\times(9-0.5\times2)\times1]\times16=1776.00$ 合计：$3078.00+1776.00=4854.00$	4854.00
3	C30 混凝土矩形基础柱	m³	基础柱 1：$2\times2\times4.7\times2\times18=676.80$ 基础柱 2：$1.5\times1.5\times5.7\times3\times16=615.60$ 合计：$615.60+676.80=1292.40$	1292.40
4	钢筋（综合）	t	独立基础钢筋：$4854.00\times72.50/1000=351.92$ 矩形基础柱钢筋：$1292.40\times118.70/1000=153.41$ 合计：$351.92+153.41=505.33$	505.33

问题 2：

人工、材料、机械使用费消耗量计算过程：

（1）人工工日（综合）消耗量：

$256.53 \times 0.40 + 4854.00 \times 0.60 + 1292.40 \times 0.70 + 505.33 \times 6.00 = 6951.67$（工日）

（2）C15 商品混凝土消耗量：

$256.53 \times 1.02 = 261.66$（m³）

（3）C30 商品混凝土消耗量：

$(4854.00 + 1292.40) \times 1.02 = 6269.33$（m³）

（4）钢筋（综合）消耗量：

$505.33 \times 1.03 = 520.49$（t）

（5）其他辅助材料费：

$256.53 \times 8.00 + 4854.00 \times 12.00 + 1292.40 \times 13.00 + 505.33 \times 117.00 = 136225.05$（元）

（6）机械使用费（综合）：

$256.53 \times 1.60 + 4854.00 \times 3.90 + 1292.40 \times 4.20 + 505.33 \times 115.00 = 82882.08$（元）

分部分项工程和安全生产措施项目人、材、机费计算表　　表 3-13

序号	项目名称	单位	消耗量	除税单价/元	除税合价/元
1	人工费（综合）	工日	6951.67	110.00	764683.70
2	C15 商品混凝土	m³	261.66	400.00	104664.00
3	C30 商品混凝土	m³	6269.33	460.00	2883891.80
4	钢筋（综合）	t	520.49	3600.00	1873764.00
5	其他辅助材料费	元	—	—	136225.05
6	机械使用费（综合）	元	—	—	82882.08
7	安全生产措施费	元			146152.77
8	人、材、机费合计	元			5992263.40

问题 3：

（1）C40 商品混凝土消耗量：$(4854.00 + 1292.40) \times 1.02 = 6269.33$（m³）

（2）C40 与 C30 商品混凝土除税价差：$480.00 - 460.00 = 20.00$（元/m³）

（3）由于商品混凝土价差产生的该分部分项工程和措施项目人、材、机增加费：

①分部分项人、材、机增加费：$6269.33 \times 20.00 = 125386.60$（元）

②安全生产措施及其他措施人、材、机增加费：$125386.60 \times 2.5\% = 3134.67$（元）

该分部分项工程和措施项目人、材、机增加费：$125386.60 + 3134.67 = 128521.27$（元）

问题 4：

分部分项工程费用目标管理控制价计算表　　表 3-14

序号	费用名称	计算过程	金额（元）
1	人、材、机费	-	6600000.00

续表

序号	费用名称	计算过程	金额（元）
2	企业管理费	(分部分项人、材、机费 6600000.00) × 6%	396000.00
3	利润	(分部分项人、材、机费 6600000.00 + 企业管理费 396000.00) × 5%	349800.00
4	增值税	(分部分项人、材、机费 6600000.00 + 企业管理费 396000.00 + 利润 349800.00) × 9%	661122.00
费用目标管理控制价合计			8006922.00

第 4 章　建筑工程招标投标

考情概述： 本章主要考查的内容有招标、投标、评标及签合同各阶段规定及异议的处理等，常与案例第 2 章、第 3 章合并出题，如果与案例第 2 章合并出题，可能难度比较大，所占分值 10 分左右，有简答题，也有计算题，计算题多涉及评标相关计算。

考点预测：

核心考点	重要程度
招标	★★★★★
投标	★★★★★
资格审查	★★★★★
评标	★★★★★
定标与签合同	★★
清单编制	★★★★

试题一：【背景资料】

某工程委托具有造价咨询资质的机构编制了招标文件和最高投标限价（最高投标限价 600 万元，其中暂列金额 50 万元），按照招标文件规定：评标采用经评审的最低报价法，A、B、C、D、E、F、G 共 7 家单位，通过了资格预审（其中：D 企业为 D、D1 企业组成的联合体）且均在投标截止日前提交了投标文件。

A 企业结合自身情况和投标经验，认为该工程项目投高价标的中标概率为 40%，投低价标的中标概率为 60%：投高价标中标后，收益效果好、中、差三种可能性的概率分别为 30%、60%、10%：计入投标费用后的净损益值分别为 40 万元、35 万元、30 万元：投低价标中标后，收益效果好、中，差三种可能性的概率分别为 15%、60%、25%，计入投标费用后的净损益值分别为 30 万元、25 万元、20 万元；投标发生的相关费用为 5 万元，A 企业经测算、评估后，最终选择了投低价标，投标价为 500 万元。

在该工程项目开标、评标、合同签订与执行过程中发生了如下事件：

事件 1：B 企业的投标报价为 560 万元，其中暂列金额 60 万元。

事件 2：C 企业的投标报价为 550 万元，其中对招标工程量清单中的"照明开关"项目未填报单价和合价。

事件 3：D 企业的投标报价为 530 万元，为增加竞争实力，投标时联合体成员变更为 D、D1、D2 企业组成。

事件4：评标委员会按招标文件评标办法对各投标企业的投标文件进行了价格评审，A企业经评审的投标价最低，最终被推荐为中标单位。合同签订前，业主与A企业进行了合同谈判，要求在合同中增加一项原招标文件中未包括的零星工程，合同额相应增加15万元。

事件5：A企业与业主签订合同后，又在外地中标了某大型工程项目，遂选择将本项目全部工作转让给了B企业，B企业又将其中三分之一工程量分包给了C企业。

【问题】

1. 绘制A企业投标决策树，列式计算并说明A企业选择投低价标是否合理？

2. 根据现行《中华人民共和国招标投标法》《中华人民共和国招标投标法实施条例》和《建设工程工程量清单计价标准》GB/T 50500—2024，逐一分析事件1～3中各企业的投标文件是否有效，分别说明理由。

3. 根据现行《中华人民共和国招标投标法》《中华人民共和国招标投标法实施条例》，分析事件4中业主的做法是否妥当？

4. 根据现行《中华人民共和国招标投标法》《中华人民共和国招标投标法实施条例》，分析事件5中A、B企业的做法是否妥当？

【参考答案】

问题1：

（1）绘制决策树，如图4-1所示。

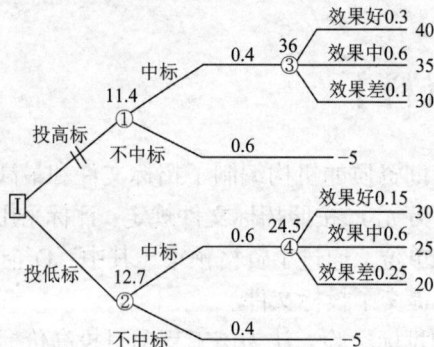

图4-1　决策树

计算期望值：机会点③期望值 = 40 × 30% + 35 × 60% + 30 × 10% = 36.00（万元）

机会点④期望值 = 30 × 15% + 25 × 60% + 20 × 25% = 24.50（万元）

机会点①期望值 = 36 × 40% − 5 × 60% = 11.40（万元）

机会点②期望值 = 24.5 × 60% − 5 × 40% = 12.70（万元）。

由于投低标的机会点②期望值12.7万元 > 投高标的机会点①期望利润11.4万元，所以A企业选择投低标合理。

问题2：

（1）事件1中B企业投标文件为无效标。

理由：B企业投标报价中暂列金额为60万元，没有按照招标文件中的50万暂列金额进行报价，即没有响应招标文件的实质性要求，不符合《建设工程工程量清单计价标准》GB/T 50500—2024要求。

（2）事件2中C企业投标文件为有效标。

理由：根据《建设工程工程量清单计价标准》GB/T 50500—2024的规定，C企业在报价中未对招标工程量清单中的"照明开关"项目填报单价和合价，认为此项目不涉及费用或已经将相关费用报到其他项目综合单价中了。此项目在工程款结算时不予另行结算，但投标文件是有效的。

（3）事件3中D企业的投标文件为无效标。

理由：根据《中华人民共和国招标投标法实施条例》，通过联合体资格预审后联合体成员不得变动，增减、更换成员的，其投标无效。

问题3：

事件4中业主的做法不妥。理由：根据《中华人民共和国招标投标法》和《中华人民共和国招标投标法实施条例》，业主应当与A企业依据中标人的投标文件和招标文件签订合同，合同的标的、价款、质量、履行期限等主要条款应当与招标文件和中标人的投标文件的内容一致。招标人和中标人不得再行订立背离合同实质性内容的其他协议。

问题4：

（1）A企业做法不正确。理由：根据《中华人民共和国招标投标法》，中标人不得向他人转让中标项目，也不得将中标项目肢解后分别向他人转让，A企业将本项目全部工作转让给B企业，属于违法转包。

（2）B企业做法不正确。理由：根据《中华人民共和国招标投标法》，中标人按照合同约定或者经招标人同意，可以将中标项目的部分非主体、非关键性工作分包给他人完成。接受分包的人应当具备相应的资格条件，并不得再次分包。B企业违法接受转包后又将1/3工程分包给C企业属于违法分包。

试题二：【背景资料】

某市为迎接一大型体育赛事拟建一座国内一流体育场馆，采用公开招标。

1.招标投标过程中发生如下事件：

事件1：委托造价咨询机构编制的最高投标限价为25400万元，为了避免高价围标，招标人确定最终最高投标限价为 25400×(1－5%)＝24130（万元），并仅公布了最高投标限价的总价。

事件2：为便于投资控制，招标人要求所有投标人必须按照本省行业建设主管部门颁发的人材机消耗量定额、工程造价信息价和计价办法编制投标报价。

事件3：招标工期18个月，根据国家工期定额，工期应为23个月，招标人认为赶工措施费也属于竞争性费用，故最高投标限价未考虑赶工措施费；最高投标限价中也未包括材料价格风险。

事件4：招标文件规定，投标人应对工程量清单进行复核，招标人不对工程量清单的准确性和完整性负责。

2. 评标（各投标人投标价格与工期信息见表 4-1）：

（1）综合评估法。

（2）技术标 50 分，其中：施工方案 25 分；业绩 15 分；工期 10 分。

1）业绩：已完工程合同额最高得满分，每减少 10% 扣 2 分，扣完为止。

2）工期：满足工期得 0 分，提前 1 个月加 3 分，最高 10 分。

（3）商务标 50 分，以有效报价的算术平均数为评标基准价，等于评标基准价得满分，比评标基准价高 1%，扣 3 分；低 1%，扣 2 分。

各投标人投标价格与工期信息　　　　　　　　表 4-1

| 投标人 | 基础工程 | | 结构工程 | | 装修工程 | | 进度安排 | 已完工程合同额/万元 |
	报价/万元	工期/月	报价/万元	工期/月	报价/万元	工期/月		
A	4200	4	10000	11	8000	6	结构和装修工程流水施工，两个施工段，每段工程量相同	24000
B	3900	3	10800	10	9000	8		52000
C	4200	3	11000	10	8000	6		30800
D	3800	4	9800	8	7000	8		18000
E	4000	3	9000	9	8000	7		60000

（4）评标中发现投标人 E 投标文件正本中的投标函为复印件。

（5）废标的投标文件总分得 0 分。

【问题】

1. 事件 1～4 中建设单位的做法是否妥当？说明理由。

2. 列式计算各有效标书报价、工期和评标基准价。

3. 完成评标表（表 4-2），确定中标候选人 1 名。

评标表　　　　　　　　表 4-2

投标人	施工方案	业绩	工期	商务	总分
A	21				
B	20				
C	19				
D	19				
E	19				

【参考答案】

问题 1：

事件 1：不妥。理由：最高投标限价不应上调或下浮，还应明确最高投标限价的计算方法。

事件 2：不妥。理由：投标人可以根据企业定额和市场价格信息编制投标报价。

事件 3：不妥。

理由：(23 − 18)/23 = 21.7%，根据 2024 清单计价标准，招标工期比国家工期定额提前超过 20%，应在最高投标限价中考虑赶工措施费。最高投标限价的综合单价中应包括拟定的招标文件中要求投标人承担的风险费用。

事件 4："投标人应对工程量清单进行复核"妥当。

理由：投标人复核招标人提供的工程量清单的准确性和完整性是投标人科学投标的基础。

"招标人对工程量清单的准确性和完整性不负责任"不妥。

理由：根据《建设工程工程量清单计价标准》GB/T 50500—2024 的规定，工程量清单必须作为招标文件的组成部分，其准确性和完整性由招标人负责。

问题 2：

报价：

投标人 A：4200 + 1000 + 8000 = 22200 万元

投标人 B：3900 + 10800 + 9000 = 23700 万元

投标人 C：4200 + 11000 + 8000 = 23200 万元

投标人 D：3800 + 9800 + 7000 = 20600 万元

评标基准价 = (22200 + 23700 + 23200 + 20600)/4 = 89700/4 = 22425 万元

投标人 A：4 + (8 + 6) = 18 个月

投标人 B：3 + (6 + 8) = 17 个月

投标人 C：3 + (7 + 6) = 16 个月

投标人 D：4 + (4 + 8) = 16 个月

问题 3：见表 4-3

评标表（已完成）　　　　　　表 4-3

投标人	施工方案	业绩	工期	商务	总分
A	21	4.23	0	47.99	73.22
B	20	15	3	32.63	70.94
C	19	6.85	6	39.63	71.48
D	19	1.92	6	33.72	60.64
E	19				0

中标候选人为投标人 A。

试题三：【背景资料】

某承包商参与某高层商用办公楼土建工程的投标（安装工程由业主另行招标）。为了既不影响中标，又能在中标后取得较好的收益，决定采用不平衡报价法对原估价作适当调整，具体数字见表 4-4。

报价调整前后对比表（单位：万元） 表 4-4

	桩基围护工程	主体结构工程	装饰工程	总价
调整前（投标估价）	1480	6600	7200	15280
调整后（正式报价）	1600	7200	6480	15280

现假设桩基围护工程、主体结构工程、装饰工程的工期分别为 4 个月、12 个月、8 个月，贷款月利率为 1%，现值系数见表 4-5，并假设各分部工程每月完成的工作量相同且能按月度及时收到工程款（不考虑工程款结算所需要的时间）。

现值系数表 表 4-5

n	4	8	12	16
$(P/A,1\%,n)$	3.9020	7.6517	11.2551	14.7179
$(P/F,1\%,n)$	0.9610	0.9235	0.8874	0.8528

【问题】

1. 该承包商所运用的不平衡报价法是否恰当？为什么？

2. 采用不平衡报价法后，该承包商所得工程款的现值比原估价增加多少（以开工日期为折现点）？（计算结果保留两位小数）

【参考答案】

问题 1：恰当。

理：该承包商是将属于前期工程的桩基围护工程和主体结构工程的单价调高，而将属于后期工程的装饰工程的单价调低，可以在施工的早期阶段收到较多的工程款，从而可以提高承包商所得工程款的现值；而且，这三类工程单价的调整幅度均在 ±10% 以内，属于合理范围。

问题 2：

（1）调整前：桩基围护工程：1480/4 = 370（万元）；主体结构工程：6600/12 = 550（万元）；装饰工程：7200/8 = 900（万元），则 $P = 370 \times (P/A,1\%,4) + 550 \times (P/A,1\%,12) \times (P/F,1\%,4) + 900 \times (P/A,1\%,8) \times (P/F,1\%,16) = 370 \times 3.9020 + 550 \times 11.2551 \times 0.9610 + 900 \times 7.6517 \times 0.8528 = 13265.46$（万元）

（2）调整后：桩基围护工程：1600/4 = 400（万元）；主体结构工程：7200/12 = 600（万元）；装饰工程：6480/8 = 810（万元）

则 $P = 400 \times (P/A,1\%,4) + 600 \times (P/A,1\%,12) \times (P/F,1\%,4) + 810 \times (P/A,1\%,8) \times (P/F,1\%,16) = 400 \times 3.9020 + 600 \times 11.2551 \times 0.9610 + 810 \times 7.6517 \times 0.8528 = 13336.04$ 万元

（3）增加额：13336.04 − 13265.45 = 70.59（万元）

故采用不平衡报价法后，该承包商所得工程款的现值比原估价增加 70.59 万元。

试题四： 【背景资料】

某国有资金投资依法必须招标的省级重点项目。采用工程量清单方式进行施工招标。在招标投标过程中发生如下事件：

事件 1：招标人认为招标项目技术复杂且自然环境条件恶劣，建议招标代理机构采用邀请招标方式进行招标。直接邀请多家综合实力强、施工经验丰富的大型总承包单位参加投标。

事件 2：投标截止日前 5 日，招标人对项目技术要求和工程量清单做了部分修改，开标时间不变。投标人甲提出异议，认为此修改影响投标文件的编制，应当顺延开标时间。

事件 3：由于外界因素影响，招标人决定延长投标有效期，投标人乙认为自己中标无望，拒绝延长投标有效期，并要求退还投标保证金。丙同意延长投标有效期，但不同意延长投标保证金的有效期，并提出修改投标文件中的工期。其余投标人均同意。确定中标人后，业主与中标单位签订了施工合同。

施工单位编制的网络计划如图 4-2 所示。该分部工程由 A、B、C、D、E、F 组成。箭线上方括号内为最短工作时间直接费（万元），括号外为正常工作时间直接费（万元），箭线下方括号内为最短工作持续时间（d），括号外为正常工作持续时间（d）。正常工作时间间接费为 26.7 万元，间接费费率 0.3 万元/d。

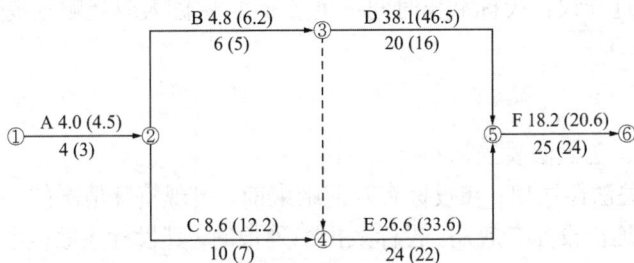

图 4-2 网络计划

【问题】

1. 针对事件 1，是否可以邀请招标并说明理由？

2. 投标人甲提出异议是否合理？并说明理由。招标人应何时答复？应如何处理该项争议？

3. 投标人乙和投标人丙做法是否妥当？并分别说明理由。招标人是否应退还投标人乙、丙的投标保证金？二者的投标文件是否继续有效？

4. 列出网络计划的关键线路，并计算该线路直接费率，填入答题卡指定位置。计算正常工期和总费用。由于受其他分部工程的延误，施工单位需 60d 完成该分部工程，否则将影响后续工作的进度，请问应压缩哪些工作？压缩增加费用为多少？

5. 根据合同约定，工期奖、罚款为 1 万元/d。不考虑其他因素，仅针对该分部工程继续压缩哪些工作对施工方有利？并说明理由。

【参考答案】

问题1：

事件1不可采取邀请招标；

理由：根据相关法律法规，当项目国有资金占控股或者主导地位的依法必须进行招标的项目，应当公开招标；但有下列情形之一的，可以邀请招标：

（一）技术复杂、有特殊要求或者受自然环境限制，只有少量潜在投标人可供选择；

（二）采用公开招标方式的费用占项目合同金额的比例过大；

此项目虽然技术复杂，自然环境恶劣，但仍有多家大型总承包公司可以参与，故不满足邀请招标条件。

问题2：

（1）事件2，甲投标人提出的异议合理。

理由：根据相关法律法规，招标人可以对已发出的招标文件进行必要的澄清或者修改。澄清或者修改的内容可能影响投标文件编制的，招标人应当在投标截止时间至少15日前，以书面形式通知所有获取招标文件的潜在投标人；不足15日的，招标人应当顺延提交投标文件的截止时间。事件2中投标截止时间前5日，少于规定中的15日，故投标人甲提出的异议合理。

（2）招标人答复：招标人应当自收到异议之日起3日内作出答复；作出答复前，应当暂停招标投标活动。

（3）招标人处理异议：投标截止时间不足5日，招标人应当顺延提交投标文件的截止时间，顺延至少10天。

问题3：

（1）事件3中，乙做法妥当。

理由：根据相关法律法规，在投标有效期结束前，出现特殊情况的，招标人可以书面形式要求所有投标人延长投标有效期。投标人拒绝延长的，其投标无效，并有权收回其投标保证金。

（2）事件3中，丙做法不妥。

理由：根据相关法律法规，在投标有效期结束前，出现特殊情况的，招标人可以书面形式要求所有投标人延长投标有效期。投标人同意延长的，不得要求或被允许修改其投标文件的实质性内容，但应当相应延长其投标保证金的有效期。

（3）招标人应退还投标人乙、丙的投标保证金。

（4）投标人乙、丙的投标文件均无效。

问题4：见表4-6

分部工程直接费费率计算表　　　　　　　　　　　表4-6

工作	最短时间直接费 − 正常时间直接费/万元	正常持续时间 − 最短持续时间/d	直接费费率/（万元/d）
A	4.5 − 4 = 0.5	4 − 3 = 1	0.5
B	6.2 − 4.8 = 1.4	6 − 5 = 1	1.4

工作	最短时间直接费 − 正常时间直接费/万元	正常持续时间 − 最短持续时间/d	直接费率/（万元/d）
C	12.2 − 8.6 = 3.6	10 − 7 = 3	1.2
D	46.5 − 38.1 = 8.4	20 − 16 = 4	2.1
E	33.6 − 26.6 = 7	24 − 22 = 2	3.5
F	20.6 − 18.2 = 2.4	25 − 24 = 1	2.4

（1）关键线路：A—C—E—F

（2）总费用：4 + 4.8 + 8.6 + 38.1 + 26.6 + 18.2 + 26.7 = 127（万元）

（3）第一次压缩 A 工作 1d；第二次压缩 C 工作 2d

（4）压缩后总费用：$127 + 0.5 + 1.2 \times 2 - 0.3 \times 3 = 129$（万元）

问题 5：

再压缩 C 工作 1d 对施工方有利。

理由：压缩 1d C 工作增加直接费 1.2 万元，此时将获得工期奖励 1 万元与间接费 0.3 万元，合计 1.3 万元，故应继续压缩 C 工作。

试题五：【背景资料】

某国有资金投资的建设项目，采用公开招标的方式进行施工招标，业主委托具有相应招标代理和造价咨询资质的中介机构编制了招标文件和最高投标限价。

该项目招标文件包括如下规定：

（1）招标人不组织项目现场踏勘活动。

（2）投标人对招标文件有异议的，应当在投标截止时间 10 日前提出，否则招标人将拒绝回复。

（3）投标人必须采用当地建设行政管理部门造价管理机构发布的计价定额中的分部分项工程的人工、材料、机械台班消耗量标准。

（4）招标人将聘请第三方造价机构在开标后评标前开展清标活动。

（5）投标人报价低于招标控制幅度超过 30% 的，投标人在评标时须向评标委员会说明报价过低的理由，并提供证据；投标人不能说明理由、提供证据的，将被认定为废标。

在项目的投标及评标过程中发生了以下事件：

事件 1：投标人 A 为外地企业，对项目所在区域不熟，向招标人申请希望招标人安排一名工作人员陪同踏勘现场，招标人同意安排一位普通工作人员陪同投标人 A 踏勘现场。

事件 2：清标时发现，投标人 A 和投标人 B 的总价和所有分部分项工程综合单价均相差相同的比例。

事件 3：通过市场调查，工程量清单中某材料暂估单价与市场调查价格有较大的偏差，为规避风险，投标人 C 在投标报价计算相关分部分项工程项目综合单价时采用了该材料市场调查的实际价格。

事件 4：评标委员会某成员认为投标人 D 与招标人曾经在多个项目上合作过，从有利于招标人的角度，建议优先选择投标人 D 为中标候选人。

【问题】

1. 请逐一分析项目招标文件的（1）～（5）项规定是否妥当，并分别说明理由。
2. 事件 1 中，招标人的做法是否妥当？并说明理由。
3. 针对事件 2，评标委员会应该如何处理？并说明理由。
4. 事件 3 中，投标人 C 的做法是否妥当？并说明理由。
5. 事件 4 中，该评标委员会成员的做法是否妥当？并说明理由。

【参考答案】

问题 1：

（1）第（1）项规定妥当。

理由：根据相关规定，招标人可组织现场踏勘，也可不组织现场踏勘，在招标文件中规定即可。

（2）第（2）项的规定妥当。

理由：投标人对招标文件有异议的，应当在投标截止时间 10 日前提出，逾期提出的，招标人可以拒绝回复。

（3）第（3）项的规定不妥当。

理由：投标人可以依据企业定额的人、材、机消耗量标准编制投标报价。

（4）第（4）项的规定妥当。

理由：招标人可以聘请第三方造价机构在开标后评标前开展清标活动。

（5）第（5）项的规定妥当。

理由：招标人可以在招标文件中规定投标报价的偏离幅度，超过幅度范围的，在评标时须向评标委员会说明报价过低的理由，并提供证据。

问题 2：

不妥当。

理由：招标人不得单独组织或组织部分投标人进行现场踏勘。

问题 3：

投标人 A 和投标人 B 的投标文件均按无效标处理。

理由：根据招标投标法律法规的相关规定，总价和所有分部分项工程综合单价均相差相同比例的，视为投标人之间串通投标。

问题 4：

不妥当。

理由：根据清单计价标准的相关规定，投标人 C 应按招标工程量清单中某材料暂估单价计算相关分部分项工程项目综合单价。

问题 5：

不妥当。

评标委员会应当根据招标文件规定的评标标准和方法，对投标文件进行系统的评审和比较。招标文件中没有规定的标准和方法不得作为评标依据。

试题六：【背景资料】

国有资金投资依法必须公开招标的某建设项目，采用工程量清单计价方式进行施工招标，最高投标限价为 3568 万元，其中暂列金额为 280 万元，招标文件中规定：

（1）投标有效期 90 天，投标保证金有效期与其一致。

（2）投标报价不得低于企业平均成本。

（3）近三年施工完成或在建的合同价超过 2000 万元的类似工程项目不少于 3 个。

（4）合同履行期间，综合单价在任何市场波动和政策变化下均不得调整。

（5）缺陷责任期为 3 年，期满后退还预留的质量保证金。

投标过程中，投标人 F 在开标前 1 小时口头告知招标人撤回了已提交的投标文件，要求招标人 3 日内退还其投标保证金。

除 F 外还有 A、B、C、D、E 五个投标人参加了投标，其总报价（万元）分别为：3489、3470、3358、3209、3542。评标过程中，评标委员会发现投标人 B 的暂列金额按 260 万元计取，且对招标清单中的材料暂估单价均下调 5% 后计入报价，发现投标人 E 报价中混凝土梁的综合单价为 700 元/m³，招标清单工程量为 520m³，合价为 36400 元，其他投标人的投标文件均符合要求。

招标文件中规定的评分标准如下：商务标中的总报价评分 60 分，有效报价的算术平均数为评标基准价，报价等于评标基准价者得满分（60 分），在此基础上，报价比评标基准价每下降 1%，扣 1 分；每上升 1% 扣 2 分。

【问题】

1. 逐一分析招标文件中规定的（1）～（5）项内容是否妥当，并对不妥之处分别说明理由。

2. 请指出投标人 F 行为的不妥之处，并说明理由。

3. 针对投标人 B、投标人 E 的报价，评标委员会应分别如何处理？并说明理由。

4. 计算各有效报价投标人的总报价得分。

（计算结果保留两位小数）

【参考答案】

问题 1：

（1）妥当。

（2）不妥当。

理由：投标报价不得低于成本，但并不是企业的平均成本。

（3）妥当。

（4）不妥当。

理由：根据 2024 清单计价标准的规定，政策变化导致投标报价调整的，应由发包人承担；市场价格波动应在合同中约定应由承包人承担的范围和幅度，在招标文件、合同文件中不得约定承包人承担所有风险、一切风险及类似语句。

（5）不妥当。

理由：根据相关规定，缺陷责任期最长不超过 2 年（24 个月），期限届满后，扣除承包人未履行缺陷修复责任而支付的费用后，剩余的质量保证金应返还承包人。

问题 2：

（1）不妥之一："在开标前 1 小时口头告知招标人撤回了已提交的投标文件"。

理由：根据招标投标法律法规的相关规定，投标人应在投标截止时间前书面通知招标人撤回已提交的投标文件。

（2）不妥之二："要求招标人 3 日内退还其投标保证金"。

理由：根据招标投标法律法规的相关规定，招标人应在收到投标人撤标申请的 5 日内退还该投标人的投标保证金。

问题 3：

（1）应将 B 投标人的投标报价按照废标处理。

理由：根据相关规定，招标工程量清单中给定暂列金额的，投标人在投标报价时，应按给定的暂列金额填入其他项目清单中，并计入投标报价总价；招标工程量清单中的暂估价材料，应按给定的材料暂估单价计入分部分项工程量清单的综合单价中。

（2）应将 E 投标人的投标报价按照废标处理。

理由：尽管 E 的报价中混凝土梁综合单价与合价不一致，应以单价为准调整总价，但总价调整后，E 投标人的总报价超过了最高投标限价，应按照废标处理。

问题 4：

（1）因 B 废标，故评标基准价 = (3489 + 3358 + 3209)/3 = 3352.00（万元）

（2）A：3489 ÷ 3352 = 104.09%，得分 60 − (104.09 − 100) × 2 = 51.82

（3）C：3358 ÷ 3352 = 100.18%，得分 60 − (100.18 − 100) × 2 = 59.64

（4）D：3209 ÷ 3352 = 95.73%，得分 60 − (100 − 95.73) × 1 = 55.73

试题七：【背景资料】

某依法必须公开招标的国有资产建设投资项目，采用工程量清单计价方式进行施工招标，业主委托具有相应资质的某咨询企业编制了招标文件和最高投标限价。

招标文件部分规定或内容如下：

（1）投标有效期自投标人递交投标文件时开始计算。

（2）评标方法采用经评审的最低投标价法；招标人将在开标后公布可接受的项目最低投标价或最低投标报价测算方法。

（3）投标人应该对招标人提供的工程量清单进行复核；

（4）招标工程量清单中给出的"计日工表（局部）"，见表 4-7。

计日工表（局部）　　　　　　　　　　　　　　　表 4-7

编号	项目名称	单位	暂定数量	实际数量	综合单价/元	合价/元	
						暂定	实际
一	人工						
1	建筑与装饰工程普工	工日	1		120		
2	混凝土工、抹灰工、砌筑工	工日	1		160		
3	木工、模板工	工日	1		180		
4	钢筋工、架子工	工日	1		170		
	人工小计						

在编制最高投标限价时，由于某分项工程使用了一种新型材料，定额及造价信息均无该材料消耗和价格的信息。编制人员按照理论计算法计算了材料净用量，并以此净用量乘以向材料生产厂家询价确认的材料出厂价格，得到该分项工程综合单价中新型材料的材料费。

在投标和评标过程中，发生了下列事件：

事件 1：投标人 A 发现分部分项工程量清单中某分项工程特征描述和图纸不符。

事件 2：投标人 B 的投标文件中，有一分部分项工程清单项目未填写单价与合价。

【问题】

1. 分别指出招标文件中（1）～（4）项的规定或内容是否妥当？并说明理由。

2. 编制最高投标限价时，综合单价中新型材料费的确定方法是否正确？并说明理由。

3. 针对事件 1，投标人 A 应如何处理？

4. 针对事件 2，评标委员会是否可否决投标人 B 的投标，并说明理由。

【参考答案】

问题 1：

（1）不妥当。

理由：根据相关规定，投标有效期自投标截止时间开始计算。

（2）

1）"评标方法采用经评审的最低投标价法"妥当。

理由：根据招标投标法律法规的相关规定，没有特殊要求的项目，招标文件中可以规定采用经评审的最低投标价法。

2）"招标人将在开标后公布可接受的项目最低投标报价"不妥当。

理由：根据相关规定，招标文件中不得规定最低投标限价。

（3）不妥当。

理由：招标工程量清单的准确性和完整性由招标人负责，投标人是否复核工程量取决于其投标报价的需要。

（4）

1）"人工计日工暂定数量均为 1"不妥当。

理由：招标人应根据设计深度和招标项目的需要估算人工计日工暂定数量。

2）"人工计日工综合单价"不妥当。

理由：人工计日工综合单价应由各投标人根据企业的实际情况进行填写。

问题2：

不正确。

理由：该分项工程综合单价的材料费 = (净耗量 + 损耗量) × (材料原价 + 运杂费 + 运输损耗 + 采购保管费)。

问题3：

在招标投标过程中，当出现招标工程量清单特征描述与设计图纸不符时。

（1）投标人 A 可以以招标工程量清单的项目特征描述为准，确定投标报价的综合单价。

（2）投标人 A 可以向招标人书面质疑，要求招标人澄清。

问题4：

不可否决投标人 B 的投标。

理由：投标文件中漏报项目属于细微偏差，不影响投标文件的有效性，评标委员会可以认为该清单项目的报价已包含在相应的其他清单项目的报价中。

第 5 章　工程合同价款管理

📋 **考情概述：** 本章主要考查的内容有：合同价款调整事项的处理、索赔事件是否成立的判断、索赔费用及工期计算及流水施工与双代号网络图结合题型等，对应案例分析试卷的第三题，满分 20 分，其与计价第 5 章、管理第 3 章关联较大，特别 2024 版清单计价标准的出台导致合同价款调整框架变化，但内容处理与以往一致，在此章经常与案例第 4 章招标投标相结合共同出题。

📋 **考点预测：**

核心考点	重要程度
合同价款调整因素	★★★★★
流水施工	★★★★★
横道图机动时间	★★★
流水施工与网络计划结合	★★★★★
共同延误	★★★
资源共享	★★★★★
索赔成立条件	★★★★★
索赔内容计算	★★★★★
工期奖罚	★★★★★

试题一：【背景资料】

某企业自筹资金新建的工业厂房项目，建设单位采用工程量清单方式招标，并与施工单位按《建设工程施工合同（示范文本）》签订了工程承包合同。合同工期 270 天，施工承包合同约定：管理费和利润按人工费和施工机械使用费之和的 40% 计取；税金按人材机费、管理费和利润之和的 9% 计取；人工费平均单价按 120 元/工日计，通用机械台班单价按 1100 元/台班计；人员窝工、通用机械闲置补偿按其单价的 60% 计取，不计管理费和利润；各分部分项工程施工均发生相应的措施费，措施费按其相应工程费的 30% 计取，对工程量清单中采用材料暂估价确定的综合单价，如果该种材料实际采购价格与暂估价格不符，以直接在该综合单价上增减材料价差的方式调整。

该工程施工过程中发生如下事件：

事件 1：施工前施工单位编制了工程施工进度计划（图 5-1）和相应的设备使用计划，

项目监理机构对其审核时知，该工程的 B、E、J 工作均需使用一台特种设备吊装施工，施工承包合同约定该台特种设备由建设单位租赁，供施工单位无偿使用。在设备使用计划中，施工单位要求建设单位必须将该台特种设备在第 80 日末租赁进场，第 260 日末组织退场。

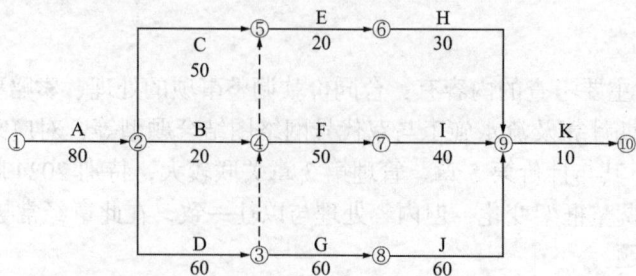

图 5-1 工业厂房项目网络计划图

事件 2：由于建设单位办理变压器增容原因，使施工单位 A 工作实际开工时间比已签发的开工令确定的开工时间推迟了 5 天，并造成施工单位人员窝工 135 工日，通用机械闲置 5 个台班。施工进行 70 天后，建设单位对 A 工作提出设计变更，该变更比原 A 工作增加了人工费 5060 元、材料费 27148 元、施工机具使用费 1792 元；并造成通用机械闲置 10 个台班；工作时间增加 10 天。A 工作完成后，施工单位提出如下索赔：①推迟开工造成人员窝工、通用机械闲置和拖延工期 5 天的补偿；②设计变更造成增加费用、通用机械闲置和拖延工期 10 天的补偿。

事件 3：施工招标时，工程量清单中φ25 规格的带肋钢筋材料单价为暂估价，暂估单价 3500 元/t，数量 260t，施工单位按照合同约定组织了招标，以 3600 元/t 的价格购得该批材料并得到建设单位确认，施工完成该材料 130t 进行结算时，施工单位提出：材料实际采购价比暂估材料价格增加了 2.86%，所以该项目的结算综合单价应调增 2.86%，调整内容见表 5-1。

综合单价调整表　　　　　　　　　　表 5-1

序号	项目编码	项目名称	已标价清单综合单价/元					调整后综合单价/元				
			综合单价	其中				综合单价	其中			
				人工费	材料费	机械费	管理费和利润		人工费	材料费	机械费	管理费和利润
1	××	带助钢筋φ25	4210.27	346.52	3639.52	61.16	163.07	4330.68	356.43	3743.61	62.91	167.73

事件 4：根据施工承包合同约定，合同工期每提前 1 天奖励 1 万元（含税）。施工单位计划将 D、G、J 工作按流水节拍 30 天组织等节奏流水施工，以缩短工期获取奖励。除特殊说明外，上述费用均为不含税价格。

【问题】

1. 事件 1 中，在图 5-1 所示施工进度计划中，受特种设备资源条件的约束，应如何完善进度计划才能反映 B、E、J 工作的施工顺序？为节约特种设备租赁费用，该特种设备最迟第几日末必须租赁进场？说明理由。此时，该特种设备在现场的闲置时间为多少天？

2. 事件 2 中，依据施工承包合同，分别指出施工单位提出的两项索赔是否成立？说明理由。可索赔费用数额是多少？可批准的工期索赔为多少天？说明理由。

3. 事件 3 中，由施工单位自行招标采购暂估价材料是否合理？说明理由。施工单位提出综合单价调整表（表 5-1）的调整方法是否正确？说明理由。该清单项目结算综合单价应是多少？核定结算款应为多少？

4. 事件 4 中，画出组织 D、G、J 三项工作等节奏流水施工的横道图；并结合考虑事件 1 和事件 2 的影响，指出组织流水施工后网络计划的关键线路和实际施工工期。依据施工承包合同，施工单位可获得的工期提前奖励为多少万元？此时，该特种设备在现场的闲置时间为多少天？

【参考答案】

问题 1：

（1）应该按照 B—E—J 顺序施工。

（2）该设备最迟应于 150 日末进场，B 应最晚开始时间是第 150 日末。

理由：B 工作的总时差为 70 日，充分利用 B 工作的总时差，既不影响总工期又可以使设备在场闲置时间最短，B 工作的最早开始时间为第 80 日末进场，最迟开始时间为 80 + 70 = 150（日），即第 150 日末。

（3）该特种设备在现场闲置 10 天。

问题 2：

（1）推迟开工造成人员窝工、通用机械闲置和拖延工期 5 天的补偿索赔均不成立。

理由：因施工单位在 A 施工后提出索赔，超出索赔期限 28 日，视为施工单位放弃索赔。

（2）因设计变更造成增加费用、通用机械闲置和拖延工期 10 天的补偿索赔均成立。

理由：因设计变更为建设单位责任，且 A 为关键工作。

（3）可索赔金额：$\{[5060 + 27148 + 1792 + (5060 + 1792) \times 40\%] \times 1.3 + 10 \times 1100 \times 60\%\} \times 1.09 = 59255.72$（元）

（4）可索赔工期：10 天。

理由：推迟开工的索赔超过了索赔时限；设计变更导致总工期延长 10 天是建设单位的责任，且 A 为关键工作。

问题 3：

（1）施工单位自行招标采购暂估价材料不合理，根据相关规范要求，招标人在工程量清单中提供了暂估价的材料和专业工程属于依法必须招标的，由承包人和发包人通过招标确定材料单价与专业工程中标价。

（2）施工单位提出综合单价调整表的调整方法是不正确的。

合同约定如果该种材料实际采购价格与暂估价格不符，以直接在该综合单价上增减材料价差的方式调整，按照合同约定调整。

（3）该清单项目结算综合单价为：4210.27 + (3600 − 3500) × (1 + 2%) = 4312.27（元）。

（4）核定结算款为：4312.27 × 130 × (1 + 9%) =611048.66（元）。

问题 4：

（1）关键线路：A—D—F—I—K。

（2）实际施工工期：15 + 80 + 60 + 50 + 40 + 10 = 255（天）。

　　　竣工奖励：(270 + 10 − 255) × 1 = 25（万元）。

（3）组织流水施工后，B 工作按最早开始时间施工的闲置时间为 40 天。

组织流水施工后，B 工作按最迟开始时间施工的闲置时间为 0。

试题二：【背景资料】

某施工承包商与业主签订了建筑工程项目施工承包合同。工期 91 天，5 月 1 日至 7 月 30 日。合同专用条款约定，采用综合单价计价形式；人工日工资标准为 100 元；管理费和利润为人工费用的 35%（工人窝工计取管理费为人工费用的 10%）；增值税税率为 9%。工期奖罚 1000 元/天（含税费）。施工单位制订的施工进度计划见图 5-2，并得到监理工程师的批准。

施工过程	施工进度（周）												
	1	2	3	4	5	6	7	8	9	10	11	12	13
A													
B													
C													
D													

图 5-2　施工进度计划横道图

说明：

（1）施工顺序 A—B—C—D；B 所需的主要材料由业主供应；

（2）施工过程 A 一个施工段；施工 B、C、D 分三个施工段；

（3）施工过程 B、C 之间有 1 周技术间歇；

（4）每个施工过程由一个施工队完成；

（5）人工、机械使用计划：

施工过程 A：工人 5 人/天，机械一台，租赁，1000 元/台班；

施工过程 B：工人 15 人/天，机械一台，自有，台班单价 300 元/台班，折旧费 150 元/台班；

施工过程 C：工人 15 人/天；

施工过程 D：工人 10 人/天，机械一台，自有，台班单价 400 元/台班，折旧费 200 元/台班。

工程项目施工过程中，发生了如下事件：

事件 1：5 月 5 日工作 A 施工时，遇特大暴雨，停工 3 天；雨后清理基坑，5 名工人用工 2 天；脚手架检查加固用工 10 个工日。

事件 2：原计划 5 月 14 日晚进场的业主供应材料于 5 月 22 日晚才进场。

事件 3：施工过程 B 第 2 施工段施工时由于施工机械故障停工 2 天。

事件 4：施工过程 D 开工前，监理工程师要求对前道工序的隐蔽工程进行重新检验，承包商派 10 名工人中的 2 人配合检验并重新覆盖，所用材料 1000 元。检查结果符合规范要求，施工过程 D 拖延开工 2 天。

【问题】

1. 分别说明承包商能否就上述事件 1～事件 4 向业主提出工期和（或）费用索赔，并说明理由。

2. 施工过程 D 第 3 段实际开工日期为第几天？

3. 承包商在事件 1～事件 4 中得到的工期索赔各为多少天？工期索赔共计多少天？该工程的实际工期为多少天？工期奖（罚）款为多少元？

4. 如果该工程窝工补偿标准为 50 元/工日，分别计算承包商在事件 1～事件 4 中得到的费用索赔各为多少元？费用索赔总额为多少元？

（费用以元为单位，计算结果取整）

【参考答案】

问题 1：

事件 1：能提工期索赔，能提清理费用索赔，但其他窝工等费用不能提索赔。

理由：强降雨属于不可抗力，根据不可抗力的处理原则，各自损失各自承担。其中雨后清理基坑的费用应由业主承担；但脚手架检查加固的费用以及停工期间人员窝工和机械闲置损失应由承包商自己承担。另外施工过程 A 没有机动时间，故工期能索赔。

事件 2：能提工期费用索赔。

理由：业主供应材料晚进场属于业主应承担的责任，故费用应由业主承担。另外施工过程 B 的第 1 段没有机动时间，故工期能索赔。

事件 3：不能提工期和费用索赔。

理由：施工机械故障是承包商的责任，造成的费用损失应由承包商自己承担。

事件 4：能提费用索赔，但不能提工期索赔。

理由：监理工程师要求重新检验的，查验结果合格，造成的费用损失由业主承担，但不能提出工期索赔，因为拖延的 2 天没有超过施工过程 D 第 1 段 2 天的机动时间。

问题 2：

施工过程 D 第 3 段实际开工日期为第 88 天。

问题 3：

事件 1：工期索赔 5 天；

事件 2：工期索赔 8 - 5 = 3（天）；

事件 3：工期索赔 0（天）；

事件 4：工期索赔 0（天）；

总计工期索赔：8 天，

故新合同合同 = 91 + 8 = 99（天）

实际工期 = 91 + 8 + 2 = 101（天）

工期罚款 = (101 − 99) × 1000 = 2000（元）

问题 4：

事件 1：$10 × 100 × 1.35 × 1.09 = 1471.50$（元）

事件 2：$(15 × 3 × 50 × 1.1 + 150 × 3) × 1.09 = 3188.25$（元）

事件 4：$(2 × 2 × 100 × 1.35 + 8 × 2 × 50 × 1.1 + 200 × 2 + 1000) × 1.09 = 3073.80$（元）

索赔总计：$1471.5 + 3188.25 + 3073.8 = 7733.55$（元）

试题三：【背景资料】

某工业项目，业主采用工程量清单招标方式确定了承包商，并与承包商按照《建设工程施工合同（示范文本）》签订了工程施工合同。施工合同约定：项目生产设备由业主购买；开工日期为 6 月 1 日，合同工期为 120 天；工期每提前（或拖后）1 天，奖励（或罚款）1 万元（含税金）。

工程项目开工前，承包商编制了施工总进度计划，如图 5-3 所示（时间单位：天），并得到监理人的批准。

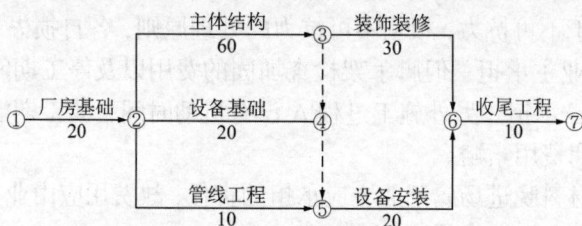

图 5-3　施工总进度计划（天）

工程项目施工过程中，发生了如下事件：

事件 1：厂房基础施工时，地基局部存在软弱土层，因等待地基处理方案导致承包商窝工 60 个工日、机械闲置 4 个台班（台班费为 1200 元/台班，台班折旧费为 700 元/台班）；地基处理产生工料机费用 6000 元；基础工程量增加 $50m^3$（综合单价：420 元/m^3）。共造成厂房基础作业时间延长 6 天。

事件 2：7 月 10 日～7 月 11 日，用于主体结构的施工机械出现故障；7 月 12 日～7 月 13 日该地区供电全面中断。施工机械故障和供电中断导致主体结构工程停工 4 天、30 名工人窝工 4 天，一台租赁机械闲置 4 天（每天 1 个台班，机械租赁费 1500 元/天），其他作业未受到影响。

事件 3：在装饰装修和设备安装施工过程中，因遭遇台风侵袭，导致进场的部分生产设备和承包商采购尚未安装的门窗损坏，承包商窝工 36 个工日。业主调换生产设备费用为 1.8 万元，承包商重新购置门窗的费用为 7000 元，作业时间均延长 2 天。

事件 4：鉴于工期拖延较多，征得监理人同意后，承包商在设备安装作业完成后将收尾工程提前，与装饰装修作业搭接 5 天，并采取加快施工措施使收尾工作作业时间缩短 2 天，发生赶工措施费用 8000 元。

【问题】

1. 分别说明承包商能否就上述事件 1～事件 4 向业主提出工期和（或）费用索赔，并说明理由。

2. 承包商在事件 1～事件 4 中得到的工期索赔各为多少天？工期索赔共计多少天？该工程的实际工期为多少天？工期奖（罚）款为多少元？

3. 如果该工程人工工资标准为 120 元/工日，窝工补偿标准为 40 元/工日，工程的管理费和利润为工料机费用之和的 15%，增值税税率合计为 9%。分别计算承包商在事件 1～事件 4 中得到的费用索赔各为多少元？费用索赔总额为多少元？

（费用以元为单位，计算结果保留两位小数）

【参考答案】

问题 1：

事件 1：

承包商可提出工程和费用的索赔。

理由：因为地基软弱土层属于业主应承担的风险，厂房基础为关键工作。

事件 2：

（1）7 月 10 日～7 月 11 日承包商不可以提出工期和费用的索赔。

理由：施工机械故障属于承包商承担的责任。

（2）7 月 12 日～7 月 13 日承包商可以提出工期和费用的索赔。

理由：供电中断由业主负责，主体结构为关键工作。

事件 3：

承包商可以提出费用和工期索赔。

理由：台风是不可抗力，装饰装修是关键工作可以索赔工期。承包商就未安装的门窗可以提出索赔，人员窝工承包商自己承担。

事件 4：承包商不可以提出工期和费用索赔。

理由：承包商主动提出赶工，为了获得工期奖励或减少罚款。

问题 2：

（1）事件 1：6 天；事件 2：2 天；事件 3：2 天；事件四：0 天

（2）可以索赔的工期：6 + 2 + 2 = 10（天）

（3）实际工期为 120 + 6 + 4 + 2 - 5 - 2 = 125（天）

（4）工期奖罚：$(120 + 10 - 125) \times 1 = 5$（万元）

问题 3：

事件 1：

窝工补偿：$(60 \times 40 + 4 \times 700) \times (1 + 9\%) = 5668.00$（元）

地基处理：$6000 \times (1 + 15\%) \times (1 + 9\%) = 7521.00$（元）

基础工程量增加：50×420×(1+9%)=22890.00（元）

合计：5668 + 7521 + 22890 = 36079.00（元）

事件2：(30×2×40 + 2×1500)×(1+9%) = 5886.00（元）

事件3：7000×(1+9) = 7630.00（元）

费用总额：36079 + 5886 +7360 = 51187.50（元）

试题四：【背景资料】

某国有资金投资项目，业主依据《标准施工招标文件》通过招标确定了施工总承包单位，双方签订了施工总承包合同，合同约定，管理费按人材机费之和的 10%计取，利润按人材机费和管理费之和的 6%计取，增值税按人材机费、管理费和利润之和的 9%计取，人工费单价为 150 元/工日，施工机械台班单价为 1500 元/台班；新增分部分项工程的措施费按该分部分项工程费的 30%计取。（除特殊说明外，各费用计算均按不含增值税价格考虑）。合同工期 220 天，工期提前（延误）的奖励（惩罚）金额为 1 万元/日。

合同签订后，总承包单位编制并被批准的施工进度计划如图 5-4 所示。

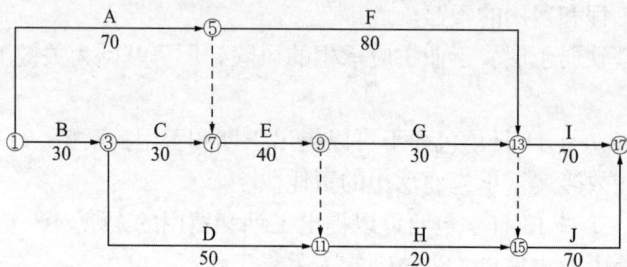

图 5-4　施工进度计划（单位：天）

施工过程中发生如下事件：

事件1：为改善项目使用功能，业主进行了设计变更，该变更增加了一项 Z 工作，根据施工工艺要求，Z 工作为 A 工作的紧后工作、为 G 工作的紧前工作，已知 Z 工作持续时间为 50 天，用人工 600 工日，施工机械 50 台班，材料费 16 万元。

事件2：E 工作为隐蔽工程。E 工作施工前，总承包单位认为工期紧张，监理工程师到场验收会延误时间，即自行进行了隐蔽，监理工程师得知后，要求总承包单位对已经覆盖的隐蔽工程剥露重新验收。经检查验收，该隐蔽工程合格。总承包单位以该工程检查验收合格为由，提出剥露与修复隐蔽工程的人工费、材料费合计 1.5 万元和延长工期 5 天的索赔。

事件3：为获取提前竣工奖励，总承包单位确定了五项可压缩工作持续时间的工作 F、G、H、I、J，并测算了相应增加的费用，见表 5-2。

可压缩的工作持续时间和相应的费用增加表　　表 5-2

工作	持续时间/天	可压缩的时间/天	压缩一天增加的费用/（元/天）
F	80	20	2000
G	30	10	5000

工作	持续时间/天	可压缩的时间/天	压缩一天增加的费用/（元/天）
H	20	10	1500
I	70	10	6000
J	70	20	8000

已知施工总承包合同中的某分包专业工程暂估价 1000 万元，具有技术复杂、专业性强的工程特点，由总承包单位负责招标。招标过程中发生如下事件：

（1）鉴于采用随机抽取方式确定的评标专家难以保证胜任该分包专业工程评标工作，总承包单位便直接确定了评标专家。

（2）对投标人进行资格审查时，评标委员会认为，招标文件中规定投标人必须提供合同复印件作为施工业绩认定的证明材料，不足以反映工程合同履行的实际情况，还应提供工程竣工验收单。所以在投标文件中，提供了施工业绩的合同复印件和工程竣工验收单的投标人通过资格审查，对施工业绩仅提供了合同复印件的投标人作出不予通过资格审查的处理决定。

（3）评标结束后，总承包单位征得业主同意，拟向排第一序位的中标候选人发出中标通知书前，了解到该中标候选人的经营状况恶化，且被列入了失信被执行人。

【问题】

1. 事件 1 中，依据图 5-4 绘制增加 Z 工作以后的施工进度计划；列式计算 Z 工作的工程价款（单位：元）。

2. 事件 2 中，总承包单位的费用和工期索赔是否成立？说明理由。在索赔成立的情况下，总承包单位可索赔的费用金额为多少元？

3. 事件 3 中，从经济性角度考虑，总承包单位应压缩多少天的工期？应压缩哪几项工作？可以获得的收益是多少元？

4. 总承包单位直接确定评标专家的做法是否正确？说明理由。

5. 评标委员会对投标人施工业绩认定的做法是否正确？说明理由。

【参考答案】

问题 1：如图 5-5 所示，增加 Z 工作的施工进度计划。

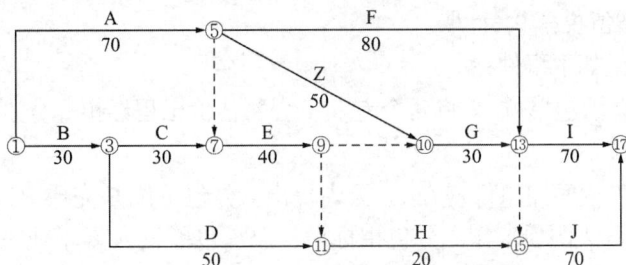

图 5-5　增加 Z 工作的施工进度计划

Z 工作工程款：$(600 \times 150 + 50 \times 1500 + 160000) \times 1.1 \times 1.06 \times 1.3 \times 1.13 = 556677.55$（元）

问题 2：

不成立。

理由：承包人未通知监理工程师到场检查，私自将工程隐蔽部位覆盖，监理工程师有权指示承包人钻孔探测或揭开检查，无论工程隐蔽部位是否合格，由此增加的费用和延误的工期均由承包人承担。故费用索赔 0 元。

问题 3：

从经济的角度，总承包商应压缩 10 天工期。

压缩 F 和 G 各 10 天；

费用增加 = $(2000 \times 10 + 5000 \times 10)/10000 = 7$（万元）

工期 = 210（天）

可获得的收益为：$(220 - 210) \times 1 - 7 = 3$（万元）

问题 4：

总承包商直接确定评标专家的做法正确。

理由：评标专家可以采取随机抽取或者直接确定的方式。一般项目可以采取随机抽取的方式；技术特别复杂、专业性要求特别高或者国家有特殊要求的招标项目采取随机抽取方式确定的专家难以胜任的，可以由招标人直接确定。

问题 5： 评标委员会对施工业绩认定的做法不正确。

理由：评标委员会应按照招标文件要求的资格审查方式审查投标人资格，若需投标人给予额外资料补充说明的，应书面通知投标人补充。

试题五：【背景资料】

某业主采用工程量清单招标方式确定施工总承包单位 A 为中标人，并与施工总承包单位 A 签订了施工合同。

合同工期 210 天，管理费为人、材、机费用之和的 12%，利润为人、材、机费用与管理费之和的 5%，增值税率 9% 计取。

施工过程中发生如下事件：

事件 1：施工总承包单位 A 将两个专业工程暂估价工程经招标分别发包给具有相应资质的分包单位 B 和 C。

分包合同约定发生索赔事件应在 28 天内提出。分包单位 B 完成 B1、B2 两项工作。分包单位 C 完成 C1、C2 两项工作。分包招标后，总承包单位 A 要求业主支付组织专业工程发包过程中发生的招标相关费用 8 万元。经总承包单位 A 与专业分包单位 B、C 协商工程网络计划如图 5-6 所示。

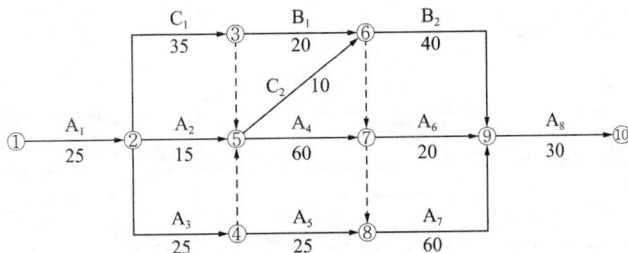

图 5-6　工程网络计划

事件 2：开工前业主改变地下空间使用功能。发生设计变更导致 A1 工作费用发生如下变化：①增加降水深度，增加降水措施费 15 万元（其中人工费占 35%）；②结构增加钢筋混凝土材料费 16 万元，减少人工费 7 万元，减少打桩 25 个机械台班（台班单价 1200 元/台班），减少钢材费用 13 万元；③增加土方开挖分项工程费 22 万元（其中人工费 9 万元）；④A1 的持续时间增加 30 天。

事件 3：分包单位 C 因工程质量问题进行整改返工，导致 C2 实际持续时间为 25 天。分包单位 B 向分包单位 C 索赔 15 天工期，同时索赔 B1、B2 共用自有机械台班（单价 2000 元/台班）费：15 × 2000 = 3（万元）。

事件 4：竣工结算时，得知总承包单位 A 就设计变更影响向业主索赔工期费用后，专业分包单位 C 也以设计变更导致无法按原计划时间开始施工为由，向业主提出窝工费和工期索赔。

事件 5：考虑上述事件对总工期的影响，业主要求实际工期不超过原合同工期，并承诺工期奖、罚款 2 万元/天。施工总承包单位 A 采取措施将 A4、A7、A8 的顺序施工方式改为分段流水作业。确定的流水节拍见表 5-3。

流水施工信息表　　　　表 5-3

施工过程	流水段		
	①	②	③
A4	20	20	20
A7	20	20	20
A8	10	10	10

【问题】

1. 针对事件 1，若暂估价专业工程属于依法必须招标的范围，依据清单计价标准的规定，施工总承包单位 A 作为招标人需满足哪些条件？哪些环节需要报批？产生的费用由谁承担？

2. 针对事件 2，A1 的分部分项工程费和工程造价分别增加多少万元？

3. 针对事件 3，写出专业分包单位 B 的正确做法。

4. 针对事件 4，专业分包单位 C 有哪些不妥之处？说出正确做法。

5. 针对事件 5，仅按表 5-4 中流水节拍确定流水工期为多少天？受网络计划逻辑关系的约束，流水工期为多少天？说明理由。实际工期为多少天？工期奖（罚）款为多少万元？

（计算结果保留三位小数）

流水施工横道表

表 5-4

	10	10	10	10	10	10	10	10	10		
A4											
A7											
A8											

【参考答案】

问题 1：

（1）总承包单位 A 单独作为招标人组织招标应满足条件"除合同另有约定外，承包人不参加该专业工程的投标"；

（2）拟定的招标文件、评标工作、评标结果应报发包人批准；

产生的招标费用由总承包单位 A 承担，与组织招标工作有关的费用应当被认为已经包括在承包人的签约合同价（投标报价）中。

问题 2：

A1 分部分项工程费：

$(16 - 7 - 25 \times 1200/10000 - 13) \times 1.12 \times 1.05 + 22 = 13.768$（万元）

工程造价增加：

$(13.768 + 15) \times 1.09 = 31.357$（万元）

问题 3：

向总承包单位 A 索赔窝工 5 天，并索赔费用为 5 个自有机械台班的折旧费。

$(5 \times 2000)/10000 \times 1.09 = 1.09$（万元）

问题 4：

不妥之处：分包单位 C 向业主提出索赔不妥。

分包单位 C 超过了索赔时限 28 天，故索赔不成立，向业主提出窝工费和工期索赔不妥。

正确做法：分包单位 C 应在知道或应当知道索赔事件发生后 28 天内，向总承包单位 A 递交索赔意向通知书，即应当在设计变更导致无法按原计划时间开始施工后 28 天内，向施工总承包单位 A 提出窝工费和工期索赔。

问题 5：

A4、A7、A8 组织流水后的理论计算工期 = 20 + 40 + 30 = 90（天）

流水与网络计划结合后的实际工期 = 90 + 5 + 15 = 110（天）

理由：

（1）组织流水施工后，A4 与 A7 步距为 20 天，故 A4 在第一个施工段完成时间为 110 天，而 C2 与 A4 均为 A7 的紧前工作，且 C2 最早完成时间是 115 天，所以受 C2 的影响，

A4 与 A7 之间产生 5 天的时间间隔。

（2）A6 与 A7 均为 A8 的紧前工作，A6 的最早完成时间为 170 天，A7 与 A8 的步距为 40 天，故组织流水后，A7 在第一个施工段完成时间为 155 天，故 A8 开始前需要等 A6 结束后才能开始，即 A7 与 A8 之间的时间间隔为 15 天。合计受网络影响产生的间隔时间为 20 天。

总承包单位 A 可获得工期奖励 $= (210 - 200) \times 2 = 20$（万元）。

第6章　工程结算和决算

考情概述： 本章主要考查的内容有：签订合同时的签约合同价、安全文明施工费及其开工前支付的工程款、工程预付款、进度款、结算款及实施过程中的调价、偏差分析等，对应案例分析试卷的第四题，满分20分，其与计价第5章、管理第6章虽都有关联，但不足以应对此章节的学习，要在通过典型题目的训练后，才能达到18分甚至20分的分值目标。

考点预测：

核心考点	重要程度
签约合同价	★★★★★
安全文明施工费	★★★★★
工程预付款	★★★★★
进度款	★★★★★
偏差分析	★★★★★
调价	★★★★★
合同价款调整额	★★★★
实际总造价	★★★★
竣工结算款	★★★★

试题一：【背景资料】

某施工项目发承包双方签订了工程合同，工期6个月。工程内容及其价款约定如下：

1. 分部分项工程共四项，总费用为152.2万元，有关数据如表6-1所示。

分部分项工程项目计划表　　　　　　　　表6-1

分部分部分项工程				每月计划完成工程量					
名称	工程量	综合单价	费用（万元）	1	2	3	4	5	6
A	900m³	280元/m³	25.20						
B	1000m³	450元/m³	45.00						
C	1300m³	360元/m³	46.80						
D	1100m³	320元/m³	35.2						
分项工程项目费用合计（万元）			152.20	各月均按照计划匀速施工					

2. 安全生产措施费为分部分项工程费用的 7.5%（竣工结算时一次性调整），其余措施项目费用为 9 万元（不予调整）。

3. 其他项目费用包括：暂列金额 10 万元，分包专业工程暂估价 20 万元（另计总承包服务费 5%），管理费和利润为不含税人材机费用之和的 16%，增值税税率为 9%。

开工日期 10 日前，发包人按签约合同价（扣除安全生产措施费和暂列金额）的 20%支付给承包人作为工程预付款，在施工期间第 2～5 个月的每月工程款中等额扣回，同时将安全生产措施费用工程款的 60%支付给承包人。

分部分项工程项目工程款按施工期间实际完成工程量逐月支付。

除开工前支付的安全生产措施费工程款外，其余措施项目工程款按签约合同价，在施工期间第 1～5 个月分 5 次等额支付。

4. 其他项目工程款在发生当月支付。

5. 在开工前和施工期间，发包人按每次承包人应得工程款的 85%支付。

6. 发包人在竣工验收通过，并收到承包人提交的工程质量保函（额度为工程结算总造价的 3%）后，一次性结清竣工结算款。

该工程如期开工，施工期间发生了经发承包双方确认的下列事项：

1. 分部分项工程 B 在第 2、3、4、5 个月每月实际完成分别为 180m³、300m³、300m³、220m³。

2. 因项目特征描述与图纸不符，导致分部分项工程 C 综合单价发生变化，人工费、机械费、辅助材料费不含税价格分别为 95 元/m³、45.3 元/m³、23.47 元/m³，主要材料 C1 消耗量为 0.71m²，含税单价为 176.8 元（可抵扣进项税税率为 13%），主要材料 C2 消耗量为 0.34m²，不含税单价为 158.6 元。

3. 因设计变更导致分部分项工程 D 增加费用 5.6 万元，持续时间未变。

4. 第 4 个月确认原专业工程暂估价的实际费用发生 21 万元。其他工程内容的施工时间和费用均与原合同约定相符。

【问题】

1. 该施工项目签约合同价中的安全生产措施费为多少万元？签约合同价为多少万元？开工前发包人应支付给承包人的工程预付款和安全生产措施费工程款分别为多少万元？

2. 施工至第 2 个月末，累计完成分部分项工程进度款为多少万元？分部分项工程投资偏差和进度偏差分别为多少万元（不考虑措施项目费用的影响）？

3. 列式计算分部分项工程 C 的综合单价及分部分项工程费是多少万元？

4. 施工期间第 4 个月，承包人完成的分部分项工程费用为多少万元？发包人应支付进度款为多少万元？

5. 分部分项工程费用增减额为多少万元？安全生产措施费增加额为多少万元？除安全生产措施费外合同增减额为多少万元？如果在开工前和施工期间发包人均已按合同约定支付了承包人预付款和各项工程款，则竣工结算时，发包人完成结清支付时，应支付给承包人的结算款为多少元？

（计算过程和结果以万元为单位的保留三位小数，以元为单位的保留两位小数）

【参考答案】

1.

（1）安全生产措施费：$152.2 \times 7.5\% = 11.415$（万元）

（2）签约合同价：$(152.2 + 11.415 + 9 + 10 + 20 \div 1.09 \times 1.05) \times 1.09 = 219.050$（万元）

（3）工程预付款：

$[219.050 - (11.415 + 10) \times 1.09] \times 20\% = 39.142$（万元）

（4）安全生产措施费支付款：$11.415 \times 60\% \times 1.09 \times 85\% = 6.346$（万元）

2.

截至第 2 个月末

已完分部分项工程进度款：$(25.2 + 180 \times 450/10000) \times 1.09 = 8.100$（万元）

投资偏差 $= 0$（万元），投资无偏差。

进度偏差：

$(180 \times 450/10000 - 45/3) \times 1.09 = -7.521$（元），进度落后 7.521（万元）；

3.

C1 不含税单价：$176.8/(1 + 13\%) = 156.46$（元/$m^2$）

新综合单价：$(95 + 45.3 + 23.47 + 0.71 \times 156.46 + 0.34 \times 158.60) \times 1.16 = 381.39$（元/$m^3$）

C 分部分项工程费用：$381.39 \times 1300/10000 = 49.581$（万元）

4. 第 4 月已完分部分项工程费用：$300 \times 450/10000 + 49.581/3 = 30.027$（万元）

已完成工程款：$[30.027 + (9 + 11.415 \times 40\%)/5 + 21 \div 1.09 \times (1 + 5\%)] \times 1.09 = 57.737$（万元）

应支付进度款：$57.737 \times 85\% - 39.142/4 = 39.291$（万元）

5.（1）分部分项工程增减额：

$(381.39 - 360) \times 1300/10000 + 5.6 = 8.381$（万元）

（2）按安全生产措施费增减额：$8.381 \times 7.5\% = 0.629$（万元）

（3）除按安全生产措施费外合同价增减额：

$[8.381 + (21 - 20) \div 1.09 \times (1 + 5\%) - 10] \times 1.09 = -0.715$（万元）

（4）实际总造价：

$237.476 - 0.715 + 0.629 \times 1.09 = 237.447$（万元）

（5）竣工结算工程款：

$237.447 - (237.447 - 0.629 \times 1.09) \times 85\% = 36.200$（万元）

试题二：【背景资料】

某工程项目发承包双方签订了施工合同，工期 6 个月。合同中有关工程内容及其价款约定如下：

1. 分项工程项目，总费用 132.8 万元，各分项工程项目造价数据和计划施工时间见表 6-2。

2. 安全生产措施费为分项工程项目费用的 6.5%（该费用在施工期间不予调整，竣工结算时根据计取基数变化一次性调整），其余措施项目费用 25.2 万元（该费用不予调整），暂列金额 20 万元。

3. 管理费和利润为材、机费用之和的 16%，规费为人、材、机费用和管理费、利润之和的 7%。

4. 上述工程费用均不含税，增值税税率为 9%。

各分项工程项目造价数据和计划施工时间表　　　　　表 6-2

分项工程项目	A	B	C	D
工程量	800m²	900m²	1200m²	1000m²
综合单价	280 元/m²	320 元/m²	430 元/m²	300 元/m²
费用（万元）	22.4	28.8	51.6	30.0
计划施工时间（月）	1～2	1～3	3～5	4～6

有关工程价款结算与支付约定如下：

1. 开工前 1 周内，发包人按签约合同价（扣除安全生产措施费和暂列金额）的 20%支付给承包人作为工程预付款（在施工期间第 2～5 个月的每个月工程款中等额扣回），并同时将安全生产措施费工程款的 70%支付给承包人。

2. 分项工程项目工程款按施工期间实际完成工程量逐月支付。

3. 除开工前支付的安全生产措施费工程款外，其余措施项目工程款按签约合同价在施工期间第 1～5 个月分 5 次等额支付。

4. 其他项目工程款在发生当月支付。

5. 在开工前和施工期间，发包人按每次承包人应得工程款的 80%支付。

6. 发包人在竣工验收通过，并收到承包人提交的工程质量保函（额度为工程结算总造价的 3%）后，一次性结清竣工结算款。

该工程如期开工，施工期间发生了经发承包双方确认的下列事项：

1. 经发包人同意，设计单位核准，承包人在该工程中应用了一种新型绿建技术，导致 C 分项工程项目工程量减少 300m²、D 分项工程项目工程量增加 200m²，发包人考虑该技术带来的工程品质与运营效益的提高，同意将 C 分项工程项目的综合单价提高 50%，D 分项工程项目的综合单价不变。

2. B 分项工程项目实际施工时间为第 2～5 个月；其他分项工程项目实际施工时间均与计划施工时间相符；各分项工程项目在计划和实际施工时间内各月工程量均相等。

3. 施工期间第 5 个月，发生现场签证和施工索赔工程费用 6.6 万元。

【问题】

1. 该工程项目安全生产措施费为多少万元？签约合同价为多少万元？开工前发包人应支付给承包人的工程预付款和安全生产措施费工程款分别为多少万元？

2. 施工期间第 2 个月，承包人完成分项工程项目工程进度款为多少万元？发包人应支付给承包人的工程进度款为多少万元？

3. 应用新型绿建技术后，C、D 分项工程项目费用应分别调整为多少万元？

4. 从开工到施工至第 3 个月末，分项工程项目的拟完工程计划投资、已完工程计划投资、已完工程实际投资分别为多少万元（不考虑安全生产措施费的影响）？投资偏差、进度偏差分别为多少万元？

5. 该工程项目安全生产措施费增减额为多少万元？合同价增减额为多少万元？如果开工前和施工期间发包人均按约定支付了各项工程款，则竣工结算时，发包人应向承包人一次性结清工程结算款为多少万元？

（注：计算结果均保留三位小数）

【参考答案】

问题 1：

安全生产措施费 $= 132.8 \times 6.5\% = 8.632$（万元）

签约合同价 $= (132.8 + 8.632 + 25.2 + 20) \times 1.09 = 203.429$（万元）

工程预付款 $= [203.429 - (8.632 + 20) \times 1.09] \times 20\% = 34.444$（万元）

安全 $= 8.632 \times 1.09 \times 70\% \times 80\% = 5.269$（万元）

问题 2：

（1）第 2 个月已完分项工程项目费用 $= (22.4/2 + 28.8/4) \times 1.09 = 20.056$（万元）

（2）第 2 个月应支付的工程款：

【方法 1】$[20.056 + (8.632 \times 30\% + 25.2) \times 1.09/5] \times 80\% - 34.444/4 = 12.280$（万元）

【方法 2】①分项工程项目费：$22.4/2 + 28.8/4 = 18.40$（万元）

②措施费：$(8.632 \times 30\% + 25.2)/5 = 5.558$（万元）

第 2 个月已完分项工程费用 $= (18.4 + 5.558) \times 1.09 = 26.114$（万元）

第 2 个月应支付的工程进度款 $= 26.114 \times 0.8 - 34.444/4 = 12.280$（万元）

问题 3：

C 分项工程项目费用 $= (1200 - 300) \times 430 \times 1.5/10000 = 58.050$（万元）

D 分项工程项目费用 $= (1000 + 200) \times 300/10000 = 36.000$（万元）

问题 4：

拟完工程计划投资 $= (22.4 + 28.8 + 51.6/3) \times 1.09 = 74.556$（万元）

已完工程计划投资 $= (22.4 + 28.8/2 + 300 \times 430/10000) \times 1.09 = 54.173$（万元）

已完工程实际投资 $= (22.4 + 28.8/2 + 300 \times 430 \times 1.5/10000) \times 1.09 = 61.204$（万元）

投资偏差 $= 54.173 - 61.204 = -7.031$（万元），投资增加 7.031 万元

进度偏差 $= 54.173 - 74.556 = -20.383$（万元），进度落后 20.383 万元

问题 5：

（1）①分项工程项目费用变化额 $= (58.05 + 36) - (51.6 + 30) = 12.450$（万元）

②安全生产措施费增减额 $= 12.450 \times 6.5\% = 0.809$（万元）

（2）合同价增减额 $= [(12.45 + 0.809 + 6.6) - 20] \times 1.09 = -0.154$（万元）

（3）实际总造价 $= 203.429 - 0.154 = 203.275$（万元）

（4）结算款

方法 1：203.275 − (203.275 − 0.809 × 1.09) × 80% = 41.360（万元）
方法 2：203.275 − 203.275 × 0.8 + 0.809 × 1.09 × 0.8 = 41.360（万元）

试题三：【背景资料】

某施工项目发承包双方签订了工程合同，工期 6 个月。有关工程内容及其价款约定如下：

1. 分项工程项目 4 项，有关数据如表 6-3 所示。
2. 措施项目费用为分项工程项目费用的 15%，其中，安全生产措施费为 6%。
3. 其他项目费用包括暂列金额 18 万元，分包专业工程暂估价 20 万元，另计总承包服务费 5%，管理费和利润为不含税人材机费用之和的 12%，增值税税率为 9%。

分项工程项目相关数据与计划进度表　　　　　表 6-3

分项工程				每月计划完成工程量（m³或 m²）					
名称	工程量	综合单价	费用（万元）	1	2	3	4	5	6
A	900m³	300 元/m³	27.0	400	500				
B	1200m³	480 元/m³	57.6		400	400	400		
C	1400m²	320 元/m²	44.8		350	350	350	350	
D	1200m²	280 元/m²	33.6			200	400	400	200
分项工程项目费用合计（万元）			163.0	12	45.4	36	41.6	22.4	5.6

有关工程价款调整与支付条款约定如下：

1. 开工日期 10 日前，发包人按分项工程项目签约合同价的 20% 支付给承包人作为工程预付款，在施工期间第 2～5 个月的每月工程款中等额扣回。
2. 安全生产措施费工程款分 2 次支付，在开工前支付签约合同价的 70%，其余部分在施工期间第 3 个月支付。
3. 除安全生产措施费之外的措施项目工程款，按签约合同价在施工期间第 1～5 个月分 5 次平均支付。
4. 竣工结算时，根据分项工程项目费用变化值一次性调整措施项目费用。
5. 分项工程项目工程款按施工期间实际完成工程量逐月支付，当分项工程项目累计完成工程量增加（或减少）超过计划总工程量的 15% 时，管理费和利润降低（或提高）50%。
6. 其他项目工程款在发生当月支付。
7. 开工前和施工期间，发包人按承包人每次应得工程款的 90% 支付。
8. 发包人在承包人提交竣工结算报告后 20 天内完成审查工作，并在承包人提供所在开户行出具的工程质量保函（额度为工程竣工结算总造价的 3%）后，一次性结清竣工结算款。

该工程如期开工，施工期间发生了经发承包双方确认的下列事项：

1. 因设计变更，分项工程 B 的工程量增加 300m³，第 2、3、4 个月每月实际完成工程量均比计划完成工程量增加 100m³。

2. 因招标工程量清单的项目特征描述与工程设计文件不符，分项工程 C 的综合单价调整为 330 元/m²。

3. 分包专业工程在第 3、4 个月平均完成，工程费用不变。其他工程内容的施工时间和费用均与原合同约定相符。

【问题】

1. 签约合同价为多少万元？开工前发包人应支付给承包人的工程预付款和安全生产措施费工程款分别为多少万元？

2. 截止到第 2 个月末，分项工程项目的拟完工程计划投资、已完工程计划投资、已完工程实际投资分别为多少万元（不考虑措施项目费用的影响）？投资偏差和进度偏差分别为多少万元？

3. 第 3 个月，承包人完成分项工程项目费用为多少万元？该月发包人应支付给承包人的工程款为多少万元？

4. 分项工程 B 按调整后的综合单价计算费用的工程量为多少 m³？调整后的综合单价为多少元/m³？分项工程项目费用、措施项目费用分别增加多少万元？竣工结算时，发包人应支付给承包人的竣工结算款为多少万元？

（计算结果以万元为单位的保留三位小数，以元为单位的保留两位小数）

【参考答案】

问题 1：

措施项目费 = 163 × 15% = 24.450（万元）

安全生产措施费 = 163 × 6% = 9.780（万元）

签约合同价 = (163 + 24.15 + 18 + 20 ÷ 1.09 × 1.05) × 1.09 = 244.613（万元）

工程预付款 = 163 × 1.09 × 20% = 35.534（万元）

安全生产措施费支付款 = 9.78 × 1.09 × 70% × 90% = 6.716（万元）

问题 2：

拟完工程计划投资 = (12 + 45.4) × 1.09 = 62.566（万元）

已完工程计划投资 = (27 + 500 × 480/10000 + 350 × 320/10000) × 1.09 = 67.798（万元）

已完工程实际投资 = (227 + 500 × 480/10000 + 350 × 330/10000) × 1.09 = 286.180（万元）

投资偏差 = 67.798 − 62.566 = 5.232（万元），投资节约 5.232 万元

进度偏差 = 67.798 − 66.946 = 0.852（万元），进度提前 0.852 万元

问题 3：

（1）分项工程项目费用 = (500 × 480 + 350 × 330 + 200 × 280)/10000 = 41.150（万元）

（2）发包人应付工程款 = [41.15 + (24.45 − 9.78)/5 + 9.78 × 30% + 20 ÷ 1.09 × 1.05/2] × 1.09 × 90% − 35.534/4 = 46.691（万元）

问题4：

（1）B新增工程量 $= 1500 - 1200 \times 1.15 = 120$（$m^3$）

原人材机综合单价：$480/1.12 = 428.57$（元$/m^3$）

综合单价调整额 $= 428.57 \times 12\% \times (1 - 50\%) = 25.71$（元$/m^3$）

（2）调整后综合单价：$428.57 + 25.71 = 454.28$（元$/m^3$）

（3）B增分项工程费用 $= [(300 - 120) \times 480 + 120 \times 454.28]/10000 = 14.091$（万元）

C增分项工程费用 $= 1400 \times (330 - 320)/10000 = 1.4$（万元）

合计分项工程项目费用增加 $= 14.091 + 1.4 = 15.491$（万元）

合计措施项目费用增加 $= 15.491 \times 15\% = 2.324$（万元）

实际总造价 $= 244.613 + (15.491 + 2.324 - 18) \times 1.09 = 244.411$（万元）

竣工结算款 $= 244.411 - (244.411 - 2.324 \times 1.09) \times 90\% = 26.721$（万元）

试题四：【背景资料】

某施工项目发承包双方签订了工程合同，工期5个月，合同约定的工程内容及其价款包括：分项工程项目4项，费用数据与施工进度计划如表6-4所示；安全生产措施费为分项工程费用的6%，其余措施项目费用为8万元；暂列金额为12万元，管理费和利润为不含税人材机费用之和的12%；增值税税率为9%。

分项工程项目费用数据与施工进度计划表　　　　　　　　　　　表6-4

分项工程项目				施工进度计划（单位：月）				
名称	工程量	综合单价	费用（万元）	1	2	3	4	5
A	600m^3	300元$/m^3$	18.0	———	———			
B	900m^3	450元$/m^3$	40.5		———	———		
C	1200m^3	320元$/m^3$	38.4		———	———	———	
D	1000m^3	240元$/m^3$	24.0				———	———
合计			120.9	每项分项工程计划进度均为匀速进度				

有关工程价款支付约定如下：

1. 开工前，发包人按签约合同价（扣除安全生产措施费和暂列金额）的20%支付给承包人作为工程预付款（在施工期间第2～4个月工程款中平均扣回），同时将安全生产措施费按工程款方式提前支付给承包人。

2. 分项工程进度款在施工期间逐月结算支付。

3. 措施项目工程款（不包括安全生产措施费工程款）按签约合同价在施工期间第1～4个月平均支付。

4. 其他项目工程款在发生当月按实结算支付。

5. 发包人按每次承包人应得工程款的85%支付。

6. 发包人在承包人提交竣工结算报告后 45 日内完成审查工作，并在承包人提供所在开户行出具的工程质量保函（保函额为竣工结算价的 3%）后，支付竣工结算款。

该工程如期开工，施工期间发生了经发承包双方确认的下列事项：

1. 分项工程 B 在第 2、3、4 个月分别完成总工程量的 20%、30%、50%。

2. 第 3 月新增分项工程 E，工程量为 300m²，每平方米不含税人工、材料、机械的费用分别为 60 元、150 元、40 元，可抵扣进项增值税综合税率分别为 0%、9%、5%。相应的除安全生产措施费之外的其余措施项目费用为 4500 元。

3. 第 4 个月发生现场签证、索赔等工程款 3.5 万元。

其余工程内容的施工时间和价款均与原合同约定相符。

【问题】

1. 签约合同价中的安全生产措施费为多少万元？该工程签约合同价为多少万元？开工前发包人应支付给承包人的工程预付款和安全生产措施费工程款分别为多少万元？

2. 施工至第 2 个月末，承包人累计完成分项工程的费用为多少万元？发包人累计应支付的工程进度款为多少万元？分项工程进度偏差为多少万元（不考虑措施项目费用的影响）？

3. 分项工程 E 的综合单价为多少元/m²？可抵扣增值税进项税额为多少元？工程款为多少万元？

4. 该工程合同价增减额为多少万元？如果开工前和施工期间发包人均按约定支付了各项工程价款，则竣工结算时，发包人应支付给承包人的结算款为多少万元？

（注：计算过程和结果有小数时，以万元为单位的保留三位小数，其他单位的保留两位小数）

【参考答案】

问题 1：

（1）安全生产措施费：120.9 × 0.06 = 7.254（万元）

7.254 × 1.09 = 7.907（万元）

（2）①分项工程费：120.9（万元）

②措施费：7.907 + 8 = 15.907（万元）

③其他费用：12（万元）

签约合同价 = (120.9 + 15.907 + 12) × 1.09 = 162.200（万元）

（3）工程预付款 = (120.9 + 8) × 1.09 × 20% = 28.100（万元）

（4）安全生产措施费支付款 = 7.254 × 1.09 × 0.85 = 6.721（万元）

问题 2：

（1）已完分项工程费用：18 + 40.5 × 20% + 38.4/3 = 38.900（万元）

38.900 × 1.09 = 42.401（万元）

（2）累计完成分项工程：(18 + 40.5 × 20% + 38.4/3 + 8/2) × 1.09 = 46.761（万元）

累计应付工程进度款：46.761 × 85% − 28.100/3 = 30.380（万元）

（3）拟完计划：(18 + 40.5/2 + 38.4/3) × 1.09 = 55.645（万元）

已完计划：$(18 + 40.5 \times 20\% + 38.4/3) \times 1.09 = 42.401$（万元）

进度偏差：$42.401 - 55.645 = -13.244$ 万元小于 0，故进度拖延 13.244（万元）

问题 3：

（1）E 综合单价：$(60 + 150 + 40) \times 1.12 = -280$（元/m²）

（2）可抵扣进项税额：$(150 \times 0.09 + 40 \times 0.05) \times 300 = 4650$（元）

（3）E 工程款：$(300 \times 280 \times 1.06 + 4500) \times (1 + 9\%)/10000 = 10.196$（万元）

问题 4：

【方法一】

（1）合同价增减额：$10.196 + 3.5 - 12 \times 1.09 = 0.616$（万元）

（2）实际总造价：$162.200 + 0.616 = 162.816$（万元）

结算款：$162.816 \times (1 - 85\%) = 24.422$（万元）

【方法二】

（1）①分项工程项目费：120.9（万元）

②措施费：$7.254 + 8 = 15.254$（万元）

③其他费用：1）增 E：10.91（万元）

2）索赔：3.5（万元）

$(120.9 + 15.254) \times 1.09 + 10.91 + 3.5 = 162.818$（万元）

则增减额 $= 162.818 - 162.200 = 0.618$（万元）

（2）结算款 $= 162.818 \times (1 - 85\%) = 24.423$（万元）

试题五：【背景资料】

某工程项目发承包双方签订了建设工程施工合同。工期 5 个月，有关背景资料如下：

1. 工程价款方面：

（1）分项工程项目费用合计 824000 元，包括分项工程 A、B、C 三项，清单工程量分别为 800m³、1000m³、1100m²，综合单价分别为 280 元/m³、380 元/m³、200 元/m²。当分项工程项目工程量增加（或减少）幅度超过 15% 时，综合调整系数为 0.9（或 1.1）。

（2）按分项工程列项的措施项目费用合计 90000 元，其中与分项工程 B 配套的措施项目费用为 36000 元，该费用根据分项工程 B 的工程量变化同比例变化，并在第 5 个月统一调整支付，其他措施项目费用不予调整。

（3）以"项"计算的措施项目费用合计 130000 元。其中安全生产措施费按分项工程和措施项目费用之和的 5% 计取，该费用根据计取基数变化在第 5 个月统一调整支付，其余措施项目费用不予调整。

（4）其他项目费用合计 206000 元，包括暂列金额 80000 元和需分包的专业工程暂估价 120000 元（另计总承包服务费 5%）。

（5）上述工程费用均不包含增值税可抵扣进项税额。

（6）管理费和利润按人材机费用之和的 20% 计取，增值税税率为 9%。

2. 工程款支付方面：

（1）开工前，发包人按签约合同价（扣除暂列金额和安全生产措施费）的 20%支付给承包人作为预付款（在施工期间的第 2～4 个月的工程款中平均扣回），同时将安全生产措施费按工程款支付方式提前支付给承包人。

（2）分项工程项目工程款逐月结算。

（3）除安全生产措施费之外的措施项目工程款在施工期间的第 1～4 个月平均支付。

（4）其他项目工程款在发生当月结算。

（5）发包人按每次承包人应得工程款的 90%支付。

（6）发包人在承包人提交竣工结算报告后的 30 天内完成审查工作，承包人向发包人提供所在开户银行出具的工程质量保函（保函额为竣工结算价的 3%），并完成结清支付。

施工期间各月分项工程计划和实际完成工程量如表 6-5 所示。

施工期间各月分项工程计划和实际完成工程量表　　　　表 6-5

分项工程		施工周期（月）					合计
		1	2	3	4	5	
A	计划工程量/m³	400	400				800
	实际工程量/m³	300	300	200			800
B	计划工程量/m³	300	400	300			1000
	实际工程量/m³		400	400	400		1200
C	计划工程量/m²			300	400	400	1100
	实际工程量/m²			300	450	350	1100

施工期间第 3 个月，经发承包双方共同确认：分包专业工程费用为 105000 元（不含可抵扣进项税额），专业分包人获得的增值税可抵扣进项税额合计为 7600 元。

【问题】

1. 该工程签约合同价为多少元？安全生产措施费工程款为多少元？开工前发包人应支付给承包人的预付款和安全生产措施费工程款分别为多少元？

2. 施工至第 2 个月末，承包人累计完成分项工程合同价款为多少元？发包人累计应支付承包人的工程款（不包括开工前支付的工程款）为多少元？分项工程 A 进度偏差为多少元？

3. 该工程的分项工程项目、措施项目、分包专业工程项目合同额（含总承包服务费）分别增减多少元？

4. 该工程的竣工结算价为多少元？如果在开工前和施工期间发包人均已按合同约定支付了承包人预付款和各项工程款，则竣工结算时，发包人完成结清支付时，应支付给承包人的结算款为多少元？

（注：计算结果四舍五入取整数）

【参考答案】

问题1：

（1）签约合同价 = (824000 + 90000 + 130000 + 80000 + 120000 ÷ 1.09 × 1.05) × 1.09 = 1351160（元）

（2）安全生产措施费 = (824000 + 90000) × 5% × 1.09 = 49813（元）

（3）工程预付款 = (1351160 − 49813 − 80000 × 1.09) × 20% = 242829（元）

（4）安全生产措施费支付款 = 49813 × 90% = 44832（元）

问题2：

（1）累计已完分项工程合同款：(600 × 280 + 400 × 380) × 1.09 = 348800（元）

（2）累计已完措施项目工程款：[(90000 + 130000) − (824000 + 90000) × 5%] × 2/4 × 1.09 = 95094（元）

故累计支付工程款 = (348800 + 95094) × 90% − 49813/3 = 336778（元）

（3）

拟完计划：800 × 280 × 1.06 × 1.09 = 258810（元）

已完计划：600 × 280 × 1.06 × 1.09 = 194107（元）

进度偏差：194107 − 258810 = −64703（元）

问题3：

（1）分项工程项目：

(1200 − 1000)/1000 = 20% > 15%，超出15%以上部分综合单价调整为 380 × 0.9 = 342（元/m³）

故原价工程量：1000 × 0.15 = 150m³，新价工程量：200 − 150 = 50（m³）

增减额：(150 × 380 + 50 × 342) × 1.09 = 80769（元）

分项工程合同增加80769元。

（2）按分项工程计列的措施项目费用 = 36000 × (1200 − 1000)/1000 × 1.09 = 7848（元）

按项计列的措施项目费用 = (85615 + 8319) × 5% = 4697（元）

即措施项目合同额增加 = 7848 + 4697 = 12545（元）

（3）专业工程项目：(105000 − 120000) × 1.05 = −15750（元）

即专业工程（含总包服务费）合同额减少15750元

问题4：

（1）竣工结算价：

1351160 − 80000 × 1.09 + 80769 + 12545 − 15750 = 1341524（元）

（2）竣工结算尾款：

1341524 × (1 − 90%) = 134152（元）